熊谷光久 著

日本軍の精神教育

―軍紀風紀の維持対策の発展―

錦正社

序　言

本書は、長年の軍事史の専門家としての研究活動、さらに、国防の第一線における指揮官としての経験を踏まえ、日本陸海軍の精神教育の実態、それと裏腹の関係にある軍紀、風紀のとりしまりのための軍刑罰、懲罰に関する制度とそれらの運用の実態にメスを入れたものである。

著者は、軍の刑罰・懲罰が組織のなかでどのような効果を現したか、あるいは精神教育の効果の測定といった、これまで避けられてきた問題に敢えて挑んでいる。たとえば、竹橋事件や西南の役は、軍内部の軍紀の維持という問題にどのような影響を与えたのか、戦場での行動と刑律の適用とはどのような関係にあったのか、このような問題意識は、軍事史を「実践の学」としてとらえる著者ならではのものである。

軍隊は常に戦場にあるわけではない。一瞬の戦闘に最大限の力を発揮するため、軍人は日常生活においても組織への高い忠誠心が求められる。軍人はいかに高い忠誠心を保ち得るか、という実践的な観点に立つとき、日本軍の日常的な精神教育と軍紀の運用とは、敗戦後の軍隊研究において最も着目されるべき主題であったにもかかわらず、様々な困難が災いして看過されてきた。

本書のもう一つの主題は、組織と個人のかかわりを内側から探ることである。軍組織の目的達成とその効率的運用のため、精神的側面に関する施策がどのように行われ、変遷したか、その功罪は何であったか、戦力の最大限の発揮という組織目的に照らして、精神教育と技術教育の関係はどのようなものとして考えられていたのか、兵器の発達は、個人と組織との関係にどのような変化をもたらしたのか、これらのテーマの追及は、とりもなおさず、今日の組織運営に関する普遍的な課題と深くつながっているのである。

平成二十四年一月末日

筑波大学教授　波多野　澄雄

目次

日本軍の精神教育——軍紀風紀の維持対策の発展——

はじめに

一　研究動機と研究の方向

第二次世界大戦において、日本は対米戦に敗北した。ここであえて対米戦というのは、主敵がアメリカ合衆国であったからだけではなく、米国の、経済力、生産力に裏打ちされた物的・科学技術的な戦力に敗れたと考えているからである。いっぽうで、日本の政体・国家組織や軍の体制・組織が敗北の原因に数えられるという説には疑問をもっている。

シンガポールを中心根拠地にして東南アジア方面に勢力圏をもっていた英軍は、開戦時にこの方面に侵攻した日本軍と、兵器の質と量に代表される物的な戦力ではほぼ対等であったのではないかと思われる。しかしこの方面の英軍は、緒戦で日本の陸海軍に敗れた。その後も米国の援助がなかったならば、退勢を大きく挽回することはなかったであろうことが、戦闘振りから見てとれる。物的な戦力で日本軍に劣っていた中国の蔣介石軍や共産軍は、もちろん米軍の援助なしに勝者の側に立つことが難しかったはずである。米軍も緒戦では日本軍に後れをとったものの、兵器生産体制が整い軍の動員拡充が行なわれてからは、日本軍を圧倒した。

日本軍はミッドウェー海戦にみられるように、航空母艦のような、生産に多くの資材と大生産設備を必要とする兵器を失うと立ち直ることができなかったが、米軍はパールハーバーで大損害を受けても、まもなく立ち直ることができた。これは米国民の、日本への報復と世界大戦への勝利に向けられた意志が強かったことが影響したといわれることが多い。それは半面の真実かもしれないが、当時の米国の、一人あたり国民総生産が日本の十倍以上という、経済力・生産力・資源力といった物的な裏づけの下で成り立っている戦力および、関連の科学技術力を背景にした戦力を含む、大国力なしには起こらなかった現象であろう。優れた大量の兵器を生産し、大兵力を組織し運用することができる能力は、総合的な国力が大きい場合に顕現されるのである。

日本は物質的なもので米国に劣っていたので、それが戦力に影響したことは明らかである。しかしその他の戦力に影響する部分、つまり組織や組織を構成する人間の能力、特に軍と軍人に関するそのような部分はどうであったのかという疑問がわく。敗戦の結果、そのようなものについても日本軍の全てが米軍に劣っていた、さらには中国軍にも劣っていたというような、非学術的と思われる検証無用の、敗戦という事実が全てだとする結果論から出た一般の論調が強いことに、筆者は疑問をもってきた。

その疑問の裏には、筆者が国防の第一線で指揮官として得た経験と防衛庁（現防衛省）の軍事史・戦史の研究者および教育者として得たものがある。

ここではそのような疑問が生ずるゆえんを踏まえて、物質的ではないものの代表である軍人の精神面について、日本軍に関して歴史的・制度的な面から状況を分析していきたい。もっとも全てにわたることは不可能であるので、軍人個人に対する精神面の涵養のための教育訓練と、それと裏腹の関係にある軍紀風紀維持のための刑罰・懲罰に関する制度およびそれらの実態を研究対象とする。軍人の精神面の形成に間接的に影響する一般的な教育訓練の制度は、研究上重要ではあるが、これについてはすでに多くの論文を書いており、それを『日本軍の人的制度と問題点の研究』(平成六年、国書刊行会)という研究書に結実させているので、その研究成果を分析の背景にすることはあっても、精神面の涵養に関係する部分を除き研究対象としては取りあげないこととする。

軍は、国益の保護実現という目的を達成するための道具といえよう。その機能を十分に発揮するには、軍組織を構成している、コンピューターに例えるとハードの部分とソフトの部分が、バランスよく組織として組み立てられていることが必要であろう。ハードの部分は兵器、施設、および頭数としての軍人要員である。ソフトの部分は、基本ソフトにあたる軍組織そのものと、それを組み立てている制度および、その基本ソフトの上で働く個々の運用プログラムにあたる運用方法、つまり典令範と呼ばれる教範類に示されているものであろう。これは、「戦技、戦術、戦略」などと、「忠誠心、士気、団結、規律」と表現されていたものであり、戦闘・戦争の知識・技能およびそれらの知識・技能を十分に発揮できるようにする精神面の要素を示すと考えられる。

個々の軍人はこのようなハードの一部としての構成員であるとともに、基本ソフトを知って身につけ、運用プログラムに従って動くことができる存在になり、場合によっては自分で運用プログラムをつくり出して行動することができるように、教育訓練されていることが必要である。ここでは教育訓練の中の、運用プログラムの動きを助けて円滑にするソフト部分の働きに慣れさせるための精神面の教育訓練について、その制度と運用方法を研究対象とする。

いわゆる精神教育は、右のような精神面の要素を涵養する目的で行なわれるので、精神面の教育訓練の大きい部分を精神教育が占めることになる。

また刑罰・懲罰は、「精神面の要素の涵養」とは異なり違法行動の抑制効果に期待する部分が多いが、刑罰・懲罰の過程が教育効果をもっているので、「陸海軍刑法」のような刑罰・懲罰についての規則の教育をすることも、それが精神に作用する。そこでこれも、精神教育と肩を並べるものと考えられる。それゆえ、精神面の教育訓練の関連として刑罰・懲罰も研究対象として取り扱う。

二　構　想

①　目的目標

明治新政府初期の日本陸海軍は、幕末以来の応急の洋式軍の延長線にあり、陸軍は洋式銃砲による三兵戦術、海軍は蒸気船による初歩的な航海運用術・艦砲術に目を向けていて、兵員の忠誠心や士気・団結のような精神的なものについては、軍律の遵守を除き、大きな関心を寄せていなかった。単に欧米の関係制度をそのまま導入していただけであった。

しかし戊辰の戦役、西南の戦役の戦場体験をしたことで軍首脳たちは、戦力の発揮に兵員の精神的な要素が深くかかわっていることを認識し、さらに竹橋事件のような不軍紀騒動が彼らに、いっそうの精神対策の必要性を認識させた。このような段階では、海軍は戦場体験を積む機会が陸軍よりは少なかったことも関係して、精神対策の必要性の認識と対策が、陸軍に比べて後れがちであった。しかし陸海軍とも日清・日露の戦争体験により精神対策の重要性を深く認識し、対策が進んだ。さらに大正デモクラシーと呼ばれているその後の社会情勢が、それまでとは異なる他の面からの精神対策を必要とするようになり、大正末期までにほぼその面の施策が出尽くしている。

本論述は、このような陸海軍の精神面の対策の要求と対策の実施を歴史的に追うとともに、過去の関係論文や社会一般の論調が、精神教育の価値否定、軍紀風紀の維持対策に関係が深い軍事司法の価値否定に向かいがちであったことに疑問を呈しつつ、大正末期までのその実態分析に努めようとするものである。

② 視　点

筆者は防衛大学校卒の元幹部航空自衛官であり、対領空侵犯措置などの実任務を通じて、軍組織における軍人の精神面の重要性を認識するとともに、部下のその面の教育にも力を入れた過去をもっている。同時に軍事史の研究教育を通じて、日本軍における精神教育や軍紀風紀の維持対策の効果が当時の防衛庁・自衛隊内でさえ不当に低く評価され、一方で防衛大学校や陸海空自衛隊でも教育されているアメリカ的な管理学の分野では、目的意識や士気のような精神的なものの価値が讃えられているのに違和感をもっていた。そこで本書では、軍事史の観点から制度史的に事実を追うとともに、元自衛官としての立場と軍事史研究者としての立場を融和させながら、可能な限り客観的な分析を進めたい。

③ 分析手法

歴史的な事実の探求については文献を重視するが、その際、法制に目を向け、関係法令の制定理由を文献から明らかにすることに努める。一次的な文献利用ができないものについては、制定理由の探求あるいは実際の施策とその結果について、状況証拠というべきものからの分析も行なうことに努める。そのために統計資料を用いることもある。なお、特に統計資料について顕著であるが、軍人と軍属の区分を厳密にすることができない場合がある。可能な限り区別して扱うが、軍属は軍総員のほぼ一割以内であるので、統計上、誤差を無視することがある。研究の主体は軍人についてのものであるが、そのような関係から軍属について触れることもある。

三　用語、記述上の統一事項および史資料

①　軍紀風紀の意味

軍が軍人軍属に要求する精神面の施策としては、「軍紀風紀を遵守」することと、これを遵守し「任務達成のために積極的に行動」できる精神を養成する二つの面がある。ここではこの両面からの研究を行なうので、まず軍紀風紀の意味について述べておく。

軍紀とは軍の紀律（もと、おきて）または軍の規律（おきて、いましめ）を意味し、軍人軍属が法令・規則・法則・定則などと呼ばれていたものを遵守し上官の命令に服従して、軍の行動の目的を達成することができる状態のことを指すと考えられる。

風紀とは風俗上の紀律・規律を意味し、軍隊特有とは限らないものを含むと解すべきであろう。これが軍紀風紀と併称されるようになったのは明治十二年九月十五日の「陸軍検閲条例[①]」により検閲対象に指定されてからではあるまいか。それまでは「軍隊内務書[②]」に風紀衛兵による取締りの条は置かれていたが、軍紀の文字は見あたらない。

②　精神教育関係用語の使い分け

精神教育という用語は法令上、右に述べた「積極的に行動できる精神を養成する」教育の意味で使用される場合が

多い。この場合、忠誠心、士気、団結全てに関係するものを含む。しかし軍紀風紀を遵守することができる精神を涵養する意味でも使用される。さらに社会主義のような思想風潮に染まらないような対策をする場合にも使用されることがある。ここではこれらを含む広い意味で「精神教育」と表現する場合がある。また「精神教育」の施策について、精神対策とか精神の施策のようなその場に応じた表現をする場合がある。

③ 軍用語

原則として当時の用語を使用しているが、混乱を避け分かりやすくするために、現代的な用語に改めたものもある。

④ 仮名、漢字の用法

史料からの引用原文はほとんどが片仮名書きであるが、全て平仮名書きに改めた。原文に濁点がないものは、濁点なしのままにしている。漢字も人名を除き原則として常用漢字によっている。また正式名称では聯隊や第十二師団のようにすべき表記を、連隊、第一二師団と書いたり、第十二条を一二条と略記したりすることがある。その他の表現も、漢字を少なくすることに努めた。

⑤ 数字の表現

原則として年月日を除き、縦書き部分は紛らわしい場合のほかは、漢数字による洋式表示にした。第十二条とせず、第一二条としたのもそのためである。ただし大きい数字を三桁ごとに区切ることは横書きの表を除いて実施していない。かえって読みにくくなるからである。場合によっては万や千の表示を用いた。

⑥　年号について

西暦年は場合により（　）書きなどで示すことがあるが、史料類のほとんどが元号標記であり、時代区分としても便利なので、原則として元号による。出版年は原本表記に従う。そのほうが実物の捜索に便利だからである。

⑦　法令等について

論述に直接関係がある法令文書類は、少なくとも本論初出のときに、制定、裁可、発出の年月日、法令区分と番号を表示し、題名を「　」でくくった。官報による公布日及び施行日は、原則として表示していない。分かりやすくするために、再出のときにも同じ扱いをすることがある。なお、教範のように簿冊になっているものは、『　』でくくるのを原則としている。

法令の公布は、通常は制定の翌日または翌翌日の官報によって行なわれている。明治十九年二月二十四日勅令第一号「公文式」による法律命令の施行日は、官報の「各府県庁到着日数の七日後」であり、明治四十年一月三十一日勅令第六号「公式令」で改められた勅令の施行日は、「公布の日より起算し満二十日」である。

法令は主として、内閣官報局編『法令全書』（主として原書房復刻版）、海軍省編『海軍制度沿革』（防衛研究所所蔵の一部原本を除き原書房復刻版）、陸軍省編『陸軍成規類聚』（古いものは『陸軍成規類典』、防衛研究所蔵本ほか）に依拠しており、特別の場合以外は出典表示を省略した。なお明治四年以前のものと明治五年の兵部省のもので法令番号がなく、『法令全書』で仮に番号を附してあるものはその仮番号を表示してある。

⑧ 史料について

防衛研究所戦史研究センターの史料庫で保管している旧陸海軍の文書類を多用しているが、研究に手をつけたのが三十年近く前であるため、その頃コピーや手書きで史料として手元においているもののうち、その後防衛研究所内で整理され直したり、アジア歴史資料センターに収められてインターネットでプリントアウトできるものがあったり、最近に刊行本として活字になったものがあったりと多様であるため、現状を全て追及できるとは限らない。そのため註記するとき、全体を統一できないものが多い。やむをえず、原則として史料として入手したときの史料源表記をしたものがある。

『帝国統計年鑑』のように誰でも知っている史料であっても、年度により原本のタイトルが統一されていないものがある。そのため復刻されるときに、統一的にさまざまのタイトルがつけられているが、これも右と同じような史料源表記をしている。なおアジア歴史資料センターの防衛研究所所蔵のものは、旧蔵コピーがあるので、これを使用した。

四　過去に、学術雑誌に発表した精神教育に関連する論文

「日本陸海軍の精神教育」(『軍事史学』第一六巻第三号、昭和五十五年)
「明治維新における徴兵制」(『軍事史学』第一七巻第三号、昭和五十六年)
「明治期における統帥権の範囲の拡大」(『軍事史学』第二四巻第四号、平成元年)
「明治期の西欧軍制の輸入と影響」(『政治経済史学』第一九四号、一九八二年)

「明治期陸海軍の対立」（『政治経済史学』第二七七号、一九八九年）
「明治期軍予備校の出現と退潮」（『政治経済史学』第三七一号、一九九七年）
「兵式体操から学校教練へ」（『政治経済史学』第四〇五号、二〇〇〇年）
「大正の軍縮における兵員整理」（『日本歴史』第四〇二号、一九八一年）
「海軍兵学校教育が部外から受けた影響について」（『軍事史学』第一五巻第三号、昭和五十四年）
「商船関係海軍予備員教育の沿革」（『海軍史研究』第六号、二〇〇四年）
「軍幹部要員の不足がもたらした学徒動員」（『日本大学黌誌』第三号、二〇〇七年）

五　過去の関係上梓研究書

『日本軍の人的制度と問題点の研究』（平成六年、国書刊行会）

註

（1）防衛研究所蔵『大日記』明治十二年規則条例　乾「陸軍検閲条例」（明治十二年九月十五日、太政大臣から陸軍省宛第三四号）。山県有朋監「陸軍省沿革史」（明治文化研究会編『明治文化全集　第二十六巻　軍事編・交通編』昭和五年、日本評論社）の同年月記事からみて、同条例は初定らしい。

（2）石井良助監『法規分類大全　兵制門7』（原本明治二十四年。昭和五十二年、原書房復刻）「軍隊四　内務二」の明治九年「騎兵内務書　第一版」で確認できる。内務書は明治六年の「歩兵内務書　第一版」が最初のものであるが、「騎兵内務書　第一版」は、「歩兵内務書」の後の版と本文の内容共通部分が多いので、現在目にすることができない明治六年の「歩兵内務書　第一版」でも、「風紀衛兵」の名称が使われていたと思われる。

第一章　明治初期の軍刑律の性格

本論文は軍人の精神的な要素を論述対象にしているが、そのなかでも軍紀風紀に関する部分の軍の施策と軍人の状態を歴史的に見ていく部分が多いので、軍紀風紀取締りのうえで重要な役割を果たす軍刑律の明治初期の関係規則の性格から論じていく。

有栖川宮熾仁親王が東征大総督に任じられた後の明治元年二月十二日、「陸軍諸法度」[1]が諸藩の東征軍に示されたことはよく知られている。またこの法度が、明治政府のその後の「軍律」、「海陸軍刑律」、「読法」など軍紀風紀維持のための規定類の主要淵源になったことを、すでに多くの人が論じている。[2]ただしその細部について未解明のところがあるとともに、これらの規定類の間の関係についての分析は十分とはいえないものがあるので、まずこのことについての私見を述べる。また「陸軍諸法度」の淵源については更なる追求が必要だと思われるので、このことを解明しておきたい。

第一節　「海陸軍刑律」の性格と「軍律」・「読法」との関係

まず明治五年二月十八日兵部省から達せられた「海陸軍刑律[3]」の性格を分析し、次いで明治元年二月十二日制定の「陸軍諸法度」およびその翌年四月（日は欠）に制定された「軍律[4]」との相違を見てその相違の概略を確認する。さらに戦国時代の法度と戊辰の役当時の法度や軍律との関係を考察して、それらが洋式の「海陸軍刑律」さらに陸・海軍の「読法」にどうつながっているかを観察する。

一　「海陸軍刑律」の性格概要

「海陸軍刑律」は二〇四ヶ条からなり、内容的には最初の「海陸軍刑法」といえるものである。第六四条までが総則と刑について述べた部分であり、第六五条以下は軍人軍属に特有の罪に関する各論部分である。「海陸軍刑律」が定められたことで軍は、規律面つまり軍紀の面で西欧式になったといえよう[5]。この刑律は、当時兵部省に出仕していた西周助（西周）が、オランダ式を参照し刑罰については日本的な要素を加えて起草したといわれるからである[6]。「海陸軍刑律」施行までは後述するように、旧時代形式の「軍律」がその役をしていた。「軍律」の適用範囲外の部分は、一般に適用される「新律綱領」（明治三年十二月二十日、太政官頒布）が適用されていた。しかし「海陸軍刑律」は「軍律」に比べて規定が細部にわたっており、「新律綱領」との関係が問題になった。そこでこの「海陸軍刑律」下達直前の明治五年二月十二日に太政官布[7]により、現役軍人軍属の犯罪は特別の場合を除き原則として、地方官ではなく鎮台や中央の「本営、本隊」が扱うこととされた。「軍人犯罪の者は此迄新律名例の通[8]出征行軍の外は常律により処断せしめ候処今般陸海軍律相定められ候に付」き、この「海陸軍刑律」を犯した現役の軍人と軍属は、地方官が捕縛した場合は軍に引き渡し、「海陸軍刑律」によって軍が処置することとされたのである。

別に明治五年一月二十三日兵部省第二〇で、「軍人軍属の犯罪者公私を問はす一切糾問使に而処決」と、軍人軍属犯罪者の軍内での取扱い方針を示すものが、「海陸軍刑律」施行直前に示されていたことも、同じことを意味しているといえよう。軍裁判所の前身として前年七月に発足していた糾問使と、「海陸軍刑律」を結びつけて西洋式の軍司法制度に移行する政府の意思が、このような通達に表れているといえよう。なお「海陸軍刑律」以前は、軍人軍属が「出征行軍」時以外に、「普通刑法」というべき性格の「新律綱領」に触れる一般罪を犯したときは、「新律綱領」の「軍人犯罪」の項により、府県地方官が扱っていた時代がある。「海陸軍刑律」施行以後もしばらくは、府県地方官が最初に扱った「海陸軍刑律」に該当しない軍人軍属の一般犯罪は、そのまま府県地方官が扱うことがあった。

さらに明治六年四月十三日の太政官布[9]により、軍人軍属の犯罪は一般犯罪に該当するものも含んで、軍に服役中の者の犯罪については全て軍が扱うことになった。これで軍人の刑罰は、手続き面でも西欧式に一歩近づいた。「新律綱領」が明律、清律を基礎にしたものといわれているの[10]に対して、「海陸軍刑律」は西欧式であり、また軍人軍属の犯罪は、一般司法から独立した軍裁判所が処理[11]する西欧式を取り入れたので、実体法の面でも手続法の面でも西欧式に近づいたのである。

ただ西欧式になったといっても、「海陸軍刑律」は完全な西欧式ではなく内容に日本的なものを残していた。前述のとおり基本はオランダ式と思われ、それも当時の初代陸軍裁判所所長であった谷干城によると、印度方面（筆者註東南アジアのオランダ植民地を意味すると思われる）で用いられていたオランダ軍の刑律を西が翻訳し、罰条は旧来の日本的なものを勘案して決めたのだという[12]。確かにこの刑律の罰名に、日本的なものを読み取ることができる。たとえば第一二六条に、「其下士平時逃亡他事なきものは、黜等、卒夫は杖に処す」とあり、前時代の、杖で叩かれる刑罰が残っていた。もっとも杖叩きや鞭打ちの刑罰は西洋軍にも存在したので、完全に日本的とはいい切れないものがある。十九世紀初めの英海軍でも鞭打ちが行なわれていた記録[13]があるからである。黜等は官位を下げて貶めることを意味し、一時的に卒夫に身分を下げ雑役を命じるのである。

後には、平時の外出時の帰隊門限への遅れのような軽易で短期間の逃亡は、軍刑法上の罪ではなく、軽罪として懲罰令で処断されることになるのであるが、「海陸軍刑律」下達の直後は、懲罰令制定の遅れのため、内容的に軽いものでもこの刑律により処断せざるをえない状態になっていた。「海陸軍刑律」下達の八ヶ月後、明治五年十一月十四日に陸軍「懲罰令」（陸軍省達第二四三号）が定められ翌年一月一日に施行されてからは、軽いものは懲罰令によることになったが、それ以前は、第一四五条にみられるような軽い内容の逃亡（許可を得て外出し帰隊しなかったが、反省して三週間内に帰隊）など、特に「海陸軍刑律」の条文に、「懲罰」と表示されているものを除き罪の軽重の区別をしていなかった。そのため陸軍「懲罰令」制定後であれば懲罰で済ますことができる程度の軽い内容のものまで、それまでは「海陸軍刑律」に拠らざるをえなかったのであり[14]、その場合は「海陸軍刑律」第三一条により、「律内に正条なき者は、律を引き、並に「新律綱領」に依て、比附加減して罪名を定擬し、奏聞して、上裁を取る」ことになっていて、手続きが煩雑であり、その点でも、まだ不完全であった。そのような不完全さをもう少し詳しく説明しておこう。

明治六年六月十三日に「新律綱領」の不足を補うために洋式の要素を入れた「改定律例」（太政官布第二〇六）が頒

布され、「新律綱領」とともに一般の常人を対象とする普通刑法の役割をになうことになった。また刑のうち流徒杖笞を重軽の懲役に置き換え、士族の身分刑である閉門や謹慎等は、禁錮に置き換えたところにひとつの特徴がある。さらにこの「改定律例」第二七条に「凡軍人軍属罪を犯すに出征行軍の際に非すと雖も陸軍海軍並に其律を以て科断することを得へし」とあり、「海陸軍刑律」があるにもかかわらず軍人軍属にも、一般の常人を対象にしているこれらの常律を適用することがあったのをやめて、原則として軍人軍属の犯罪は「海陸軍刑律」によることを、普通刑法の系列でも明らかにしたのである。前述のとおり明治五年二月十二日の太政官布および明治六年四月十三日太政官布により、現役軍人軍属の犯罪は特別の場合を除き原則として軍内で処置するように軍に対して示されていたのを、さらに念を入れて普通刑法でそのことを明らかにしたといってよかろう。しかし「海陸軍刑律」に該当する条文がない場合に、「比附加減して罪名を定擬すること」は、そのまま行なわれていたようである。

ところが明治九年四月十四日に太政官布告第四八号により、「職制律」・「官吏の公罪」という官吏の身分犯についての規定が、これら普通刑法である常律から削除された。これは官物私借や上奏錯誤のような種類のもので、別に同日付太政官布達第三四号で「官吏懲戒例」が内達されていて、これら罪は私罪を除き、「官吏職務上の過失は本属長官に於て懲戒」することとなった。しかし軍人軍属には「官吏懲戒例」を準用するわけにはいかない。そのため「軍務上の過誤失策及公罪に係り軍律正条なき者」の処置に困っていると、山縣有朋陸軍卿から三條實美太政大臣に、処置の伺[15]が明治九年四月十九日に提出された。伺の内容は、将来の軍律改正まで削除された前記規定があるものと仮定して、これまでどおりにそれを考慮して罪刑を決め陸軍内で処置したいというのであるが、太政大臣は「難聞届」と回答したことが、伺書類に記載されている。

そこで陸軍卿は再度、そうするほか陸軍の諸規則に矛盾することなく処置することができないと主張し、「従前の職制律に該当」するものをその都度「罪名を定擬」して処置の伺を出すことは、明治五年九月にその必要はないと指令されているので、その指令の線で処置し三ヶ月分の処置をまとめて処刑後の届けをしたいと上申し、遂に明治九年七月三日に、太政大臣の「上申の趣聞届候事」という回答を得ている(16)。

前述のとおり「改定律例」では、身分刑など刑についての改正があったが、「海陸軍刑律」では、前代の影響を受けたと思われる身分刑は、最初に定められたとおりそのまま残った。すなわち第三四条に将校の六刑が定めてあり、自裁・奪官・回籍・退職・降官・閉門が示されている。回籍とは軍人になる前の籍に戻されることである。

その六刑の中でも自裁と閉門の存在が特徴的である。第四一条の下士の刑が死刑・徒刑・放逐・黜等・降等・禁錮であるのに比べて、将校は江戸時代の武士同様に、刑罰を与えられる場合も名誉や体面を重んじられるようになっていたのである。なお兵卒や水夫には下士以上に与えられない杖笞の刑が与えられることがあり、名誉や体面への配慮が小さかった。明治六年の「改定律例」で常律による常刑としては姿を消していた杖刑を、明治八年七月の時点で熊本鎮台の兵卒が科せられた記録(17)がある。もっとも当時の西洋軍にも杖や笞の刑の痕跡が残っていたようであり(18)、前にも述べたとおりこれらの刑が、完全に日本的なものであるとすることには疑問が残る。

またこれら「海陸軍刑律」の刑は、明律や清律によったとされている「新律綱領」の死流徒杖笞の五刑とも異なっている。さらに前述のとおり「海陸軍刑律」第三一条で、該当罪がない場合は「新律綱領に依て、比附加減して罪名を定擬し」上裁を得ることになっているのと、第四六条に「笞杖の大小は新律綱領に依る」とあること、「改定律例」制定後に右の、兵卒に杖刑を科した例などから、「海陸軍刑律」は「新律綱領」、さらに「改定律例」とも無関係ではないが、厳密な意味での特別法と普通法の関係になっているとはいい難いといえよう。

ここに右常律二つと「海陸軍刑律」の適用関係を示す実例がある。明治七年十月七日に発生した海軍省水夫の海軍兵学寮雇英国人教師に対する傷害事件であるが、裁判を海軍省と司法省のどちらが担当するかで紛議[19]があった。海軍省は、外国人は常人であるのでそれを被害者とするこの事件は司法省が管轄すべきだとし、英国公使との折衝の窓口になっている外務省は、その線で司法省が管轄する命令を出すよう太政大臣に上申をした。しかし司法省は、加害者とされている水夫は海軍軍人であり、被害者とされている側も外国人であっても海軍省関係者であるので、当然海軍省が管轄すべき事件だと主張し、最終的には海軍省が管轄することに決定された。特別法と普通法の関係どころか、両律の解釈適用についても定まったものがない状態であったことを、この例が示している。

このような不完全さがある「海陸軍刑律」は西洋式のものを応急に導入したものであることは確かであり、そのために明律、清律を基礎にした「新律綱領」との摺り合わせが不十分になったと考えられる。「海陸軍刑律」第一三四条には「拳銃《ピストル》擠嚢《ランセル》等を以って」と、振仮名がしてある。また第四二条には下士以下の死刑が、日本の伝統にはない形式の「銃丸打殺[20]」とあることなどから、刑罰内容を含めてこの「刑律」は、内容そのものに西洋臭さがあり、明律や清律によっているといわれている普通刑法というべき「新律綱領」となじまないのは当然であろう。「海陸軍刑律」が、谷干城がいうように印度方面施行のオランダ式かどうかは別にして、内容的には、西洋のものを下敷きにして日本式をいくらか加えたものと考えられる。

藤田嗣雄氏は谷干城説に依ったものか、「海陸軍刑律」はオランダ陸軍刑法の影響下にあると述べ[21]ているが、筆者は、それだけでなくフランス式も加わっていると考える。なぜかというと、この起草時期に兵部省顧問の形で、フランス陸軍歩兵大尉アルベール・シャルル・ジュブスケ（Albert Charles Du Bousquet）が雇傭[22]されており、兵部省と兵学寮の質問に応ずることになっていたからである。ジュブスケがこの時期にフランス式陸軍の推進に大きな役割を果たしたことは、梅渓昇氏の研究[23]がある。明治五年四月にフランス陸軍から派遣されてきた参謀中佐マルクリー（Charles

Marquerie）以下の教師団が到着する以前は、ジュブスケがフランス式の中心人物であった。そのような彼の意見が「海陸軍刑律」に反映されていないとは考え難い。「海陸軍刑律」制定前と判断される山縣有朋陸軍大輔の陸軍裁判所設立建議[24]に、「頃者仏蘭西、英吉利、和蘭三国の軍法裁判所略考を上る」とあることからも、当時これらの各国の軍法について資料を集めていたことが明らかであり、「海陸軍刑律」はオランダ式が基礎になったにしても、フランス式の影響を排除することはできまい。

このような「海陸軍刑律」は、それまでの「軍律」とも「新律綱領」とも異質の西洋式を導入したものといえるのであり、第三二条で、「此律頒行の日より旧律の諸条相牴牾する者、悉く革除」と示されており、このときから西洋式による軍紀取締りが行なわれるようになったことを意味するといってよかろう。

二　「海陸軍刑律」への中継ぎとしての「軍律」の役割

明治元年二月十二日以降に東征軍の規範になっていた「陸軍諸法度」の細部は次項で述べるが、簡単にいうとこれは、部隊の行動規範・戦闘規範でありかつ戦場での禁制を示していた。しかしこの「法度」は明治元年十一月二日、東征大総督の任務終了[25]により効を失ったと解釈できる。だが東征時に諸藩から徴集された徴兵はここで完全に解隊されたのではなく、その後も一部が京都警備などにあたっていた[26]。そのため彼らの軍紀を糺す必要性が残った。その後の御親兵や廃藩置県前後の政府の軍隊についても同じことである。その役割を果たし「海陸軍刑律」への中継ぎをしたのが、次に述べる「軍律」であろう。

明治二年四月（日は欠）に京都の軍務官が、軍紀維持の目的をもつ天皇裁可の「軍律」を受け取った。東京奠都があったばかりで榎本武揚軍がまだ箱館に籠っていた時期である。同年十一月に追加された一ヶ条を加えて五ヶ条からなるこの「軍律」[27]は、徒党、脱走、金談（押借強談）、賭博についての罰条である。死刑から仮牢、謹慎まで罪状内容により刑罰の軽重がある。各藩などの兵の指揮官は、伺書を出すことなく迅速に処断した後に、事後の届出をすることになっている。別に、部隊行動時の「軍律」の徹底のためと思われるものの事情が判然としない文書で、明治三年十二月二十五日に兵部省が発した軍令は、「軍中一和之事」「規律厳重之事」「犯法者可処軍法事」を下達[28]している。具体的にはこのような形で、軍律を守るべきことを行動時に念押ししていたといえよう。

浅川道夫氏も分析[29]しているように、朝廷が示した明治二年四月の「軍律」は、各藩の主体性を尊重しながら全体の基準を示している点で、軍紀統一に益するところがあり、朝廷としての指揮権の行使を適正にする効用があったと解してよかろう。軍紀の統一なしでは、各藩の洋式兵制そのものが、知られているとおり仏・英・蘭・独など各国方式が混在[30]していたため乱雑な状態にあり、朝廷軍としての指揮が、統一された形で実施され難かったので、まず指揮権を裏で支える軍紀の統一が必要であったからである。それゆえ「軍律」は、条文は簡単であったが、廃藩置県後に制定された西洋式「海陸軍刑律」が生まれる前の新政府の軍隊の規律の維持に、一定の役割を果たしたと評価して差し支えないのではあるまいか。

明治三年の『太政類典』軍規の条に、「稟候」として軍人の処刑についての状況が分かる文書[31]が多く見られるが、明治三年六月の項に、脱営のうえ、強姦を犯した罪で死刑にされた兵卒の例があり、同年十月の項に、強盗殺人を犯した三名の兵卒がやはり死刑にされたことが示されている。これらの処刑は「海陸軍刑律」適用以前のことであり、「新律綱領」制定前であったので、明治二年四月の「軍律」および明治元年十一月十三日太政官達により示されていた常人の刑罰の基準を示す「仮刑律[32]」によるものとみてよかろう。前述のとおり「海陸軍刑律」下達以前は軍人に対して、常人を対象とする常律を適用することが行なわれていたので、処断は兵部省担当で行なわれているものの「仮刑律」を基準にして処断したと考えられる。

もっとも「仮刑律」は、一般に布告された刑法典ではなく、刑法官の執務準則の性格をもつものであるので、軍としては「軍律」で、処罰するぞという姿勢を示し、強盗殺人のような「軍律」で処置できる範囲を越えている事件については、本来は常人に対する科刑基準である「仮刑律」によって処置したのであろう。ただし死刑の場合でも軍では、「仮刑律」にあった鋸挽のような残虐な方法は適用していない。

廃藩置県以前は、幕府時代に準じて旧大名の藩知事など地方の責任者が中央政府の統制を受けながら、軍人に対しても斬・絞などの死刑を処断することができたのであり、これは軍人の犯罪を予防する効果をもつものであったともいえよう。明治三年三月の『太政類典』兵制軍規の稟候に、[33]「軍律（筆者註　明治二年四月の「軍律」ではなく「海陸軍刑律」を意味すると思われる）決定まて死刑と雖も藩知事又は隊長の処断に任す」とある事が、このことを示している。ただ死刑は慎重に行なう必要がある。そこで明治四年一月二十二日の兵部省から太政官への上申に、[34]「軍律確定まて諸藩徴兵罪を犯す者死刑は朝裁を仰き流以下は兵部省に於て処置す」とあるように、その後は「海陸軍刑律」の適用までこの方向で処理され、明治五年一月二十三日に兵部省第二〇として『法令全書』にある布達のように、「軍人軍属の犯罪者公私を問はす一切糾問司に而処決」と、専門の軍司法機関が裁判を行なうようになり、明治五年二月十八日達の「海陸軍刑律」の、施行後まもない明治五年二月二十八日に兵部省が陸軍省と海軍省に分離して以後、陸軍裁判所、海軍裁判所に軍司法が引き継がれていった。明治五年二月前後の軍司法についてのこれら一連の処置は、日付が前後しているので摺り合わせができていない空白の期間が生じているが、軍の制度を整備している段階で生じた不具合であり、当時の混乱状態から考えて、やむをえないものと考えるべきであろう。

三　軽い刑罰としての懲戒の考え方

そのほかに『太政類典』稟申書[37]には、軽罪で謹慎として処断されたものが記してあり、明治二年十一月に「数寄屋橋内警衛熊本藩人数の内鹿児島藩徴兵に対し不穏振舞せし者を謹慎に処す」と、あるのに注意する必要がある。

後の明治五年十一月十四日に制定された「陸軍懲罰令[38]」では、この「不穏振舞」程度に当たる第二六条の「闘殴」の場合の懲罰は、下士兵卒で営倉、禁足、使役のいずれかである。将校なら謹慎である。「軍律」はそのような軽罪も含めてわずか五ヶ条で兵士の精神に働きかけ、軍紀の維持に貢献したといえよう。

海軍が「懲罰仮規則」を下達したのは、明治七年七月二十二日[39]（海軍省記三套第二八号）であった。「海陸軍刑律」制定以前の海軍は、「軍律」と併行して明治三年（月日欠）に「軍艦刑律」を別に定め、「小艦隊指揮及ひ艦長」の権限で、単純な無許可上陸のような罪に対して「職務召上」、「等級格下け」、「幽閉」、「手械或は足械」といった比較的重刑と思われる処分を行なったほか、甲板上での高笑雑談のような軽罪と思われるものに対して「上陸禁止」、「整列中叱り」、「臨時番直」のような懲罰以下の軽い処分を行なっていたので、「海陸軍刑律」適用までの軍艦規律の維持に規則上の問題はなかったと思われる。しかし「海陸軍刑律」制定時に「軍律」とともに「軍艦刑律」も廃止された[40]と思われ、その後、「懲罰仮規則」制定まで、「海陸軍刑律」第一一条に別に懲罰についての規則を定めることが記されており、罪刑を示す条文中にも軽罪について懲罰を科すことが記してありながら、懲罰規則が存在しない状態が続いていた。そこでこの期間は、「軍艦刑律」が慣習法としてそのまま適用されていたか、あるいは明治五年三月二十四日に水兵本部から軍務局に提出された「懲罰仮規則案[41]」が案のまま適用されていたと考えざるをえない。

「海陸軍刑律」の第一一条との関係で[42]、別に陸海軍それぞれが「懲罰令」を制定した後なら、陸海軍ともに、ここに挙げた例のような軽罪は刑の対象ではなく懲罰の対象とされていたであろう。軽罪の中でも軽いものは大尉級の指揮官が懲罰処分をすることができるようになっていたのであり、手続きも容易になっていた。軍刑罰の観念が西欧式[44]に近づいていたからである。しかし「陸軍諸法度」や「軍律」の時代にはまだ、死刑にするような重罪も謹慎で済ませることができる軽罪も、その方面の指揮官による処罰と上級への報告という手続きで軽重の区別なしに同じように処理されていた。それが明治四年の廃藩置県から明治五年の陸・海軍省成立の頃を境にして、前述のとおり刑罰と懲罰を区別するようになり、また軍人軍属の犯罪処理は軍外の機関の介入を排して軍内で処理するように考え方が少しずつ変化し、日本式から西洋式になっていった。これに伴い、刑罰や懲罰が、維持のための一手段になっている軍紀についての考え方も、西洋式に変化していったと考えてよかろう。

四　「読法」の制定とその意義

右のような変化を端的に示すものとして明治五年二月に下達された「海陸軍刑律」があるが、第二条に、「大小官員は、拝命の日より、新兵水夫は、隊伍に編入し読法畢るの時より」海陸軍刑律を適用する、とあるところに注目したい。大小官員とは将校・下士と、軍医など同相当官、陸軍士官学校などの武学生を意味すると同条の記述から判断され、彼らは任命されたときからこの刑律の適用を受ける。新兵水夫とは基礎教育未了の陸軍兵卒と海軍水兵を指すと思われるが、彼らは「読法」という軍人心得のような内容の文章を読み聞かせられ、それを理解したことを宣誓する儀式が終った時点で、この刑律の適用を受けることが「海陸軍刑律」第二条に規定されていた。藤田嗣雄氏はこの方式を、プロイセン軍刑法の訳書『日耳曼軍律』によるものとしている[45]が、江戸時代から、高札に掲げられている事項など民衆に関係がある御触書を識者が民衆に読み聞かせることは一般に行なわれていた[46]のであり、洋式に日本式が混合していたというべきであろう。

陸軍の「読法」が制定されたのは明治四年十二月（日は欠）で、一部を修正したものが翌月、兵部省から布達[47]されている。さらに明治五年九月二十八日に、内容説明のための律条附がつけ加えられたものが部内配布（陸軍省第一九九号）されている。

海軍の「読法」は明治四年十二月二十八日の制定[48]であり、陸軍のものの制定日も同じだと思われるが確証がない。また陸軍のものと海軍のものを比較すると条目・内容が類似しているが、同一ではない。「海軍読法」は明治九年四月四日の達（海軍省達記三套第三二号）により、内容はほとんど同じまま表現を変えられ、附律条により内容の細部説明がされている。[49]

「読法」は制定月日の関係と、右のとおり「海陸軍刑律」第二条に読法終了を「海陸軍刑律」の適用要件にしていることからみて、「海陸軍刑律」の適用に向けて準備されたといえよう。また以下に説明するように内容的に日本的なものがあるので、明治二年の「軍律」の系譜の中にあるといえよう。[50]ただ前述したとおり藤田嗣雄氏他も述べている[51]ように、「海陸軍刑律」そのものがオランダ軍のものを基礎にしているとすると、「読法」そのものの内容はともかくとして、これを新兵に読み聞かせる方式は、日本の伝統にある方式であるとともに、前述のとおり西洋式も加わっているといえよう。

陸海軍とも「読法」は、どちらも最初の条で、「兵員に加わるものは」忠誠を本とし国家国民を守る軍備の意義を自覚して行動するように訓示しており、以下は陸軍で七ヶ条、海軍で六ヶ条に区分された条目で、それぞれ類似した禁止事項・心得が説かれている。同じことを述べていても陸海軍の間で表現が異なっているのは、当時から対抗意識があったためであろう。

当時の兵部省で海軍関係の最高位者は兵部少輔川村純義であったが、後述するように海軍を陸軍と同じ地位に引き上げることに腐心した人物である。陸海軍は行政上は兵部省に統一されていた時期であるので、「読法」を制定することについては陸海軍とも同じ歩調をとらざるをえなかったのであろうが、川村の下で佐賀海軍出身の佐野常民兵部少丞が、予算節減のため陸軍と海軍の兵学寮を合併するとする陸軍の主張に対抗[52]していたような時期であり、そのような対抗意識が海軍に、陸軍とは別の「読法」を制定する方向に向かわせたと考えることができる。

しかし示された「読法」の内容は陸海軍に共通するものであり、上級者への敬礼、同僚との融和、命令への服従、徒党を組んでする悪事の禁止、脱走、盗奪、賭博、民間での押買等、喧嘩闘争にいたるまでのそれぞれの禁止であり、最後に、戦地で卑怯な振舞いをしないように戒めていることも共通である。

陸軍では、実際にこれらのことを新兵たちに、中隊長以下主として下士が説明しながら文章を読み聞かせたので、「読法」という名称がつけられたようである。陸軍の「読法」の末尾には、「委細規則は其隊長より申示し」とあるのと、陸軍の生兵（註　未教育兵入営後六ヶ月までは生兵《セイヘイ》という）についての明治七年十月十四日制定の「生兵概則[53]」に、「読法及誓文定則」があり、徴兵として営門をくぐった翌日に読法の儀式を行ない、その後も下士がその内容の教育をするように、示されているところから、「読法」との組み合わせで「海陸軍刑律」の精神を兵士に徹底教育して、軍紀の維持を図ろうとしていた軍当局の意図を読み取ることができる。

しかし「海軍読法」には「隊長が申示し」のような指示がなく、どのように「海軍読法」が取り扱われていたのか[54]がはっきりしないが、明治九年四月四日改正の「海軍読法」（海軍省達記三套第三二号）附律条の最後に、「此読法畢るの時より犯罪あれば軍律に処せらる」とあるので、「読法」についての何らかの教育行事が行なわれたことはまちがいない。しかし海軍では明治十四年十二月二十八日に「海軍刑法」が制定（太政官布告第七〇）され、この年限りで「海陸軍刑律」が効を失ったときから、「海軍読法」の存在意義がなくなった。それまで「海陸軍刑律」第二条で、「読法」終了を刑律適用要件にしていたが、新海軍刑法と関連規則にはそのような要件がみられなくなったからである。

陸軍でも明治十四年末の同じときに「陸軍刑法」の制定（第五章第一節末の詳述参照）があり、「読法」の存在意義が海軍と同じ状態になったが、明治十五年三月にすぐに、新しい「軍人軍属読法」を制定[55]して、それまでの読法誓文の儀式を続けている。陸軍のこの新しい「読法」は、第四章で詳述するとおり新「陸軍刑法」や明治十三年に制定された普通刑法さらに明治十四年改正の「懲罰令」に含まれている罪についての記述をはずし、たとえばそれまでのものにあった脱走、盗奪、賭博などの犯罪禁止項目をなくして、道徳規範に変身した。新しい内容は、上級者への敬礼、命令への服従、名誉を重んじ恥を知ることなどである。これら徳目を軍人に体現させることが軍紀の維持に有用であったために、道徳規範として残されたといえよう。「軍人勅諭」との競合が問題になるが、そのことは第四章で詳述する。

明治四年末に「読法」が制定された当時の兵卒は、各藩から差し出された要員であり素質素行のうえで問題があるものも混じっていたようである[56]。そのような兵卒に対しては、「読法」を理解させて、最小限度の禁制ではあったがそれを守らせることが必要であった。ただ「海陸軍刑律」には「読法」の内容を超える罪の規定もあり、それでも彼らは、「読法」の儀式修了後は、そのような罪条の適用も受けた。たとえば第一五三条に、命令なしに放火をする罪が定められていたが、彼らはその具体的な説明まで、読法儀式の場で受けていたわけではない。それでも「読法」条文にある、「命令への服従」規定を守っていればこれを犯すことはないと考えられるので、「読法」により宣誓をすることには意味があった。このように「読法」は、素質素養程度が低い兵卒に要求せねばならない最低限のものを示していると、解釈することができるのである。

そのようなわけで、陸軍で七ヶ条の比較的簡単な内容の「読法」は、明治二年制定の五ヶ条だけで構成されている「軍律」の延長線上にあったといえよう。だが「軍律」五ヶ条は刑律だけを述べているが、「読法」はそれだけではなく、上級者への敬礼や命令への服従のような徳目を掲げている点でもう少し幅が広かったので、明治十五年に陸軍の道徳規範に変質する下地をもっていた。同時に「海陸軍刑律」第二条に、「読法畢るの時より」この刑律を適用することが示されていたので、「海陸軍刑律」下では、軍人として軍の規律に服する時点を明らかにする役割ももっていた。海軍の「読法」も、「海軍刑法」が制定されたために効を失うまでは、もちろん陸軍の「読法」と同じ意義をもっていたというべきであろう。

なお陸軍では前述のように、明治五年九月二十八日に「読法律条附」[57]が、「陸軍読法」の逐条細部説明として振り仮名つきで陸軍省から出されており、その末尾に「了解せさることあれは己れの属する所の長官に就き審問し」とわざわざ記されているところから、陸軍は「読法」による兵士教育を重視し「読法」の意義を普及しようとしていたことが分かる。

しかし「海軍読法」は前述のとおり、「隊長が申示し」のような実行要領を示す文言を含まず、また明治九年四月四日に陸軍同様の説明「附律条」つきの「海軍読法」が改正のかたちで制定されたもののこれにも「隊長が申示し」のような文言が見られないこと、さらに明治十五年一月一日の「海軍刑法」施行後に、陸軍のように新しい「読法」を制定した事実がないことから[58]、海軍は最初から、「読法」を陸軍ほど重視することはしなかったと考えられる。

第二節　「陸軍諸法度」の性格

明治元年二月十二日に東征大総督有栖川宮熾仁親王名で示された「陸軍諸法度」は、東征にあたってのものではあったが、前述明治二年の「軍律」制定との関係で、その性格を分析しておくことが必要である。

一　「陸軍諸法度」から「軍律」への道筋

「陸軍諸法度」は、喧嘩や放火、外国人への乱暴を禁止していた。しかしそれを犯した場合の刑罰は定めていなかった。明治二年四月に出された「軍律」は、平時戦時の区別をせずに適用する軍刑法の一種であり、かつ懲罰令としての性格をもっている。「陸軍諸法度」にはなかった罰則を伴っているので、東征軍の軍紀上、問題になったような事件を、ある程度予防できるはずであった。このような「軍律」は、国軍の軍刑法・懲罰令の淵源ともいえるものであったが、会津藩降伏段階までの東征にはまに合わなかった。

また「陸軍諸法度」は、行動規範、戦闘規範というべき内容の条を備えていたことが「軍律」とは違う。たとえば、「行軍は六里内外を以定則とす」という、後の「作戦要務令」に示されているような条が多数あった。つまり行軍や戦闘に必要な全ての基本的な指令が含まれていたのであり、江戸時代までの、総司令官である大名の作戦命令にあたる軍令や軍法と呼ばれるものに似たところがあった。

東征軍は諸藩から差し出された兵の寄合い世帯であり、大名と違って東征大総督は、諸藩兵への刑罰権はもたないも同然であった。そのために「陸軍諸法度」に罰則を定めることができなかったのであろう。その例を挙げてみよう。

明治元年一月の鳥羽・伏見の戦闘の後、薩摩藩などとともに長州藩（註　正確には萩藩または山口藩であるが、ここでは長府藩などの支藩や周防にある吉川家岩国領を含むものとしてこの通称を使用する）の上京部隊が京都警備に就いていたが、規律が乱れがちであった(59)。そこに東征が始まり、京都の警備兵力が手薄になったためと長期滞在兵との警備交代のため、明治元年三月に、長州藩の国許に残留していた大半の奇兵隊を上京させることになった。そのとき藩主毛利敬親は奇兵隊総監毛利少輔三郎に対して、「隊中規律厳粛奉御守護候様、肝要之事候、万一不心得之もの於有之は、重く咎申付もの也(60)」と、刑罰権が自分にあることを明示している。奇兵隊は京都からさらに北陸に出兵したので当然に、「陸軍諸法度」の適用を受けているが、東征大総督または北陸道先鋒総督名で刑罰処断された事例を発見することはできない。

これに対して東征大総督直属の形で編成された赤報隊については、滋野井公壽が率いるグループが伊勢長島藩などで勝手に金銭を取り立てるなど東征大総督の命令に従わなかったとして、数名が大総督の命令で断罪誅殺されたことを、佐々木克氏が論じている(61)。この断罪は、「陸軍諸法度」第一条の「長官之指図に随ひ」に違反したとして行なわれたものであろう。

このようなところからみて「陸軍諸法度」は、諸藩の統治権・刑罰権を認めながら全体の軍事行動を統制するために、天皇の名代である総指揮官の東征大総督が示した規範であり、かつ禁制であったといえるのではないか。

東山道総督（岩倉具定）が行動先で関係諸藩に示したもの(62)に、「悪徒を召捕、諸藩脱走人或無宿者に至ては、速に於其藩可処死刑候」とあることにも示されているように、東征大総督は諸藩に行動基準を示すことはできても、自ら刑罰権を行使することはできなかった。いわば現代の国家連合時の連合軍総司令官のように、自己の隷属部隊に対しては人事を含む強い権限をもつが、連合部隊といえる各藩の兵に対しては、作戦に直結する命令を出す権限しか与えられていなかったと解されるのである。これは朝廷が、直属の軍事力をほとんどもたない弱い立場にあったところから生じた結果であることはいうまでもなかろう。

そのような「陸軍諸法度」とは別に、明治元年四月二十五日に京都に新設された陸軍局[63]から、五月三日付で「陸軍局法度[64]」が示された。この法度は、京都を守護していた諸藩差出の徴兵の統制を意識したものであったと考えられる。なぜなら戦場には無縁の、「外出」についての条項が含まれていることと、その文中に「六つ時限り帰局」と、あるからである。「何時出兵可被仰付も難計」常に出陣できる準備をと、要求しているところからもこのことが推測できる。陸軍局は、同年閏四月二十一日に軍防事務局に代わって置かれた軍務官の下に入り、「教育、軍紀、軍資金」を扱うほか「軍隊の進退」を扱うこととされていたが、この「進退」の意味は、これらのことから考えて編制動員であろう。

出征陸軍部隊の後方総司令部のような陸軍局は、後方警備と出征準備のために京都に集めた諸藩兵を統制し、その軍紀を糺して問題の発生を予防する必要があった。そのために六ヶ条から成る「陸軍局法度」を示したのである。「陸軍局法度」が京都の諸藩兵を朝廷の立場で統制するためのものであったことは、法度の内容が戦闘のためのものではないことと、また法度の締めくくりとして、「若相背候者於有之は主人主人へ引渡、厳重可被仰付者也」と各藩主を処罰権者に指定していることから知られる。「陸軍局法度」はそのような後方的性格のものであるので、第二条「長官の指揮堅く可相守事」は、東征軍の「陸軍諸法度」の最初の条と同趣旨であるものの、その他の条に野戦軍としての行動規範・作戦規範に類することは示されていない。「陸軍局法度」は後方的なものではあるが、罪と刑罰のみを示す軍刑法的な「軍律」よりはもう少し内容の幅が広く、兵士心得というべきものも含んでいるので、「軍律」よりは「陸軍諸法度」に近い性格をもっていたといえよう。

二　戦国時代の法度と戊辰の役の法度の関係

このような「陸軍諸法度」や「陸軍局法度」が、戦国時代の武田家「甲州法度」や江戸時代の「武家諸法度」の形式を踏襲して発令されたであろうことは、想像できる。そこで内容を比較してみよう。

「甲州法度」は、喧嘩両成敗や他国との縁組の禁止のような武士の一般的な禁制について述べていることが知られている。喧嘩両成敗は、「陸軍諸法度」の第十二条にある喧嘩口論の禁止と同じ系統の規定だといえよう。

「武家諸法度」は、元和元（一六一五）年が初定であるが、まず寛保二（一七四二）年のもの[65]についてみると、第一条に「文武の道を修め人倫を明らかにし風俗を正しくすへき事」とあるのは、「陸軍局法度」第一条に「士風を不失礼儀を守り親交可致事」とあるのに比定できるが、「陸軍諸法度」には該当するものがない。「武家諸法度」には続いて、軍役に応じうるように準備をすることや参勤交代について行列員数の規定を守ることなどの記述があり、これも「陸軍局法度」の出陣準備について先述したところに当たる。

「陸軍諸法度」は、戦陣のものなので、大坂の豊臣秀頼が滅亡した直後に出された元和元年の「武家諸法度[66]」と比較することが適当かもしれない。そこでこれを見ると、冒頭に「文武弓馬之道専可相嗜事」とあり、いくらか武張ってはいるが寛保二年のものと大きな隔たりはない。ただし第二条に「可制群飲佚遊」とあるのは、「陸軍諸法度」には該当するものがないが、「陸軍局法度」第五条に、「猥りに酒を飲むべからざる事」とあるのに対応する。「陸軍局法度」は比較的平穏な京都という、後方地域で適用されたものであるので、戦乱終了直後の「武家諸法度」と共通する内容をもつものになったのであろう。

いっぽう戦陣に適用された「陸軍諸法度」は、戦国時代の行動規範・戦闘規範である軍令や軍法に近いのではないかという考えが出てくるので、それを調べてみよう。

毛利元就の厳島合戦（一五五五年）時の「軍法」[67]は、この作戦時の統一規範として、「侍は縄しめたすき、足軽は常の縄たすき仕るへく」と示し、また「一切高声仕り候者これ有らは、急度成敗申し付く」と処罰にまで触れている。これは「陸軍諸法度」が第一一条で、放火等の「乱妨狼藉」を「堅禁制之事」としているのと、同じような表現とみてよかろう。「陸軍諸法度」は、先述のように諸藩の連合軍を統制するためのものであり、実際の処罰権は各藩主にあるため罰則を設けることができないという事情があったので、このような自制的表現にせざるをえなかったと思われる。

関ヶ原合戦（一六〇〇年）の徳川家康の連合東軍の「軍法」[68]にも、喧嘩両成敗、物見を先手に無断で出すことの禁止、押買の禁止など「陸軍諸法度」類似の禁制規定があり、「陸軍諸法度」は、旧時代の軍令・軍法と同性格のものであったことが分かる。

なお前述のとおり明治新政府兵部省から明治三年十二月二十五日付で、「軍令」が達せられている[69]。これは、「軍中一和之事　規律厳重之事　犯法者可処軍法事」の三ヶ条について、「右之条々堅可相守者也」と命令する形式であり、細部を軍法や規律に依存するもので、戦国時代の軍法や軍令とは違って包括的かつ一般的である。この時期には戦乱が一応終結し諸藩兵が凱旋解隊されていたために、「陸軍諸法度」や「陸軍局法度」は効を失っていた。しかし新政府は御親兵など新しい軍隊を編成しつつあったので、明治二年四月に示されていた「軍律」や軍事行動のつど示す軍法を、このような新政府直轄軍兵士に遵守させる必要があった。そのための「軍令」が、これであろうと考えられるが、発令前後の事情を明確にすることはできない。しかしその形式が昔ながらのものであったことは、文面から明らかである。

熾仁親王が率いた東征軍は、洋式銃陣を取り入れた新式軍中心のものになってはいたが、命令や軍紀の面ではまだ旧来のものから脱皮することができていなかった。戦乱の一応の終結後も、明治新政府のこのような面での洋式化は、明治五年二月の「海陸軍刑律」の施行まで待たなければならなかったといえよう。

第三節　幕末から明治初年の軍紀維持施策の実例

幕末から明治初年の軍令の実際の状態に、旧来の法度、軍令の性格との関係をみておく。

一　幕末の日本式軍令の実際

これまで述べてきたように明治新政府の初期の軍事的な規則や命令は、それ以前の形式を踏襲したものであった。初期明治新政府のそのような規則や命令を起案したのは、薩摩藩や長州藩の出身武士やその周辺の武士たちであったろう。薩摩の西郷隆盛、長州の廣澤實臣・桂小五郎など朝廷で活躍していた人々の関与は当然として、前項で「海陸軍刑律」の起草者として名前を挙げた、津和野藩出身で、幕府の蕃所調書教授になりオランダ留学の経歴がある西周は、実務家として新政府の規則命令の起案にあたったひとりであった。彼は明治三年九月二十八日に元和歌山藩士でプロシア式陸軍について学んだ経験がある津田出とともに兵部省に出仕している。「徴兵令」も西が起草(70)したといわれているが、彼の起案にかかる陸軍文書は多かったようである。そのような洋式軍の制度を学んだ人が起案したものはともかくとして、新政府になっても戊辰戦役期の規則や命令は形式や内容が前代のままであったことはこれまでに述べた。

幕府が幕末にフランス陸軍式を採用し、わざわざフランスから教師団を招聘した(71)事実がある。このときフランス人教師がフランス陸軍の編制、兵士の徴集法、軍律などを幕府に書き出し幕府が日本語に訳出したもの(72)が残っているので、フランス式軍律の一部が日本に伝えられていたことは確かである。しかしそのとき以後の慶応三年八月に幕府の当路者が作成した歩兵罰則制定伺(73)は、十両以上の盗犯を死罪にしたり、脱走者を遠島にしたりするといった旧来形式の罰則を記載している。軽罪については、外出時に門限に遅れたものを入牢させるというようなやや西洋的な規定もあるが、総じて日本的な内容になっている。幕府でさえそうであるので、薩摩や長州の武士が起案したものが、旧来の日本式から脱して完全な西洋式になるはずがなかろう。

そのような長州武士が、藩内で幕末に起案した軍令をみてみよう。

元治元（一八六四）年七月の禁門の変のとき、長州藩の家老国司信濃は一隊を率いて会津、桑名、薩摩などの兵と戦って敗れた。このとき彼が所持していたという毛利家の軍令状(74)には、国司を総指揮官にすること、諸隊一和して指揮系統を尊重すること、軽挙妄動の禁止、情報の秘匿、姦淫大酒等の禁止などが七ヶ条にわたり記されている。さらに最後に、「違背の者これあるに於ては、軍律を以て相糺し、品により切腹申し付くべきもの」と示されていて、規律を破る者の処断権を藩主が国司に与えたととることができる表現が使われている。このような表現を含めて各条は、昔ながらの軍法・軍令と内容も表現も類似しているところがある。

なお長州藩で、規律違反者の処罰権を指揮官に与えた例はほかにもみられる。明治元年一月に藩で非役の若い武士を集めて干城隊を編成したとき、藩庁から「条書」と呼ばれていた軍令が干城隊総督に示された。その中に、「陣営中禁足以下の罰は総督へお任せ之事」とあり(75)、軽罪については、やはり藩主が指揮官に処罰権を委任したことが分かる。

これらは、前述の毛利元就の厳島合戦時の「軍法」とはいくらか趣きが違う。元就の「軍法」は戦闘に直結する具体的な条項が示されていた。合言葉や太鼓の合図まで示されていたのである。特定の作戦についての野戦軍の命令であるのでそれが必要であった。

しかし国司信濃に与えられた「軍令」は、一般的な行動上の禁制が主である。禁制という点では「陸軍局法度」に近く、深酒の禁止は、国司の「軍令」と「陸軍局法度」のどちらにも見られる。いっぽうで、国司の「軍令」には「陸軍諸法度」の後半の禁制部分と共通する戦陣の行動に関するもの、たとえば情報の保全に関するものもある。指揮系統尊重については「陸軍諸法度」「陸軍局法度」の両者に通ずる。

元就の「軍法」と国司が藩主から与えられた「軍令」に違いがあるのは、発令者の立場の相違と、戦場での発令または戦闘が行なわれるかどうかが不明の段階での発令という、時間的切迫の度合いの相違から生じたものであろう。だが、行動と禁制との両者を分別せずに、一つの命令で示した形式では両者は同じであった。

この形式がそのまま新政府軍の「陸軍諸法度」にも受け継がれているといえる。他方の「陸軍局法度」は、前述のように出征前の警備部隊に対して示されたものと思われるので、戦闘についての部分が欠落しているが、「陸軍諸法度」と同列にあると思って差し支えあるまい。明治三年の「軍令」はもう少し刑罰的になっているが、形式からいえば、やはり国司の「軍令」と同列のものとみることができよう。

二　長州藩奇兵隊の軍令

長州藩の軍令について検討してきたので、ここでもうひとつ、一般に近代軍のさきがけのような印象をもたれている長州藩の奇兵隊の軍令を検討しておこう。

慶応三（一八六七）年四月、奇兵隊が馬関（下関）東方の吉田に駐屯していたときに総督から隊内に布告[76]されたと思われる「軍令」である。幕府の第二次征長戦が終って、長州藩は次にくるべき行動に備えている時期のものであり、出征はまだ予定されていない状態にあるときのものである。

そのようなときのものであるので、「軍令」という用語が使われてはいるが、内容は後方警備部隊的である。「毎日壱人宛当直之事」とか「急務之節は於本陣前野戦砲空砲三箇」を発射、というのはやや野戦的であるが、「猥に農町家え不可立入」という一般禁制というべき条もあって、「陸軍局法度」に近い内容になっている。

このような例も考えると、幕末から明治初年にいたる動乱期の命令文書は、「軍令」、「軍法」、「法度」といったタイトルにあまりこだわるべきではないという方向がみえてくる。その場に応じ、ときに応じて藩主や指揮官が必要と考えた内容のものを、これらの形式で示していると考えられるからである。史料としてのこれら文書につけられている現在のタイトルそのものも、当時そのようにいわれていたのかどうかが明らかでないものもある。たとえば前述毛利家干城隊総督に与えられた「軍令」は、形式は「軍令」であるが単に「条書」と呼ばれていたようである。そのことも考慮に入れるべきである。

第四節　日本式の法度・軍令・軍法から洋式規則への転化

一　戊辰戦役の法度・軍令の性格

このように幕末から明治初年にいたる間の軍の法度・軍令・軍法と呼ばれる命令は、内容形式が厳密に区別され定められていたとはいい難い。状況に応じてタイトルだけでなく内容も、命令・規範・規律・刑罰と、多様なものが軽重をつけて入れられていた。ただ軍令と軍法はどちらかというと戦闘を意識したものであり、法度は平戦時を通じての基本的な規則・禁制を示すことが多いようで、起源は戦国時代にありそれが少しずつ変化してきたといえるのではあるまいか。

戊辰戦役中に下達された法度や軍令は、日本的な古い時代のものが変化した最後の形のものであったと考えてよかろう。やがて明治四年末に「読法」が制定され、明治五年二月に「海陸軍刑律」が下達されたが、これで、軍組織や兵士の行動あるいはその内側にある兵士の精神面を律する、これら方式の西洋化が目に見えてきた。幕末の軍事の西洋化は洋式銃砲と洋式軍艦の採用およびそれを使用して行なう戦闘方式という目に見えるものから始まったが、明治新政府の時代になってからまもなく、組織や精神というすぐには目に見えないものでも西洋化が顕著になったのである。

軍の組織やそのメンバーの精神に関係する西洋の軍事制度そのものは、幕末に蘭学者の手で一部が翻訳され知られてはいた。「読法」の内容はともかくとして、それによる宣誓の儀式の方式は、そのような翻訳によるオランダ陸軍の「軍隊内務書」によるものではないかという藤田嗣雄氏の意見[77]がある。この宣誓を適用要件にしている「海陸軍刑律」は西洋式の色彩が濃いものであった。「海陸軍刑律」以前に、軍人軍属にも適用されていた普通刑法というべき明治三年十二月二十日に頒布された「新律綱領」が、明律や清律を基礎にしていたのとは異なっていたのである。またそれ以前の「軍律」は、「海陸軍刑律」への中継役を果たしたのであり、その時期に洋式化への動きが始まっている。海軍では「軍律」とともに「軍艦刑律」の適用があったのであり、「海陸軍刑律」と「懲罰令」への中継ぎになった。なお「新律綱領」と「改定律例」および、その前の時期には「仮刑律[78]」が、「軍律」の不足を補っている。

戊辰戦役の時期に適用された陸軍諸法度や後方規定というべき「陸軍局法度」は戦乱時のものであり、戦国時代に淵源がある昔ながらのものであった。

二　新政府陸海軍の制度の洋式化

明治新政府は明治三年十月二日、陸軍はフランス式、海軍はイギリス式の兵制により兵備を進めることを布告した[79]。これにより欧米人を軍事教師として雇用することが本格化し、軍の組織やその構成員の精神面でも、洋式化が推進され始めた。

幕末に日本に導入された洋学は蘭学であり、軍事の分野では特に、安政二（一八五五）年に幕府が長崎で、オランダ海軍軍人による海軍伝習教育を行なったときからオランダ式の軍事が盛んになった。この海軍伝習を受けた勝安芳は新政府の海軍に出仕し、大きな役割を果たしたが、海軍兵学寮の教官たちにもこの伝習を受けた元幕臣が多くいて、初期の海軍建設に功があった[80]。

別に慶応三（一八六七）年に幕府は、フランスから陸軍軍事教師団を招聘して「仏式陸軍伝習」を受けたので、以後の幕府陸軍はフランス式になった。明治新政府の下でも、そのときフランス式の伝習を受けた幕府関係の人々が通訳や教師として大きな役割を果たしている[81]。第一節一項で述べたとおり、この幕府のフランス陸軍教師団の一員であったジュブスケも明治四年初めには兵部省に雇用されていて、顧問的な役割を果たした。そのため明治初期日本陸軍の軍律面に、オランダ式だけでなくフランス式の影響があったことは確かである。海軍の「軍艦刑律」も、長崎で伝習を受けたオランダ式であったといえよう。しかし軍人軍属の精神面を、「軍刑法」や「懲罰令」という名の規則で律し、いわゆる精神教育（註「読法」宣誓もその一部）によりそれを徹底して軍人軍属の行動を規正する方向に洋式化が進んだのは、明治五（一八七二）年四月にフランス陸軍から参謀中佐マルクリー（Charles Marquerie）以下の教師団が来日し、明治六（一八七三）年七月にイギリス海軍から、海軍少佐ドーグラス（Archibald L. Douglas 当時の英海軍には中佐の階級がなかったが古参の彼の職務は中佐相当）以下が、海軍兵学寮教師団として来日したときからであろう。彼らの来日で陸軍のフランス化と海軍のイギリス化が急速に進んだことに異論はない。日本陸海軍がフランス式、イギリス式のそれぞれの戦闘運用を学ぶ中で、組織や精神面のような目に見えないところでの西洋化が進んだといえよう。しかしそれが紆余曲折を経たことは、「軍律」の適用に曲折があったのと同じであろうが、このことは以下で述べる。

陸軍にはその後ドイツ方式が導入されたが、海軍では教師団が練習艦による実地練習を重視するなど彼らが持ち込んだイギリス方式が、伝統を形成した。イギリス人教師の教育を受けた木村浩吉（明治十五年海軍兵学校卒）は、決められた時間を厳守し時間になると直ちに行動を起こすことは彼らがもたらした規律であるとし、「紀律と物品とを濫費すべからず」とも訓戒されたことを書いている。[82]

そのような変化を含めて、明治中期以後、軍人の精神面に働きかけた軍紀関係について、以下の各章節で論じていく。

註

(1)『法令全書（明治元年）』明治元年二月十二日総督達第九三別紙。

(2)松下芳男『明治軍制史論　上』（昭和三十一年、有斐閣）四〇二頁以下「軍律の制定」。最近のものでは、淺川道夫「維新政権下の陸軍編制過程にみる軍紀形成の一考察」（『政治経済史学』第三七五号、一九九七年）一一―一五頁。

(3)『法令全書（明治五年）』明治五年二月十八日兵部省第四四。制定は明治四年八月二十八日になっているが、適用されたのは、二月十八日に兵部省から達せられた後であろう。

(4)『法令全書（明治二年）』明治二年四月軍務官第四一一。

(5)藤田嗣雄『明治軍制』（一九九二年、信山社出版）二九八頁、三一五頁。オランダ式を採用したと言っている。

(6)日本史籍協会編『谷干城遺稿　二』（原本明治四十四年。昭和五十年、東京大学出版会）二二九頁。明治五年四月十四日に、谷干城が新設の陸軍裁判所所長に任命され、西の起草の「海陸軍軍律」による裁判について谷、西の二人、それに、明律から見るとこの「軍律」に不都合があると唱えていた牧山慎藏を加えた三人で、その註解をつくったことが同書二三七頁にある。

(7)海軍省編『海軍制度沿革　巻一七の1』（原本昭和十九年。昭和四十七年原書房復刻）一九頁。明治五年二月十二日太政官布第四三。

(8)明治三年十二月二十日頒布の「新律綱領」の総則部分に当たる名例律上の「軍人犯罪」の項に、「凡軍人罪を犯すに出征行軍の際に非るよりは兵部権断して擅に法を用ることを得す」とあり、平時の軍人は、原則は「新律綱領」により罪刑が決まった。

(9)前掲『海軍制度沿革　巻一七の1』一九頁。明治六年四月十三日太政官布第一三二。

(10)石井良助編『大系日本史叢書4　法制史』（昭和三十九年、山川出版社）三一三頁。手塚豊『明治刑法史の研究　上』（昭和五十九年、慶応通信株式会社）二〇頁。

(11)山県有朋監「陸軍省沿革史」（明治文化研究会編『明治文化全集　第二十六巻　軍事編・交通編』昭和五年、日本評論社）

に、明治四年七月二十八日に施行された「陸軍条例」にある海陸軍糾問使を月内に置き、明治五年三月七日に糾問使の中に仮軍法会議を設け、さらに四月九日に糾問使を廃止して陸軍裁判所を置いたとある。

海軍については前掲『海軍制度沿革　巻一七の1』九九頁に、海陸軍糾問使廃止に伴って明治五年三月十日に糾問掛を置き、同年十月十三日に海軍裁判所を置いたとある。

(12) 前掲『谷干城遺稿　一』二二九頁。谷の陸軍裁判所所長就任は明治五年四月十四日。

(13) John Terrain（石島晴夫訳）『トラファルガル海戦』（原題 *Trafalgar*,1976. 昭和五十四年、原書房）四〇頁。「艦長は罪人の上半身を裸にさせ、手首と膝を格子戸に縛り付けるように命ずる。罪人の犯行が公表された後で、彼らは弁明の機会を与えられたが、弁明の結果、鞭打ちの刑を免れるのは二〇件に一件くらいでしかなかった」。

(14) そのためであろうが、前掲『谷干城遺稿　二』二三七頁に、「他藩兵と喧嘩を生ずることある上は裁判所に出さす各隊にて処分」し、「大概は大目に見のがし笞杖にも当るへき見込みの罪は営中にて処分し」とある。

(15) 防衛研究所蔵『明治九年大日記　官省使府県送達四月土　陸軍省第一局』「正院へ新律綱領改定律例中職制律並官吏公罪に係る各条存在致度義伺」。

(16) 同右『明治九年大日記　官省使府県送達六月土　陸軍省第一局』「正院へ軍人犯罪常律に比付加減上申」。文中、明治五年九月の指令は発見できない。

(17) 朝倉治彦編『陸軍省日誌　第三巻』（昭和六十三年、東京堂出版）三四一頁。明治八年七月三十一日分。

(18) 日本海軍で、バッターとか精神注入棒と称するものによる臀部殴打の私的制裁が行なわれたことはよく知られているが、これは東郷平八郎がイギリス留学で仕入れたものという伝説がある。註（13）で述べたとおり、東郷の留学以前のイギリス艦では厳しい刑罰が行なわれていたのであり、東郷が見聞した可能性がある。また日露戦争時のロシア艦隊内で、上級者が水兵を懲罰の意味で拳骨で殴打することは日常的であったようであり、ロシア人の手記的小説ではあるが、ノビコフ・プリボイ（上脇進訳）『ツシマ　上』（二〇〇四年、原書房）五四頁ほかに多くその描写が見られる。航海中の艦上の軍紀維持は艦長の責任であるが、容易ではないだけに暴力手段に頼らざるをえず、明治初期ころの西洋海軍で、バッターが用いられていた可能性はある。

(19) 手塚豊編『近代日本史の新研究Ⅲ』（昭和五十九年、北樹出版）六五頁以下の藤井徳行「明治七年・海軍兵学寮御雇英人教師対日本人水夫の闘殴事件に関する一考察」。

(20) 銃丸打殺の法として、明治五年三月二十八日陸軍省第五〇。

(21) 前掲『明治軍制』三一五頁。
(22) 防衛研究所蔵『明治三年外国教師洋行生徒事件』に兵部省の雇傭契約案があり、契約は明治三年十二月中に行なわれ、明治四年初から四年間であったと思われる。
(23) 梅渓昇『お雇い外国人　政治・法制』（昭和四十六年、鹿島研究所出版会）七八頁、八一頁。
(24) 前掲「陸軍省沿革史」明治五年四月九日「陸軍裁判所」の項。
(25) 陸軍省編『明治天皇御伝記史料　明治軍事史　上』（昭和四十一年、原書房）三〇頁。
(26) 千田稔『維新政権の直属軍隊』（昭和五十三年、開明書院）四〇―四一頁。
(27) 『法令全書（明治二年）』明治二年四月軍務官第四一一。
国立公文書館蔵『太政類典』第一篇第一一三巻「兵制　軍規」にあるものも、日は欠になっている。海軍文書綴の防衛研究所蔵『明治三年公分類纂　第一三』にもあり、海軍でも適用されていたことが分かる。
(28) 防衛研究所蔵『明治三年公文類纂　壱』軍令。
(29) 前掲註（2）「維新政権下の陸軍編制過程にみる軍紀形成の一考察」一三頁。
(30) 前掲『維新政権の直属軍隊』一三六頁、一四四頁他。
(31) 前掲『太政類典』第一篇第一一三巻「兵制　軍規」。
(32) 内閣記録局編刊『法規分類大全　第五十四　刑法門』刑律一（原本明治二十四年、一九七七年、原書房復刻）一一五頁。前掲『大系日本史叢書4　法制史』三一二頁によると、「仮刑律」は刑法官の執務準則として定められていたという。前掲『太政類典』第一篇第一八九巻、明治三年十月、「新律提要撰定上奏を経たるを以仮律を廃す」とある。
(33) 前掲『太政類典』第一篇第一一三巻「兵制　軍規」。
(34) 同右。
(35) 前掲『太政類典』第二篇第二〇二巻一七に「明治五年二月二十七日兵部省を廃し陸海軍両省を置き寮司の被官を定む」とあるが、内閣記録局編『法規分類大全45　兵制門1』（原本明治二十三年。昭和五十二年、原書房復刻）二七二頁では、明治五年二月二十八日第六二号で「兵部省被廃陸軍省海軍省被置候事」となっていて、これが定説になっているので二十八日とした。
(36) 註（11）にもあるとおり、明治五年四月九日に陸軍裁判所を置き、同年十月十三日に海軍裁判所を置いた。
(37) 前掲『太政類典』第一篇第一一三巻「兵制　軍規」。

(38)『法令全書〈明治五年〉』陸軍省第二四三「陸軍懲罰令」。
(39)前掲『海軍制度沿革　巻一七の1』三一六頁。明治七年七月二十二日記三套第二八。
(40)同右二頁の「軍艦刑律」の項。懲罰対象になると思われる行為は、防衛研究所蔵『明治三年公分類纂　十三』に「定」として甲板下で喫煙する行為のような軽易なものが列挙してあるので、これがそれに当たるのであろう。その後「軍艦刑律」がいつ廃止されたのかを明らかにしてくれる史料は見あたらないが、常識的には、新法令が制定されたことにより効を失うと考えるべきであろう。
(41)同右三一四頁。
(42)「第十一条　此刑律、亦陸海軍懲罰に当たらす、懲罰は営中艦内にありて其司令官に委任せられ」「其他の事項は懲罰の成典に備はれり」とあり、明治五年陸軍の「懲罰令」第三条は、「特立大隊は司令少佐特立小隊は司令大尉」に懲治権を与えている。海軍では明治七年七月二十二日に「懲罰仮規則」〈海軍省記三套第二八〉の名で「仮刑典」が通達〈前掲『海軍制度沿革　巻一七の1』の三一四頁〉されており、このときから正式に懲罰を区別したと思われるが、海軍省独立まもない明治五年三月二十四日に水兵本部から海軍省軍務局に懲罰仮規則案が報告〈前掲『海軍制度沿革　巻一七の1』の三一四頁〉されていることや、その頃の海軍兵学寮規則にも外出禁足の罰があることから、実態としての懲罰はそれ以前から存在したと思われる。
(43)「海陸軍刑律」下達後で「陸軍懲罰令」〈明治五年十一月十四日陸軍省第二四三〉施行までの空白期に、「鎮台本分営罪犯処置条例」〈明治五年五月十三日陸軍省第一一〇〉が定められ、「懲罰に属すへきと軍法に係り軍法会議に属すへきとを分弁し」とあって、このときから両者を区分したようである。たとえば「海陸軍刑律」第一五〇条に、賭博・闘殴のうち軽罪については懲罰にすることが示されている。
(44)前掲『明治軍制』二九三頁。
(45)同右三〇四頁。
(46)前掲『大系日本史叢書4　法制史』一六四頁。
(47)『法令全書〈明治五年〉』明治五年一月兵部省第三二。
(48)『法令全書〈明治四年〉』明治四年兵部省第一八八。
(49)『法令全書〈明治九年〉』海軍省達記三套第三二。
(50)明治四年九月〈日は欠、施行は九月八日〉の「海軍部内条例」一五条で、「兵部省の官人は拝命の後職に就く前に先つ誓詞をなすへき事」とあり、誓詞つまり起請文を出すことは古来の日本の風習にあるので、これと洋式が混交したとも思われる。

(51) 前掲『明治軍制』二九八頁。
(52) 日本大学『山田伯爵家文書 第一巻』（平成三年、日本大学）九頁に、「佐野少丞頗る尽力」と佐野が海軍整備に努力しているさまが山田顕義兵部大丞宛ての船越洋之助書簡に述べられている。
(53) 防衛研究所蔵『陸軍省規則条例 自明治四年至八年』明治七年十月十四日。
(54) 前掲『明治軍制』三〇九頁に、明治四年九月兵部省第一一三の「海軍部内条例」で誓紙の規定だけは設けた記述がある。
(55) 私蔵『陸軍成規類典』明治十五年三月九日達乙第一六号。なお昭和九年十一月二七日陸達第三六号に「軍隊手牒中読法及誓文を削る」とあり、このときまで「読法」儀式は続いていたが、参謀本部勤務の土橋勇逸の意見で廃止になったという（土橋勇逸『軍服四十年の想出』（昭和六十年、勁草書房）二〇八頁）。
(56) 中山泰昌編『新聞集成明治編年史 第一巻』（昭和九年）四〇〇頁。明治四年九月の新聞雑誌一二の記事にある、ある西洋人が見た無作法な兵卒の状況「守衛中に……裸体に上着を着するなど」。防衛研究所蔵「明治五年大日記 府県之部」三月第一九三号記事に、御親兵多数が上野の花見の場で乱暴をしポリスとの間で争いが起こったことが記されている。
(57) 『法令全書（明治五年）』陸軍省第一九九号。
(58) 『法令全書（明治九年）』明治九年四月四日海軍省記三套第三二で附律条として各条の説明を加え、本文も一部改正されているが、その欄外に、明治十四年第七〇号布告（海軍刑法）により消滅したと記されているのが、消滅を直接示す唯一の手掛りである。
(59) 末松謙澄『防長回天史 下巻』（一九六七年、柏書房）一二五三頁。「京都に於て三藩取締と称し洛中洛外の農家町家を脅かし衣類金銭等を略奪」するものがあったため、「兵士の略奪を禁す」とある。
(60) 山県有朋『越の山風』（平成七年、東行庵）五頁。
(61) 佐々木克「赤報隊の結成と年貢半減令」（松尾正人編『維新政権の成立』二〇〇一年、吉川弘文館）八六―九一頁。
(62) 石井良助編『太政官日誌 第一巻』（昭和五十五年、東京堂出版）慶応四年四月の項、三六頁。
(63) 山県有朋監「陸軍省沿革史」（明治文化研究会編『明治文化全集 第二十六巻 軍事編・交通編』昭和五年、日本評論社）一一五頁。以下の軍務官関係事実も同沿革史による。
(64) 『法令全書（明治元年）』五月三日第三六七。
(65) 石川松太郎監『稀覯往来物集成 第二巻』（平成八年、大空社）二七五頁。

(66) 高柳真三・石井良助編『御触書寛保集成』（昭和九年、岩波書店）一頁。
(67) 三坂圭治校訂『毛利史料集』（昭和四十一年、人物往来社）二一四―二一五頁。
(68) 勝部真長編『勝海舟全集17　陸軍歴史3』（一九七七年、勁草書房）一二三頁。
(69) 防衛研究所蔵『明治三年公文類纂　一』海軍省書留文書。なお前掲『太政類典』第一篇第一一三巻「兵制　軍規」の中に、明治三年四月十五日に「太政官軍令を発す」とあるが、これは翌日から行なわれる予定であった天覧の駒場野演習のためのものと推定される。
(70) 徳富猪一郎編『公爵山縣有朋伝　中巻』（昭和八年、山縣有朋公記念事業会）二〇九頁。
(71) 一八六七年一月（慶応二年十二月）にフランスから参謀大尉シャルル・シャノワーヌ（Charles S.J.Chanoine）一行が幕府の陸軍伝習教師団として横浜で教育開始。
(72) 前掲『勝海舟全集17　陸軍歴史3』二六四―二九七頁。
(73) 同右四五三―四六一頁。
(74) 江藤淳編『勝海舟全集19　開国起源5』（昭和五十年、講談社）五三三頁。
(75) 末松謙澄『防長回天史　下巻』（一九六七年、柏書房）一二七九頁。
(76) 日本史籍協会編『奇兵隊日記　三』（大正七年刊。昭和六十一年復刻、東京大学出版会）一―二頁。
(77) 前掲『明治軍制』三〇一頁。
(78) 内閣記録局『法規分類大全第54　刑法門』（明治二十四年）「刑法総　刑律」明治元年十一月十三日太政官達。
(79) 『法令全書（明治三年）』太政官布告十月二日。
(80) 勝安芳は明治五年五月十日に海軍大輔、明治六年十月二十五日に海軍卿就任。
海軍兵学校編『海軍兵学校沿革』（大正八年、海軍兵学校）により出身が示されている海軍兵学寮教官について計算すると、明治四年末の少尉教官一七名中九名が静岡出身であり、元幕臣と推定される。
(81) 大野虎雄『沼津兵学校与其人材』（原本昭和十四年。昭和五十八年、安川書店）によると、徳川家の沼津兵学校は明治四年九月に兵部省の管轄になったが、その前の明治二年秋からフランス式陸軍を学んだ多くの教官が、明治政府に出仕を命ぜられている。揖斐吉之助は明治三年に陸軍少佐、黒田久馬は明治四年に砲兵少佐、永持五郎次は砲兵中佐になったとある。
(82) 防衛研究所複製蔵・木村浩吉編『黎明期の帝国海軍』（昭和八年、海軍兵学校印刷資料）二七―二八頁。

第二章　不軍紀の象徴、竹橋事件の原因

明治十一年八月二十三日に近衛砲兵大隊で起こった暴動事件、竹橋事件の原因は一般に、西南の役の論功行賞の遅れと近衛兵の俸給額の切り下げにあるといわれている。(1) これについては疑問があるのでいま少し分析を進め、さらに軍人精神の存在の有無など、暴動の背後にある近衛兵の当時の状況にも分析を進め、軍首脳部が軍人の精神面の向上対策を必要としていた当時の状況の分析の第一歩にしたい。なお事件そのものについては史料が出尽くしており、重要な新史料を加えるものではない。見落としがあると思われる小さな史料を分析用に使用しただけである。

第一節　近衛兵俸給の減額の影響

陸軍の西南の役の論功行賞の遅れと俸給の減額の中で、本来的に優遇されていた近衛兵がどういう状況にあったの

かをまず見ておくことを分析の第一歩とする。

一　財政難の影響

西南の役の征討総督、有栖川宮熾仁親王が東京に凱旋したのは明治十年十月十日であった。竹橋事件はそれから十ヶ月以上の後に発生したのであり、それまで下士兵卒（註　後の下士官兵の意味で使用）の論功行賞の沙汰は全軍を通じてなかったのであるから、下士兵卒が不満をもっていたことは分かる。しかしこれは近衛兵だけのことではない。また将官、佐官と上から下へ順番に論功行賞が行なわれていた最中であって、尉官についての戦功調査もすでに行なわれていたので、(2)そのうちに下士兵卒にも論功行賞があるであろうことは期待できる状況にあった。(3)西南の役戦死者全員の慰霊のための招魂祭は明治十年十一月十三日から三日間、招魂社（後の靖国神社）で執行されており、軍首脳が下士兵卒を無視しているわけではないことが、これからも分かるはずであった。

そのようなときに財政難が問題になって軍の経費を節約せねばならなくなり、(4)その施策の一環で近衛兵の俸給を大幅に減額せざるをえなくなった。近衛兵の俸給は、明治六年三月二十七日に「陸軍給与同備考」（陸軍省第八八）で示されたときから、同じ兵科の鎮台兵よりも約四割俸給額が多かった。近衛兵卒の多くが徴兵兵卒に置き換えられ始めた後述する時期に当たる、明治九年一月一日から施行される「陸軍給与概則」（明治八年十二月十七日、陸軍省達第一四四号）でも、近衛兵の俸給が約四割多いことに変わりはなかった。このときは陸軍全体で、一割前後の調整が行なわれているが兵卒は一般に、いくらかの増給になった者が多い。しかし西南の役翌年の、明治十一年七月一日施行の改定された「陸軍給与概則」（同年五月二十一日、陸軍省達乙第七一号）では、近衛砲兵の火工卒五割弱、駆卒で三割近い減額になった。一般の鎮台砲兵卒も減額されたが、二割前後である。もともと近衛兵卒の俸給は兵科ごとに一般の鎮台兵卒よりも四割程度高く設定されていたのであるが、鎮台一般の兵卒との俸給額の差を二割程度に縮める改正をしたため減額率が大きくなったのである。それでも近衛兵卒の俸給は、兵科によって異なるものの、減額後も同じ兵科の一般の鎮台兵卒よりも一割から二割ぐらい多かった。

近衛兵の中で比較すると、近衛歩兵卒の俸給額は、もともと近衛砲兵卒よりも三、四割低く設定されていたのでそれ以上の大幅減額をすることはできず約一割の減額にとどまったが、もともとの金額が高く設定されていた火工卒と砲兵馭卒は、減額率も減額金額も大きくなった。一等歩卒で日額五銭に設定されていた一般の歩兵の俸給額は、そのまま据え置かれたのであり、近衛歩兵一等卒は減額後、六銭二厘になった。特殊技能をもち勤務条件も厳しいがゆえに、高額に設定されていた近衛兵卒の俸給の見直しが行なわれたのである。

二　近衛砲兵の俸給減額への不満

明治十一年五月二十一日付で減額改正された新俸給は、同年七月一日から施行された。近衛砲兵が暴動を起こしたのはその翌月の八月二十三日であり、施行後暴動までの期間五四日から考えて、近衛砲兵暴動は、俸給減額後に不満が醸成されて発生したと考えてよいのではないか。しかし俸給減額と並んで暴動の原因に挙げられている西南の役の論功行賞の遅れは、次節一項で述べるとおりの論功行賞の進行状況から考えて、それが暴動の直接の原因であるとするにはやや問題があろう。彼ら兵卒の不満のひとつの理由にはなったことは否定できないかもしれないが、暴動の引き金になった直接の原因は、俸給の減額であろう。

この暴動の最初の扇動者が近衛歩兵卒三添《みぞえ》卯之助であったことは、事件についての陸軍裁判所の裁判を通じて明らかにされているが[5]、近衛歩兵の同調者は少なく、暴動の中心になったのは近衛砲兵の兵卒であった。近衛歩兵は鎮圧側に回ったのであり、このことが、暴動の直接原因が近衛砲兵の俸給の減額にあったと判断する大きな理由である。近衛歩兵卒の減給金額は近衛砲兵卒に比べて小さく、不満ではあってもその程度は近衛砲兵卒に比べて小さく、暴動を起こすほどではなかったであろう。

三添卯之助の口供書[6]には、西南の役で負傷したにもかかわらず勲功の沙汰がないことが第一の不満であるように記されているので、論功行賞の遅れが暴動の大きな原因であるとする論[7]があり、後述するように山縣有朋陸軍卿もそう考えていたようである。だが、これは三添卯之助個人の大きな不満ではあったかもしれないが、近衛砲兵卒にまで共通する第一の暴動原因であったとするには問題があると考える。三添の口供書には、負傷のため包帯をしていたことが近衛砲兵卒との話のきっかけになったと記されているので、そうだとすると当然、会話は論功行賞の問題に向かうであろうが、そのことを近衛砲兵卒の暴動理由にまで拡大すべきではあるまい。近衛砲兵卒の不満は第一が俸給減額であったと考えるのが自然であり、論功行賞を問題にする場合も、それに伴う賜金に期待があったためと考えるべきであろう。この点は次節で細説する。

第二節　西南の役論功行賞の遅れの影響

ここでは竹橋事件の原因は論功行賞の遅れにあるとする説の当否を検証する。

一　手続き進行中であった論功行賞

そこで次は西南の役の論功行賞の問題に移る。陸軍省編『明治軍事史』[8]によると、明治十年十月十日に有栖川宮征討総督が東京に凱旋帰着した後、最初の叙勲が行なわれたのは明治十年十一月二日で、陸軍大将有栖川宮熾仁親王および、参軍として九州で実質的な指揮官として行動した陸軍中将山縣有朋、同黒田清隆、海軍中将川村純義が、それぞれ勲章を親授されている。その後将官、佐官と叙勲対象者が順次下級に移り、勲功調査のための勲功調査委員が置かれて各部隊の上申に基づき調査を実施した。陸軍の委員は、明治十年十一月八日に山縣有朋陸軍中将、大山巌陸軍少将、小澤武雄陸軍大佐の三名[9]が任命されている。翌十一年の三月二十七日に、元征東総督熾仁親王のほか「将官及参謀長各部長官」が集まって征東軍の勲功調査[10]をしているので、委員による調査がこの時期にようやくまとまったということであろう。

竹橋事件直後の明治十一年八月二十八日付御沙汰書[11]では、陸軍大尉四名、陸軍中尉九七名、陸軍少尉八〇名、陸軍

少尉試補二二名、軍医試補一名が叙勲され、その一部の者には年金も支給されている。その前の明治十一年六月二十二日の御沙汰書[12]では、大尉から少尉試補級までが明治七年の佐賀の乱および台湾征討の功績に西南の役の功績を加えて評定されており、四年前の功績がようやく評価されたのである。事務手続きの遅れがあったのであり、論功行賞の遅れは近衛兵卒だけの問題ではなかった。

勲章制度が制定されたのは明治八年二月であり、四月十日に太政官から布告（太政官布告第五四号）された。しかし手続規定にあたる「陸軍武官勲章従軍記章条例」の制定（明治九年十二月一日、陸軍省達第二〇六号）および海軍の「勲章及記章条例」制定（明治十年十二月十七日、海軍省達丙第一三九号、決裁は七日）はずっと遅くなったのであり、西南の役終了直後は将官への親授はともかく、兵卒に対してすぐに叙勲ができるような状況になってはいなかった。特に海軍のこの条例決裁が十二月七日であることに、手続きの遅れが示されている。これら条例で勲功調査委員は帯勲者であることが要求されているので、その部下である実務担当の佐官・尉官を含めてその叙勲が終らないと、それ以下の下級者の勲功調査ができなかったと推定されることも、下級者の叙勲を遅らせたひとつの理由になっているといえよう。最初の陸軍委員の任命は、前述のとおり明治十年十一月八日であった。

また勲章と賜金は別であり、受勲者が年金を受けることができる「勲等年金令」が制定されたのは明治十年七月二十五日（太政官達無号）であって、受勲した兵卒が年金を受け、または非受勲者の一部の功績ある者が一時金としての賞与を受ける条件[13]も、整っていなかった。ただ前述歩兵卒三添卯之助の口供書中[14]に、大尉までは上から順に叙勲があったことを知っている供述があり、当然下士兵卒への叙勲はこれからであることを推測できる状態にあったと思われるので、近衛砲兵隊下士兵卒たちもそのていどの認識はもっていたと思われる。

そのような中で論功行賞の不満が、近衛砲兵卒の暴動の直接原因になるとは考えられない。事実、三添に煽動される前は、近衛砲兵大隊下士兵卒に、論功行賞についての表立った不満が存在したことを示す口供書は見られない。暴動を起こした近衛砲兵たちは、情報が伝わりにくい当時の社会の中で、下士兵卒にもこれから叙勲が行なわれるであろうといった程度の期待をもっていたものの、事実はほとんど知らなかったのではないかと疑われる。そのために三添の口供書にある「兵卒の如きは何等の御詮議もなきのみならす、剰さへ日給並に官給品も減少せらる」と近衛砲兵卒に対して語った、勲章や給料についての不満煽動に乗ったのであろう。近衛砲兵大隊馭卒の長嶋竹四郎の口供書に、「其の勲章を論するに当ては、大尉以上は無論之を賜はり（中略）兵卒に在ては其功鮮からすと雖も、何等の御詮議なきのみならす、剰へ給金及官給品に至る迄減省せられたり」と、勲章の詮議がまだないことおよび給料などの減額があったことが不満として語られているが、これは本来の首謀者で砲兵隊への扇動者である三添の口供書にあるのとほとんど同じ記述である。そのような三添の不満を聞いた長嶋竹四郎口供書に、「自分共に於ても不公平の御処置と存し」とあるくだりが彼らの受身の意思を示しており、給料減額については現実に彼ら砲兵隊兵卒が利害関係を感じていたが、勲章についてはまだ詮議がないことを事実として知っていても、これからどう詮議されるのかは不明のまま、歩兵卒の三添の煽動に乗せられたとしかいいようがない。ただ煽動されたにせよ、暴動に走った直接の原因は勲章ではなく減給不満であったというべきであろう。

当時の事務処理は、叙勲や賞与についても遅くなりがちであった。非効率な事務処理の結果、佐賀の乱以後の事変に従事した曹長以下兵卒までの功績ある者に勲章を授与し、その一部に年金が支給されたのは、明治十二年十一月八日付御沙汰書[15]によるものが最初である。『熾仁親王日記』によると、熾仁親王が旧征討総督の名で、勲功調査の会議に初めて加わったのは明治十一年三月二十七日である[16]。このときから審議が始まり尉官の叙勲が同年六月二十二日から行なわれているが[17]、これが曹長以下の叙勲が始まる明治十二年十一月まで引き続いて行なわれていたのであり、十二年十一月になってようやく下士兵卒の順番がきたということであろう。このとき叙勲対象になった下士兵卒は約三千名であり、竹橋事件を起こした兵卒たちで、叙勲や後述の賞与一時金の有資格者でありながら暴動に参加して資格を失った者は、もし論功行賞の遅れを理由にして暴動を起こしたのであれば、早計であったといわざるをえない。前述の首謀者三添卯之助は西南の役での負傷が事実だとすると、叙勲・賞与の対象になる可能性があった。

このことについて、下士兵卒がこの時期に受勲したのは竹橋事件が起こったために、兵卒たちを懐柔する施策として行なわれたと主張する人がいるかもしれない。時期的にはその可能性があるからである。しかし尉官の叙勲がほぼ終ってから行なわれた叙勲であり、尉官に引き続く継続性がある叙勲であることから考えて、懐柔策説を採用するつもりはない。大東亜戦争期の叙勲についても、軍神といわれたような特別の人のものを除くと、兵卒の叙勲が戦死の数年後というのは、普通であったことが官報を繰ってみると分かる。西南の役の場合だけが遅かったわけではないからである。

竹橋事件の翌年末、明治十二年十二月二十六日に、次の文書が陸軍省から下達（陸軍省達甲第二五号）されている。「陸軍に従事し西南の役に於て功労ある者へは追々相当御賞与可相成の処右は凱旋の後、軍律の刑を被りたる者及国事犯又は除族並懲役の実刑」を受けた者は該当しないというものである。兵卒たちを牽制し、再度事件が起こることを予防する意味でこの達が出されたことは、時期的にみて間違いあるまい。次に述べるように、なおこの時期に、近衛兵の中に実際に行なわれた叙勲と賞与という名の下賜金をめぐり、不平不満があったからである。

右の「御賞与」に当たると思われる一時金の下賜は、叙勲とは別に明治十二年十一月八日と二十日付で[18]、初めて下士兵卒に対して行なわれている。これは受勲者の一部が受ける年金とは直接の関係がなく、その次に功があったと思われる者に対して、二〇円または一五円が、約一六〇〇名に与えられた。兵卒にとって一年分の俸給額にも当たるものは大きい。叙勲を受けても、その中の年金付受勲者は一部にすぎなかったので、兵卒にとっては、この一時金支給が実質的な、兵卒への論功行賞措置として大きな意味をもっていた。

二　事件一年半後の近衛兵の不満と山縣の態度

兵卒の叙勲への不満が竹橋事件の原因になったとする説の一根拠になりうる史料が、国会図書館憲政資料室の『伊藤家文書』中にある。山縣有朋から伊藤博文に宛てたとされている年月、宛名、差出人が不明の書簡であるが、刊行されている文書集[19]では明治十一年の書簡と推定している。そのとおりだと叙勲不満説の根拠になるが、内容を分析すると、以下のとおり明治十三年初の書簡と推定されるので、そうはいえないであろう。

書簡文面は、「旧年年末に下士兵卒へ賞牌下賜相成候処、近衛兵隊中下士兵卒の中なり賞牌無之者共不平を鳴し、喝々中合一、二の投書等致候に付」、これを調査したが、「さしたる事は無之」となっている。この書簡集を編纂した編者が、差出年を明治十一年と推定したのは、文面の兵士の不平と竹橋事件を結びつけたためであろう。しかし前述のとおり、下士兵卒に最初の叙勲と賞与一時金の下賜があったのは明治十二年十一月八日であり、それに不服の下士兵卒が投書等をしたというのであるから、書簡の差し出しは明治十三年の初めでなければならない。賞牌を「従軍記章」と解釈して、もう少し早い時期だとする説が出てくるかもしれないが、『明治天皇紀』によると従軍記章の授与方式が定められたのは明治十一年一月十一日であり、かつ「従軍記章」は従軍した軍人軍属全員に与えられるもの[20]であるので、不公平、不満が起こるはずはない。書簡に、年末に下賜されたとあるので、もし「従軍記章」だとしても、書簡の差し出しは、明治十二年以後ということになり、明治十一年のものであるはずがない。

つまりこの書簡は明治十二年の下士兵卒への叙勲後の明治十三年のものであり、竹橋事件後の明治十二年年末にも、近衛兵（砲兵に限らない）の中に、叙勲についての不満（関連別枠の賞与一時金も含む不満と考えるべきであろう）があったことを物語っているといえる。書簡の筆者が山縣であることは、文体等から見て間違いあるまい。相手が伊藤であることも、書簡が『伊藤家文書』の中にあることであり、ほぼ間違いあるまい。そうとすると、山縣は明治十二年十月十五日まで兼務の近衛都督の地位にあったので、その直後の近衛下士兵卒叙勲等についての不満が彼の下にもたらされたとしてもおかしくない。伊藤も明治十三年二月二十八日まで内務卿であったので、このような治安問題の書簡を、その日以前に受けてもおかしくない。かくして書簡は明治十三年初めに山縣有朋から伊藤博文に宛てられたものであると推定され、書簡の差出年月から見て、この書簡を、兵卒の叙勲など論功行賞についての不満が竹橋事件に結びついたとする証拠にすることはできない。しかし近衛兵の中に、竹橋事件の処理が終った後に、なお不平不満があったことを証明する史料にはなるのである。

なおこの書簡は続けて、「孰れにしても一改革致さずては将来軍紀維持の目的は甚無覚束」としているのであり、参議であり参謀本部長であった山縣が、このような状態が残っている陸軍の軍紀について、何らかの改革を目論んでいたことは確かである。その点で、本論文の主要な論述対象である軍紀の観点からすると、この書簡は重要な価値をもっているといえる。

三　叙勲賞与の可能性の検討

ここで竹橋事件の暴動参加近衛砲兵たちの中に、叙勲や賞与を受ける可能性があるものが何名ぐらいいたかを検証しておくことが必要であろう。暴動に参加した兵卒が叙勲・賞与の可能性があると考えていたか、ないと考えていたか、その全体に占める割合がどのくらいであったかが、近衛砲兵が隊全体として暴動参加に積極的になったかそうでなかったかという兵卒たちの集団心理に影響すると思われるからである。

明治八年末の定員表[21]では近衛砲兵大隊は、総員三二六名で、うち二六〇名が兵卒である。西南の役に従軍したこの部隊は、兵卒の中から四四名の戦死者を出した。比率でいうと定員の一七パーセントである。いっぽう近衛歩兵の定員は二個連隊で三二六二名であって、近衛砲兵の十倍にも及んでいた。近衛歩兵連隊兵卒の戦死者は六六九名で、近衛砲兵大隊と同じように戦死率を計算すると、歩兵卒で二五パーセントの戦死率であり、歩兵のほうが、危険度が高いことが示されている[22]。

砲兵は歩兵のように先頭に立って突撃をするわけではないので、この数字の差は常識的な差だといってよかろう。その結果、近衛砲兵は近衛歩兵と比較して、年金つきの勲章を受ける者や賞与つまり一時金の支給を受ける者は、比率も員数も少なかったと思われる。

このような数字からみる限りは、近衛歩兵に比べて西南の役の叙勲や賞与の対象になりうる兵卒の比率も員数もはるかに少ない近衛砲兵兵卒が、近衛歩兵の不満分子三添卯之助の論功行賞の不満だけに触発されて、これを主たる理由として集団心理に駆られ、暴動を起こすことは可能性としては小さいというべきではあるまいか。それよりは自分たちに直接影響するところが大きい俸給減額が、暴動の主原因になったと考えるべきであろう。収入ということでは、もちろん叙勲に伴う年金やそれとは別枠の賞与一時金の有無も不満の理由になりうるが、叙勲も賞与一時金も竹橋事件の時点ではまだ未確定であり、暴動の主因にするのは不適当であろう。これについては三添の勝手な思い込みがあり、砲兵隊への煽動に使われたことはともかくとして、砲兵隊の側からみると暴動の主因にはなりえない。

近衛だけではなく陸軍全体で考えると、西南の役出征陸軍兵は警視部隊と壮兵部隊を含んで総員が四五八〇〇名であり、そのうちの戦死者合計が六八一八名であったという数字[23]がある。『太政官日誌』を繰って叙勲等の名簿から大まかな見当をつけると、戦死者員数の四分の一弱程度に当たる現に生存している功労者約一六〇〇名が、前記下士卒の一時金を受ける賞与員数である。受勲下士卒はそれ以下の数百名にすぎず、受勲者の中でさらに年金がつく者は、よほどの功績が認められた者に限られてくるであろう。そうするとこの比率からみて、近衛砲兵大隊下士卒の年金を伴う叙勲や賞与を受ける可能性があった員数は、一〇名程度と概算できる。うち兵卒だけでは、一〇名に満たない員数になる。近衛砲兵大隊の暴動参加兵卒二一五名（不参加兵卒六名[24]）に対して一〇名未満の、負傷などしていて賞与などの報酬を期待できる兵卒の影響力は、積極的、消極的どちらの面からみても小さかったというべきであろう。

もちろん勲章に年金がついている場合や、それとは別途の賞与という形の金員の下賜が予想される場合は、兵卒たちに、自分も特別の収入を得ることができるのではないかという期待が生まれる。そのため選に漏れた場合は、不満を生ずることが避けられない。前記『伊藤家文書』の中の明治十三年初めの山縣書簡と推定できる文書は、結果的に選に漏れて不満をもった下士兵卒たちの不平不満が存在したことを、証明している。しかしそれは結果に対する不満であり、明治十一年八月の、まだ確定していない叙勲や賞与に対する不満ではなかった。近衛砲兵兵卒の竹橋事件の暴動は、減給不満があったところに近衛歩兵卒三添卯之助の教唆煽動があったために引き起こされたのであり、論功行賞の遅れは、いわば三添の意見の借り物にすぎず、砲兵卒たちが自分で主張しはじめた不満によるものではなかったといえよう。しかし精神面の教育ということでこれを考えるなら、そのような教唆煽動に簡単に乗せられることがない健全な軍人精神を育成することが重要であり、山縣がその書簡で主張しているように、「一改革致さずては将来軍紀維持の目的は甚無覚束」ないので、その方向で施策をしようということになるであろう。

第三節　士族出身の壮兵が暴動を起こしたという説の分析

竹橋事件の暴動兵卒たちの多くが、士族出身であり志願して近衛兵になった壮兵と呼ばれるものであったとし、彼らが論功行賞や俸給減額などの問題で徴兵の鎮台兵と同列に扱われたために誇りが踏みにじられ、そのことが暴動の大きな原因になったという松下芳男氏の古い説[25]がある。最近の史料によってこの事実関係をもう少し究明してみよう。

一　徴兵と壮兵の状況

近衛兵は、明治六年の「徴兵令」中「近衛兵編成」の表現によると、「常に輦下を護衛し他の徴発に応ずる者に非ず。偏に天子の命令を奉戴し、千軍万馬の中と雖も整々独歩するの胆勇を持有し、又平常に在ては信義を本とし、先進を敬ひ後進を教導し、総て隊中の掟を守り、全国諸兵の上に位せしめ、其の俸給を増加す」る特別の存在であった。前段の「他の徴発に応ずる者に非ず」と、最後の「俸給を増加す」は、近衛兵の特別扱いを示しているが、このような特別扱いが、西南の役のときに『郵便報知』新聞紙上で犬養毅記者が報じた[26]ように、「近衛兵の勇敢は終始一の如く、更に其鋭気を撓ますを見ず」という現象になっていたことは疑いあるまい。近衛兵の俸給が一般の鎮台兵よりも高く設定されていたことは前述のとおりであるが、それでは彼らが徴兵によらない志願の壮兵であったという点はどうか。

前記「近衛兵編成」はさらに、近衛兵は「各鎮管内常備熟練兵の中強壮にして行状正しき者を一小隊毎に兵種に応じ若干人を撰挙したる者より編成し奉命其日より更に五ヶ年の役を帯ばしめ」とあって、鎮台に入ってきた常備兵の中から優れた兵を選抜して近衛兵にすることが示されていた。しかし壮兵とも徴兵とも、限定はしていない。

そこで徴兵についてちょっと断りを入れておく。明治六年に応急に東京鎮台管内で集められたのが寅年生まれの最初の徴兵だとする説が今でも生きているが、これは数え年二十歳の者を集めたのであり、明治三年の「徴兵規則」にある万石あたり五人という基準で、身分を問わずに二十歳から三十歳の男子を集めた特別の徴兵（賦兵）の方法と共通点がある。賦兵から徴兵への移行期の変則的な徴集をしたのである。[27]

鎮台の徴兵が、「徴兵令」に則って初めて正式に入営したのは明治七年四月末であり、それも最初は東京・名古屋・大阪の三鎮台で限定的に徴集され[28]、仙台・広島・熊本鎮台管内では徴集されないという状況[29]であった。この明治七年のとき東京鎮台管内では、前年に満十九歳（数えで二十歳）の者を徴集していたのでやむをえず満二十一歳の者を徴集している。全国鎮台で満二十歳の者を徴集する形式が整ったのは、明治九年の徴兵からである。細部は本題から外れるので、宮川秀一氏の論文[30]を参照して欲しい。

右断り書きのような状況のため明治六年には、近衛兵が鎮台の正式の徴兵から採用される情況にはなかった。鎮台入営一〜二年後に、ようやく近衛兵に採用される熟練兵の域に達すると考えられることからもそれがいえる。ただ員数の関係で、経験が浅い者、身体的に問題がある者などを無理に採用することもなかったわけではないようで、明治七年五月七日付で陸軍大輔津田出が各鎮台に宛てて発した布達[31]に、「技芸熟達にして行状方正身体壮健」の者を近衛兵として差し出すべきだが、「発病致候者」も混じっているので十分に選択せよという意味のものがあることからそれが窺える。もっとも後述するように実例から判断すると、極端な経験不足の者は採用されなかったと思われるが、ただ経験や健康に問題がなかった者も、徴兵出身の彼らが、精神的に近衛兵としての期待に添えたか否かについては、次のとおり問題がある。

「近衛砲兵連隊の歴史」(32)に、竹橋事件の「暴動の素因」について記した記事がある。「当隊は明治四年三月壮兵薩土二藩の創立に係り旧藩の久しき慣習其性となりて依然往時の状を存せり而して明治八年四月初めて徴兵を編合するも従来の慣習漸に移来りて自然荒疎に傾きたる余習なきにあらす」と、明治維新期の荒っぽい気風が蔓延していたことを述べている。そのような状態の中で、西南戦役中とそれに続く時期の近衛砲兵部隊は、「我慢偏執を逞ふして日増傲慢心を生し益々労苦を厭ひ規律を排斥し軍賞の事に付常に不平を唱へるに至れり」として、結果として竹橋事件を引き起こしたのだとしている。これは後（昭和二年以前）に記されたもの(33)であるが、少なくともそのように近衛砲兵聯隊内で伝えられていたことが分かる。

竹橋事件の暴動に参加した兵卒たちの取調口供書(34)に、事件のきっかけをつくったとされる近衛歩兵第二聯隊の歩兵卒三添卯之助が、「我聯隊に於ては不平を鳴す者頗る多く」「砲兵隊には少しも不平の者なきやと申す処、随分有之趣申に付」と、砲兵大隊の小島萬助と会話をしたことや、砲兵大隊の長嶋竹四郎が、「自分共に於ても不公平の御処置と存し、兼て不公平に存し居り」と述べていること等から、それが直ちに暴動に結びつくかどうかは別にして、近衛砲兵大隊に不平不満が全くないわけではなかった。歩兵も砲兵も、近衛部隊は精神的には問題を抱えていたのである。しかしそれが論功行賞の問題であったとすることには前述のとおり疑問があり、壮兵の誇りが傷つけられたという説は、次に論ずるとおり問題外といえよう。

第１表　近衛歩兵種別採用数　（単位：名）

近衛採用	6年壮兵	7年壮兵	7年徴兵	8年徴兵
明治6年	1013	0	0	0
7年	1013	393	250	0
8年	1013	393	250	537
9年	721	393	250	537
10年	183	393	250	537
11年	0	38	250	537

二　近衛兵が壮兵である可能性

ところで、明治八年二月九日の陸軍省達第四一号で、徴兵が「召募の事業略相整候に付全国壮兵漸を以て悉皆免役申付候」と、近衛局および諸鎮台に指令があったので、[35]これによって近衛兵もしだいに徴兵出身に置き換えられていったと思われる。明治八年十二月二十九日に示された「近衛歩兵召募並免除年紀表」（陸軍省達第一五八号）から関係部分を抜き出して作成した第1表にみられるように、壮兵は、明治七年に鎮台に採用し明治十一年に近衛に入隊した三八名が近衛採用の最後であり、この年から近衛は徴兵が主体になる。その前年の明治十年にはすでに壮兵の近衛採用が減少し、近衛兵新採用の総数一三六三名中の五八パーセントが、七年・八年の徴兵出身者である計算になる。別にこの年紀表に壮兵の免役時期が記入されており、明治六年の壮兵から採用したものは、九年に二九二名、十年に五三八名、十一年に六年壮兵の残り（七年壮兵と合わせて計五三八名の一部）が免役になって、全員が近衛歩兵を去ることになっている。七年壮兵は明治十二年に残りが去り、この時点で壮兵出身の近衛兵はいなくなる計画になっている。これ以上の細部員数は分からないが、この表からは、彼らは鎮台壮兵としての採用から平均四年位で近衛部隊を去る計算になる。前記明治六年の「近衛兵編成」では近衛兵採用から五年間服役することになっているが、途中で退営を命じられることもあるように示されているので、満期以前に退営になったためと思われる。そのため竹橋事件発生の明治十一年八月に近衛歩兵部隊に残っていた壮兵出身者は最大でも、近衛歩兵在役二六八八名のうちの九年、十年近衛採用者を主とする一〇〇〇名足らずであったと推定できる。徴兵からの採用数が多くなっていることを考えると、実数は五〇〇名前後ではなかったのではないか。それに壮兵といっても、六年、七年の鎮台採用であり、士族であったとは限らないであろう。このことは後述する暴動参加の近衛砲兵の出自から知ることができる。

なお下士についても明治八年十一月二十四日の陸軍省達第一二四号で、「明治七年二月下士服役期限定則発行前」に壮兵から任用された近衛下士は近衛入隊の年から満五年で服役を終ると示されていたので、明治十一年以後は壮兵下士の員数が少なくなっていたと思われる。

表に現れているように、明治六年の賦兵的な東京鎮台管内徴集兵を含む全国の徴兵のなかから近衛に入隊した兵卒の始まりは、明治七年と判断できる。当時の前記「近衛兵編成」規則上の近衛兵卒としての服役は近衛兵採用後五ヶ年である。ここで取りあげたのは史料の制限から近衛歩兵についてのものであったが、近衛砲兵も多分同じように扱われた[36]と考えられる。時期が後れるが「徴兵令」改正（明治十二年十二月二十八日太政官布第四八）後の、明治十三年二月十三日陸軍省達乙第七号「近衛兵選挙概則」によると、近衛砲兵の定員二六〇名に対して、毎年九月（駁卒十月）に八七名を鎮台砲兵から編入し、その前月に同数を除隊することになっていて、編入から三年間服役する。ほぼ三年間で兵卒が入れ替わるのである。近衛兵はこのときの「徴兵令」改正で、服役が三年間に短縮され、歩兵は三ヶ月、その他の兵卒は四ヶ月ないし五ヶ月の鎮台の教育訓練を終了したものの中から、選抜[37]されるようになっていたので、三年間で入れ替わるようになっていた。その前の服役期間五ヶ年の時期には、前述のように約四年で入れ替わっていたと推定される。

西南の役終了直後の明治十年十二月十五日に陸軍省から諸鎮台宛の達書[38]が出ている。これによると、「近衛歩砲兵戦死或は負傷等にて」欠員が出たので、鎮台の「歩砲兵の内左の人員近衛隊へ編入可申付候、九年及十年徴兵の内より精選、近衛局へ可引渡」と、歩兵も砲兵も、鎮台で約半年から約一年半までの間服役してきた明治九年入営または十年入営の徴兵から選んで近衛兵にしたことが分かる。要求は歩兵八八四名、砲兵が三六名であるが、歩兵は全六個鎮台から、砲兵は東京、大阪、熊本の各鎮台からの差し出しになっている。

「徴兵令」施行後もしばらくの間は、近衛兵だけでなく一部の鎮台兵も従来の壮兵で編成されていた。たとえば山口県では明治六年に、広島鎮台の補欠を二十歳から三十歳と年齢を限定して召募している(39)。東京鎮台では前述したとおり、この年、方式はやや違ったものの徴兵（賦兵）といえる多数を徴集したが、広島鎮台では少数の補欠を、壮兵という名の志願兵の形で採用しただけである。明治七年三月十八日の「壮兵召募規則」（陸軍省布第一四〇号）によると(40)、「今般鎮台壮兵補欠に付士族元卒之中」から、旧藩の兵事に従事した二十歳から二十五歳の者を三年の服役期限で召募するとなっていたのであり、徴兵実施の一方で、補欠壮兵の募集も続いていた。

しかし地方の鎮台でも近衛兵よりは後れたにしても、前記「近衛歩兵召募並免除年紀表」にみられるのと同じように、壮兵がしだいに徴兵に置き換えられていったと考えることに無理はあるまい。明治七年十二月二十四日陸軍省達布第四五八号は、「明治八年徴兵召募は徴兵令付録の通」とし、規定どおり徴集する東京を除き他の鎮台では、歩兵以外については徴集しない兵科(41)のものもあることを示しているものの、ほぼ全国的に徴兵が始まることを示している。また前述のように明治八年二月九日の陸軍省達第四一号で、壮兵は少しずつではあるが全員免役になることが示され、その年の明治八年十一月十四日陸軍省達第一一九号で、明治九年の徴兵は、やはり「徴兵令」付録に示されている兵員を全国で徴集することが布達せられているからである。明治九年に実際に徴集された員数は、一〇〇九〇人の補充兵を含み、六個鎮台全部で一九四九五人(42)であった。なお西南の役のときに兵力不足を補うため臨時に新募集の壮兵隊が編成されているが、明治十年十月十二日に解散要領が示されている。「今般召募の壮兵を解散するに山口県下応募の者は小倉に於て解隊し、広島県下の者は三原其和歌山県下の者は大阪或は和歌山の中便宜の地に於て解隊」とあり(43)、彼らがその後の近衛部隊に、兵卒として残された可能性は少ない。

三　竹橋事件関係者の出自

松下氏が竹橋事件の暴動近衛砲兵たちを壮兵とみたのは、明治五年三月九日制定の「近衛条例」（太政官無号）にひかれたためとも思われる。この「条例」制定は「徴兵令」制定前であり、徴兵の中から近衛兵が選抜されることは想定していない。この「条例」に「近衛の兵卒は全国諸隊の精選なるを法とするを以て毎歳本省に於て其欠員の多寡を量り国内諸営団に就て壮兵の行状謹恪にして技芸に精通する者を簡び」とあるが、「徴兵令」施行後は「近衛兵編成」にあるように壮兵・徴兵の別なく選抜され、しだいに徴兵に置き換えられたのである。仮に壮兵で近衛兵を補充したくても、地方の鎮台にも壮兵がいなくなってきているのであるから、徴兵で補充せざるをえない。

以上の理由により竹橋事件の時点では、壮兵出身者は残ってはいたが、せいぜい二割から多くても三割台に減少し、多くが徴兵に置き換えられていたと考えてよかろう。

それを確認するため、事件の結果明治十一年十一月十五日に死刑に処された兵卒の口供書(44)に、年齢、近衛入隊日、出自などが記されているので、五三名中から任意に一八名を抽出して表にまとめてみたのが第2表である。ただし下から三番目の高見沢は東京鎮台予備砲兵第一大隊の所属であり、最後の三添は事件の発端になった主犯であって近衛歩兵であるので特別に抽出した。高見澤以下の三名を除くと全て近衛砲兵大隊に所属している駁卒であるが、減給幅

第２表　死刑者から選択した暴動兵卒の年齢出自一覧

氏名	年齢	近衛入隊年月	区分	府県	族籍等
新熊安三郎	26年9月	明治8年4月	駆卒	堺	農
長嶋竹四郎	25年7月	明治9年4月	駆卒	埼玉	平民
廣瀬喜市	25年7月	明治10年12月	駆卒	栃木	農
宮崎関四郎	25年7月	明治8年4月	駆卒	千葉	平民
水上丈平	25年5月	明治8年4月	駆卒	兵庫	農
小川彌蔵	25年	明治9年6月	駆卒	滋賀	平民
松本久三郎	24年11月	明治8年4月	駆卒	堺	農
谷新四郎	24年10月	明治8年4月	駆卒	滋賀	平民
木嶋次三郎	24年10月	明治9年7月	駆卒	兵庫	農
藤橋吉三郎	24年9月	明治9年5月	駆卒	新潟	平民
久保田善作	24年7月	明治9年6月	駆卒	大分	平民
羽成常助	24年5月	明治9年5月	駆卒	茨城	農
小島万助	23年11月	明治8年4月	駆卒	神奈川	農
岩本久造	23年5月	明治11年4月	駆卒	島根	平民
馬場鉄市	22年9月	明治11年2月	駆卒	長崎	平民
高見澤卯助	21年10月	明治9年4月	駆卒	長野	平民
横山昇	24年2月	明治9年4月	火工卒	茨城	士族
三添卯之助	24年8月	明治9年5月	歩卒	滋賀	平民農

註：明治11年10月現在の口供書(国立公文書館蔵明治11年公文録)依拠。一部を判決文等により修正。区分が異なる最後の２人を除き年齢順に配列。

は、彼らが最も大きかったので暴動の中心になって行動し、そのため死刑になったと解釈できる。

　またその駆卒の身上状況を第2表にみることができるが、彼らの族籍は平民または農民の子であり、士族としての誇りが暴動に影響したとは考えられない。平民の中に武士の次男・三男あるいは足軽の子で明治になってから平民に区分された者も混じっているかもしれないが、一部ではあるが彼らの出自を実地に調査した人の資料[45]によると、庄屋クラスがせいぜいのようである。

　また表に年齢と近衛兵になった入隊年月を示したが、二十四歳以下の者は年齢から計算して明治七年以後の鎮台入営兵であり、ほとんどが徴兵として入営後一年または二年経過してから近衛兵に採用された[46]と考えられる。二十五歳の関東出身者三名も、明治七年または八年に東京鎮台に徴兵として徴集された可能性が高い。前述のように東京鎮台は明治七年には二十一歳の者を採用し、その翌年には二十三歳の者を採用するという変則的な徴集法を行なっていたので、年齢的に他の地域出身者とは違うところがある。

また表にある明治十年、十一年の近衛入隊者は、西南の役の戦死者等による欠員を補充するために近衛に配置された者が混じっているであろう。前に述べたとおり明治十年十二月十五日付で陸軍省が各鎮台に宛てて、「近衛歩砲兵戦死或は負傷等にて幾多の欠員」を生じたため、諸鎮台は歩卒八八四名、砲卒（砲、馭、喇叭）三六名を明治九年たは同十年の入営徴兵から選び、近衛局に差し出すように通達(47)しているが、馬場はこれに該当すると思われる。岩本はもう一年古いが、いずれにしろその年に近衛兵になった者まで暴動に参加し死刑に処されているのは、せっかく近衛兵になったのに俸給のうえで期待を裏切られたということであろう。西南の役のときに近衛兵ではなかった者には、近衛兵としての論功行賞は無関係のはずだからである。なお近衛兵への採用以前に鎮台兵として戦った者があれば、その論功行賞はあるかもしれないが、そのことは勇敢を謳われた近衛兵の誇りとは無関係である。

四　徴兵主体の近衛兵の不満と精神対策

以上の分析から竹橋事件の兵卒暴動の大きな理由は、直前に行なわれた俸給の減額であったということができる。それが近衛砲兵駁卒の俸給はもともと、鎮台兵の俸給や近衛兵の中でも歩兵卒の俸給よりは高額に設定されていた。それが三割近くの大幅減給になったのであるから彼らが不服を唱えるのは分かる。鎮台卒および近衛のうちでも歩兵卒は減給になりはしたが、その減給率は小さかった。砲兵駁卒が暴動の主体になったのは、大幅減給に理由があったというべきである。

彼らは近衛歩兵卒三添卯之助により教唆煽動されて暴動を起こした。もともと大幅減給になった近衛砲兵卒たちは、その面で不満をもっていたので煽動されたのであり、少しずつではあっても事務手続きが進行していた叙勲など論功行賞については、制度そのものをよく知らないこともあって、それが直ちに暴動に結びつくほどの不満になっていたとはいえないのではないか。三添のような近衛歩兵卒は、もともと給料が近衛砲兵卒よりも少く、減給が感覚的に切実なものとして捉えられることがなかったので、勲章ということばで不満が表現されたのではないか。負傷して勲章の年金または特別の賞与を期待していた三添が、それがなかなか、かなえられなかったために、大幅減給に不満をもつ近衛砲兵卒を巻き込んで、自分の不満解消に利用するために、事件の煽動をしたと捉えると分かりやすい。

近衛兵が西南の役で活躍し、その活躍が特に報道されたことにみられるように、彼らが鎮台兵とは俸給などの面で優遇される特別の存在としての誇りをもって行動していたことは確かである。その誇りは、多くが農家の子弟であった徴兵の近衛砲兵卒にとって、金銭で報いられるべきものであった。仮に彼らの一部が壮兵であったにしても明治六年、七年に鎮台で採用された新しい若い壮兵であり、年齢的にみて、戊辰の役を戦った経験をもつものは少なかったと思われる。武士的な永続勤務に望みをかけていた古い壮兵とはいくらか違っていたであろう。

叙勲が年金を伴うか否かがまだ兵卒たちに十分に認識されていないと思われる時期で、かつ賞与下賜についての方針も不確かな時期の、西南の役の論功行賞の遅れは、近衛砲兵卒にとって現実の問題ではなかった。またこの遅れは暴動を起こした近衛砲兵卒だけの問題ではなかったし、遅れてはいても少しずつ手続きが進行していたのである。近衛兵の中でも少数派の近衛砲兵卒が、そのために暴動を起こしたとするのは、理由としては根拠薄弱といえよう。まして彼らが士族出身の壮兵としての誇りを踏みにじられたために暴動を起こしたとする理由は、ほとんどないといってよい。

ただそうはいっても、西南の役が終ってから、近衛兵に限らず全国的に論功行賞が直ちに行なわれることなく、それどころか減給が行なわれたので、鎮台兵たちも大なり小なりの不満をもっていたのはいうまでもあるまい。明治十一年の「陸軍省刑事一般景況書」(48)に、「兵卒巡査に抗するの犯」が、「西南の役凱旋の後各鎮台管下に波及せり」とあって、東京の状態が地方鎮台に波及していったことが述べられ、さらに犯罪は、その地方の人々の気風などの特徴が影響していることと、予防が「各隊平素訓誡の良否に関係する」と、兵卒の精神に働きかける教育が予防効果をもつことについても述べられている。

地方ではその部隊の環境が暴動を起こし難い状況にあったために、暴動が起こらなかったとしても、竹橋事件と共通する不満の雰囲気が、全国的に兵卒だけでなく、将校の中にも全くなかったとはいえまい。これが次に述べるような山縣陸軍卿の、将校への教示の必要性を説く言になり、また明治十三年初めに山縣から伊藤博文内務卿に宛てた前述『伊藤家文書』中の書簡にある、「一改革致さずては将来軍紀維持の目的は甚無覚」という文言になって表れたのであろう。

竹橋事件発生後の九月二日に山縣有朋陸軍卿から各鎮台長官に宛てた文書(49)があるが、八月二十三日の夜以来の近衛兵暴動について状況を説明した後、東京鎮台予備砲兵隊付士官内山定吾少尉を逮捕して取り調べ、同隊大隊長岡本柳之助少佐も取り調べ中(50)であることや、暴動が「戦役賞典を要請すると当時の政体に不服を懐き改革せんとする両様より惹起」したとみている点を述べている。さらに続けて、事件を起こした彼らと気脈を通じている鎮台兵もいる虞があるので注意してよく調べるようにと要望したうえで、はやりの民権演説会や新聞の諸説に影響を受けることがないよう、民情等も調査し、「部下の将校に於ても天皇陛下の命を遵奉し国家の安寧を保護するは固より各自の本分にして他に顧慮することなく一念只其分を尽し武臣の名誉を不失様御教示」されるようにと締めくくっている。事件直後に書かれたものであるので、この全てが事実であると受け取るわけにはいかないが、当時の山縣の心境を表していることは間違いあるまい。

この文書に続いて同日付名古屋鎮台の四條隆謌少将から山縣陸軍卿宛の、「金沢旧倍《ママ》臣録之義に付多人数集まり方今説得中萬一疎暴の挙動も難計」と電報報告があったことも地方にも不穏な空気があったことを示している。これは多分その年五月十四日の金沢旧臣たち六名による大久保利通内務卿暗殺事件が関係している動きであろうが、鎮台兵、特に将校の中には旧金沢藩士であった者もあり、西南の役で死んだ西郷隆盛に関係する者もいたのであるから、竹橋事件との関係で反政府の動きが各地の鎮台に現れるのを警戒せねばならないのは当然であった。

当時のこのような雰囲気のなかで、前述のとおり近衛兵は、多くが徴兵の中から選抜された比較的優秀な兵卒であったはずである。そのような彼らが金銭のために暴動を起こしたのである。山縣有朋を始めとする陸軍首脳部は、九月二日の山縣の鎮台司令長官に宛てた文書に表れているように、大きな衝撃を受けたといって差し支えあるまい。

軍人の減給が西南の役後の財政難のために実施されたことは、ここで細部を説く必要はあるまい。後述するように、山縣が後に起草の中心になる「軍人勅諭」は、軍人は質素であり金銭に恬淡としているべきことを説いた。また山縣は、右の鎮台長官宛山縣陸軍卿の文書に示されているように、将校は国家の柱となるべき重要な存在であると捉えていた。そのような山縣の思想的背景が、この事件の意義を考察するうえで重要になってくる。

竹橋事件では、山縣が存在を重視している将校の中からも、内山少尉のような事件関係者を出したのである。しかも内山は、同じ鎮台長官宛山縣陸軍卿の文書にあるように、「政体に不服」[51]を抱いていたと、山縣から思われていた。山縣がこの事件の発生で、将校はもちろんのこと、徴兵たちを含む軍人全ての精神面改善の施策をしていくことの必要性を改めて認識したであろうことが、右文書の「其分を尽し武臣の名誉を不失様御教示」という文言に表れている。事件発生前の明治十一年五月十八日に、山縣が西郷従道と大山巌を呼んで、「日本陸軍を精強」にするための方策を討議(52)していたといわれているので、これが竹橋事件の前後いずれかにまとめられていた「軍人訓誡」（八月とあるが日付欠）に結実したと思われ、山縣は、事件発生前から精神面改善の施策に手をつけていたと思われる。第五章第四節二項で述べるように山縣陸軍卿は、明治九年に憲兵制度設置の上申をしており、軍紀風紀取締り制度を整備する必要性を早くから認めていた。第三章第二節で述べるとおり西南の役の前からそのような取締り制度を必要とする不軍紀状態が陸軍に存在することも認識していた。そのような、全体に軍紀が乱れている雰囲気の中で、かつ山縣を始めとする陸軍首脳部が、軍人全ての精神面改善の施策を検討し始めていた最中に竹橋事件が発生したのであり、これが後述のように、陸軍が精神面の対策を強化する大きな理由のひとつになったであろうことは疑いない。しかも事件が一応処理された後にさえ、明治十二年末に下賜金に不満を抱く近衛兵の投書事件があったというのだから、山縣の、「一改革致さずては将来軍紀維持の目的は甚無覚」という思いは強くなっていったであろう。

註

（1）松下芳男『日本陸海軍騒動史』（昭和四十九年、土屋書房）一〇一―一一〇頁等。
（2）陸軍省編『明治天皇御伝記史料　明治軍事史　上』（昭和四十一年、原書房）三二六頁、三三四頁。
（3）同右三三二頁。
（4）副島八十六編『開国五十年史』（明治四十年、早稲田大学出版部）の「陸軍史（山縣有朋識）」・「海軍史（山本権兵衛識）」の示すところによると、明治八年七月から同九年六月までの国家歳入は六九四八万円、陸軍経費七二三万円、海軍経費二九七万円であったのに対して、明治十一年七月から同十二年六月の分は、国家歳入六二四四万円と一〇パーセントの減少、陸軍経費が六六三万円で九パーセントの減少、海軍経費が二八三万円で五パーセントの減少になっていた。
（5）我妻栄編『日本政治裁判史録　明治・前』（昭和四十三年、第一法規出版）四八四―四八五頁、四九九頁。

（6）国立公文書館蔵『明治十一年公文録』「陸軍省十月伺二　近衛兵卒三添卯之助外五十二名犯罪処分伺」。
（7）竹橋事件百周年記念出版編集委員会編『竹橋事件の兵士たち』（一九七九年、徳間書店）、前掲『日本陸海軍騒動史』ほか。
（8）前掲『明治軍事史　上』三〇八―三一五頁。
（9）朝倉治彦編『陸軍省日誌　第五巻』（昭和六十三年、東京堂出版）二二七頁。勲功調査委員として明治十年十一月八日付で三名の任命が記載されているが、大山巖は当時陸軍省総務担当の第一局長であり、当然その部下たちの佐尉官が実務を担当したはずである。同『陸軍省日誌　第四巻』（昭和六十三年、東京堂出版）一五五―一五六頁に、明治九年四月十九日に、陸軍中将鳥尾小弥太、陸軍少将大山巖が賞牌・軍牌の取調委員に任命された記事があるが、これは前後関係からみて、制度の取調委員であろう。
（10）高松宮蔵版『熾仁親王日記　巻三』（昭和十年、開明堂）二六頁。三月二十六日記事で、二十七日に会議があると、記している。
（11）朝倉治彦編『陸軍省日誌　第六巻』（昭和六十三年、東京堂出版）一一九頁以下。
（12）同右三五頁以下。
（13）明治十二年十二月十二日陸軍省甲第二五。「西南の役に於て功労ある者」に賞与を与える意思が示されているが、賞与手続き規則については発見できない。凱旋後将校は降官以上、下士で降等以上、兵卒で笞以上の刑などを受けると対象外になることは示されている。
（14）前掲『明治十一年公文録』「陸軍省十月伺二　近衛兵卒三添卯之助外五十二名犯罪処分伺」。以下処罰および口供書はこれによる。
（15）前掲『陸軍省日誌　第六巻』一九九頁以下、三三三頁以下、四四五頁以下。
（16）前掲『熾仁親王日記　巻三』二六頁。
（17）前掲『陸軍省日誌　第六巻』三五頁。台湾征討のときの分から始まっている。以下叙勲記録は本書による。
（18）同右四四五頁以下。
（19）伊藤博文関係文書研究会編『伊藤博文関係文書　八』（一九八〇年、塙書房）九五頁掲載のものを利用したが、発簡推定年が明治十一年と註記されている。
（20）宮内庁『明治天皇紀　第四』（昭和四十五年、吉川弘文館）三五五頁。明治九年十二月一日陸軍省達第二〇六号「陸軍武官勲章従軍記章条例」に、従軍記章は臨時の人夫等を除き従軍者全員に下賜されることが定めてある。海軍も明治十年十二月七日海軍省達丙第一三九号「勲章記章条例」で勲章・従軍記章について同様のことを定めている。
(21)　明治文化研究会編『明治文化全集　第二十六巻　軍事編・交通編』（昭和五年、日本評論社）「軍制綱領」五九頁。
(22)　黒龍会本部編『西南記伝　中巻二』（明治四十二年、黒龍会本部）七九四頁の戦死人員表により近衛部隊の戦死率を計算。
(23)　高野和人編『靖国神社忠魂史　西南の役』（原著靖国神社。平成二年、青潮社）二七八―二七九頁から計算。
(24)　前掲『日本陸海軍騒動史』一一五頁。
(25)　同右一一〇頁。
(26)　中山泰昌編『新聞集成明治編年史　第三巻』（昭和九年、明治編年史頒布会）明治十年四月十一日、一八一頁。
(27)　宮川秀一『明治前期の学事と兵事』（平成四年、河北印刷）「最初の徴兵と臨時徴兵」一九三―一九六頁。
(28)　朝倉治彦編『陸軍省日誌　第一巻』（昭和六十三年、東京堂出版）五六三頁。明治六年十二月三日「諸鎮台府県へ達書写」に、「明治七年徴兵召募の儀は東京名古屋大阪三鎮台管下丈け徴兵令付録中掲示候通」徴集することが示されている。
(29)　同右五六三頁。
(30)　前掲『明治前期の学事と兵事』「最初の徴兵と臨時徴兵」。
(31)　防衛研究所蔵『明治七年大日記　官省使及本省布達五月布　陸軍第一局』「鎮台兵近衛へ」。
(32)　前掲『明治軍事史　上』三六二頁。
(33)　同右に、明治天皇御伝記史料として明治二年に陸軍省がまとめ、宮内庁に提出したものであることが、巻頭凡例に記されている。
(34)　国立公文書館蔵『明治十一年公文録』「陸軍省十月伺二　近衛兵卒処分伺」。
(35)　朝倉治彦編『陸軍省日誌　第三巻』（昭和六十三年、東京堂出版）四五頁。
(36)　防衛研究所蔵『明治十三年大日記　省内外参謀監軍軍医部四月水　陸軍省総務局』「近衛兵抜擢云々の協議」によると、改正により「歩兵は三ヶ月他の兵種は四ヶ月乃至五ヶ月」後に近衛兵に抜擢することになった。これは右の前註の文書で砲兵は九月（駁卒十月）抜擢で歩兵より一ヶ月遅くなっていることと符合する。これからみて砲兵はもともと鎮台入営後に、近衛兵に抜擢される時期が歩兵よりもいくらか遅かったと思われるが、極端に違ったわけではなかろう。
(37)　同右。
(38)　前掲『陸軍省日誌　第五巻』三四一頁。
(39)　山口県編『山口県県治提要』（明治十八年、山口県）「兵事」。

(40) 朝倉治彦編『陸軍省日誌　第二巻』(昭和六十三年、東京堂出版) 一一三頁。
(41) 第二軍管(仙台)は歩兵のみ徴集、第三軍管(名古屋)および第五軍管(広島)は歩兵・騎兵を徴集、第四軍管(大阪)は、輜重兵を除く全てを徴集、第六軍管(熊本)は工兵・輜重兵を除く全てを徴集することになっている。砲兵は仙台を除く全てで徴集しているので、近衛兵要員を確保できたと思われる。
(42) 『第一回　日本帝国統計年鑑』(昭和三十七年、東京リプリント出版社復刻) 五二一頁の「徴兵」の項に、明治九年一九四九五人(うち常備兵九四〇五人)、明治十年二〇五〇九人(うち常備兵一〇六八八人)、明治十一年一三三九七人(うち常備兵九八一九人)と徴集数が示されている。
(43) 前掲『陸軍省日誌　第五巻』一九二頁。一三五頁に、明治十年四月四日までに一万人を目途に壮兵を徴集した記事がある。
(44) 前掲『明治十一年公文録』「陸軍省十月伺二　近衛兵卒三添卯之助外五十二名犯罪処分伺」。
(45) 前掲『竹橋事件の兵士たち』五〇—一四七頁。
(46) 明治十三年二月十三日陸軍省達乙第七号により「近衛兵選挙概則」が示されている。これによると毎年四月に鎮台に入営した徴兵の中から近衛兵候補者を選び、砲卒約四ヶ月、駅卒約五ヶ月の教育を行なった後、十月頃近衛兵として入隊させることになっている。これ以前は「常備熟練兵」から採用していたので、鎮台入営半年後というわけにはいかなかった。
(47) 前掲『陸軍省日誌　第五巻』二六三頁。
(48) 防衛研究所蔵『従明治十一年至十二年年報』「刑事一般景況書」。
(49) 防衛研究所蔵『明治十一年密事日記』第二五号。
(50) 国立公文書館蔵『明治十二年公文録』「陸軍省三月伺　陸軍少佐岡本柳之助犯罪処分の義伺」。要旨を記すと、陸軍少尉内山定吾等の供述と本人の供述に矛盾があり、本人の無罪の主張に疑わしい点があって党與の疑いがあり、「海陸軍刑律」第九一条に触れるので、第九三条により、奪官としたいとある。また文書末尾に、明治十二年三月一日付で「伺の通り」と、太政官の指令の記入がある。
(51) 同右により岡本柳之助は四月五日に奪官になり、内山定吾は自裁とされていたが発狂のため判決言い渡しが延期され、明治十五年五月十三日の判決で無期流刑とされた。内山は革命演説をしたとされており、政体変革の意識があったのかもしれない〔霞信彦「竹橋暴動に関する一考察」(『軍事史学』第一二巻三号、昭和五十一年)参照〕。
(52) 西郷従宏『元帥・西郷従道伝』(一九九七年、芙蓉書房出版) 一五五頁。

第三章　「海陸軍刑律」下の軍人犯罪

明治初年の日本軍の不軍紀状態を端的に示していた竹橋事件について前章で、事件の原因と、事件の発生によって山縣有朋など陸軍首脳が認識した対策の必要性について細説した。ここでは、その他の不軍紀状態の存在について史料に基づきその状況を述べるとともに、その刑罰・懲戒の状況を論述し、軍の首脳たちが対策の必要性を認識するにいたった道筋を竹橋事件の問題とは別に探求する。

第一節　明治初期壮兵の状況

第一章で述べたように、明治四年末に陸軍と海軍それぞれの新入兵を対象にして定められた「読法」は、宣誓の方式が西洋式であった反面、内容は日本の戦国時代以来の軍令・軍法の影響を受けたものであった。当時の武士の流れを汲む壮兵たちにとっては、そのような内容をもつものは、彼らの行動を律するうえで、ある程度の効用をもつものであったと思われる。「読法」制定に続き明治五年には「海陸軍刑律」が制定され、さらに陸軍の「懲罰令」、海軍の「懲罰仮刑典」も制定されて彼らの行動を律した。

当時の陸海軍兵は志願の壮兵であり、このような「読法」や刑罰懲戒関係規則は、壮兵に適用するものとして定められている。そこで壮兵とは何かをまず明らかにしておく。

一 陸軍の壮兵募集

前章第三節二項で、「徴兵令」公布後の補欠としての壮兵募集について述べたなかで、政府が示している募集要項(1)に、「今般鎮台壮兵補欠に付士族元卒之中」から召募するようになっていることで明らかなように、壮兵とは多くが、出自が士族・卒族であり、平民の場合も長州藩奇兵隊の例のように軍事訓練を受けたことがある軍事経験者であるべきものであった。

たとえば明治四年二月二十二日の兵部省布達で編成された近衛兵前身としての親兵は、鹿児島、山口、高知の三藩から差し出されたものであったが、千田稔氏はこれについて、「鹿児島藩は四大隊全てを城下士族であてたが、山口藩は士族隊二大隊と卒族隊一大隊、高知藩は「二三百石の上士も二人扶持に五石位の元の足軽も混交(2)」と記している。

いっぽうで明治三年十一月十三日の太政官布（第八二五）により、「各道府藩県士族卒庶人に不拘身体強壮にして兵卒の任に堪へき者を撰み壱万石に五人つつ大阪出張兵部省へ可差出」と示されて、明治政府の賦兵としての最初の召募が行なわれたが、前節の近衛兵の例でみたとおり、この布告にあるように庶人を差し出すこともあったと思われる。このとき実際にいくつかの県から兵隊の差し出しがあったことが、史料[3]で確認できる。しかしこのような史料から判断して、実際に差し出されたのは千人に満たない少数であったと推定[4]される。また同じ史料から、「貫族士族卒」がいないので「賦兵差出困難」とする届出をした県が多いことが分かり、現実に差し出された兵は少なかったことおよび差し出し兵に庶民が混じっていたにしても、その数は少なかったことが推測できる。また差し出された彼らは、「徴兵令」公布後の鎮台壮兵に再採用された可能性がある。明治七年三月十八日の「壮兵召募規則」（陸軍省布第一四〇号）に、旧藩の兵事に携わった経験があるものを、東京鎮台の歩兵の欠員補充として召募することが示されているからである。

明治五年八月二十日の兵部省布（兵部省第七三）で、東京、大阪、鎮西（熊本）、東北（仙台）の四鎮台が置かれたときの常備兵について、松下芳男氏はこれに元諸藩の常備兵を充てたといっている[5]が、諸藩の常備兵は前述引用の千田氏の論にもあるとおり、もともと壮兵的な性格のものであり徴兵ではない。明治三年の賦兵からは鎮台兵に充てられたものがいたかもしれないが、ほかに充てるべき兵がいないのであるからそれが自然である。この賦兵には自分の意思によらないものも含まれていたと思われ、そのような例を加藤陽子氏が示している。明治三年の賦兵の際に浦和県で、各徴兵組合に割りあてた三六名を、差し出したというのである[6]が、そのことは事実としても管見史料の限りでは、このときに全面的な徴兵による国民軍編成が行なわれたと考える理由は発見できない。旧藩が実体的に消滅した土地では、やむをえずそのようにして新政府の要求に応じたのであろう。もともとこのときの各府県への賦兵割当は浦和県の例にみられるように大きなものではなく、差出総数は前述のように一〇〇〇名未満と推定されるのであり、浦和県のような方法でも兵員を差し出すことは可能であった。選抜法は各府県の任意であり、当然のことながら各府県は、後の壮兵同様に、差し出す場合も軍事経験がある者を優先したと思われ、浦和県の場合は例外といえよう。ただそのような自分の意思によらずに明治三年に徴集されたものが、一旦退引した後に、壮兵の募集があったときに応募したことは考えられるが、常識的にみて員数はそれほど多くはないであろう。

このようなことを総合して判断すると、明治六年に「徴兵令」が施行されたときの親兵や鎮台兵は、庶民も混じってはいたが士族または卒出身の、志願兵としての壮兵が多かったとみて差し支えあるまい。

二　海軍召集兵

海軍については、明治二年の榎本軍との箱館の役のときに、政府軍の艦船乗組員は、政府軍側の鹿児島、佐賀、福岡、山口などの各藩で、それまでに養成されてきた洋式艦船乗組員であった。(7) 彼らの多くは、その後艦船とともに藩から新政府に献上される形式でそのまま乗組員としての身分を失わなかったので、これも壮兵主体であったといえる。当時は洋式海軍の技術を習得している者が少なかったので、彼らは国家の人材になった。幕府の重臣であった勝安芳でさえも明治六年十月二十五日に海軍卿に就任したことに示されているように、洋式艦船の経験者は、旧政府軍所属の各藩出身者だけでなく、旧幕府の経験者も重用されたのである。ただ水夫など下級の者は必要の都度、臨時に漁民や民船水夫を徴集した例(8)があるので、彼ら全てが士族・卒族であったとはいえまい。しかし新政府発足当初の海軍が壮兵主体であったことは確かである。その中の下級者が士族・卒族であったのかどうかはともかくとして、その後の欠員を補充するために新政府の海軍が、新しく海軍軍人を採用することは必要であった。士官の養成は海軍兵学寮で行なわれたのでここで取りあげることはしないが、下級の海軍卒については明治四年二月十四日の兵部省達で、「今般海軍水卒海辺の者共徴募被仰付候に付海岸漁師之内身体壮健にして懇願候者十八歳より廿五歳」の者を募集したとき、府藩県から志願者名を届け出た文書[9]があり、漁師など水に慣れたものから新しく採用したことがはっきりしている。その後「徴兵令」が施行されてからも海軍兵は、志願兵として募集される状況がしばらくの間続いた。多い年は数百人以上[10]を採用している。また明治十八年から徴兵も採用（明治十八年は三〇〇人[11]）したことが『日本帝国統計年鑑』の徴兵統計に示されており、その後は毎年、志願兵と徴兵を採用している。

第二節　不軍紀状態の分析

このように明治初期の陸海軍とも壮兵であった時代と、明治八年以後陸軍で徴兵が主体になった時代では、軍紀維持の対策について異なる要素を考慮しなければなるまい。特に戊辰の役、箱館の役に参戦した経験者は、古い時代の軍紀観をもっていたであろうし、西洋式の規律がいくらか強調されるようになっていた西南の役への参戦者は、また別の軍紀観をもっていたであろう。また陸軍と海軍では大きく異なるところがあるであろう。そのあたりを考慮しながら不軍紀状態に関する以下の分析を進める。

一　陸海軍の犯罪者の状況

ここで分析対象にするのは、「読法」や「海陸軍刑律」などの制定で軍紀関係の制度が一応の形を整えた時期の陸

第３表　陸海軍軍人軍属犯罪者状況

明治年	陸軍			海軍		
	犯罪者数Ａ（名）（内士族　%）	現在員Ｂ（名）	Ａ／Ｂ（%）	犯罪者数Ｃ（名）（内士族　%）	現在員Ｄ（名）	Ｃ／Ｄ（%）
9	1651（18.2）	39382	4.2	151（38.4）	5230	2.9
10	1087（14.1）	40859	2.7	192（41.1）	5000	3.8
11	2287（13.4）	42017	5.4	172（35.5）	6063	2.8
12	2200（14.0）	43116	5.1	200（28.0）	9155	2.2
13	2522（14.6）	42315	6.0	274（30.7）	8838	3.1

資料源：犯罪者数は『第一回日本帝国統計年鑑』。
現在員は、陸軍が防衛研究所蔵『陸軍省第八年報』、海軍が海軍省『海軍軍備沿革』(昭和９年、巌南堂書店)付録。
註：犯罪者数は「海陸軍刑律」を犯し処刑されたものの統計と思われる。現在員は軍属を含む現役総数。

海軍軍人の軍紀の状況である。明治十年の西南の役の翌年に起こった竹橋事件が象徴している不軍紀状態は、他の視点から見ると、軍人軍属の犯罪が高率で発生し易い状態が存在していたことを示し、史料にあたってみると、現実に軍での犯罪が多発している。そのような状態があれば軍は、軍紀を糾すことに目を向けざるをえなくなるであろう。そこでその犯罪発生状況を統計資料から抜き出して第3表にまとめてみた。

明治九年以後の資料を表にして示したのは、右のような西南の役の前後という時期的な理由によるとともに、入手可能な資料の関係と、第二章第三節二項で述べたとおり、この時期に陸軍で壮兵が少なくなり、多くが徴兵に置き換わって、そのために兵員全体の意識も変わったと考えられるところからである。他方、海軍ではまだ徴兵を採用せず、毎年数百名以上の志願兵を採用していたことは[12]、前にも述べたとおりであり、陸軍とはやや事情が違うが、比較の意味で同じ時期のものを取りあげた。

そのような海軍は明治八年に初の国産艦「清輝」と練習艦「石川丸」を進水させ、明治十年、十一年には五隻の軍艦を新しく入手し[13]て、いくらか海軍らしい形態が整備されてきたので、兵員も新しく採用することが必要になっていた。こうして構成員が変化し、それに伴い海軍でも兵員の意識の変化があったと想像される。このような時期について分析してみることで、陸軍でも海軍でも、兵員の精神状態に対応する何らかの改善策を必要としたといえる状況が分かってくるのではないかと思う。なおこの時期の海軍志願兵の服役期間は、前記のとおり毎年の採用数が数百名であり明治十二年の海軍卒・準卒総員が三五七〇名(14)であることから、彼らは一〇年以内の期間に新しい者に更新されると思われることと、明治九年に水兵を徴募(15)したとき「七ヶ年期を以て徴募」とあることから、任期が七年間であったと考えて差し支えないと思われ、陸軍徴兵の現役期間三年とやや条件が異なる。

そこで第3表を見てみると、陸軍の軍人軍属現在員に対する犯罪者の比率A／Bは、明治十年がやや低くなっているのを除くと、五パーセント前後で推移している。一方の海軍はC／Dが二～三パーセントとやや低いが、これは海軍の軍人総員に対する兵卒の比率が、陸軍の場合よりも小さいことが、ひとつの原因になっているのではないかと思われる。

逆にいうと海軍は、下士以上の比率が高いため、陸軍に比べて犯罪率が低い可能性があると考えたいのである。地位が高く年齢も多い下士以上は行動を自重し、そのため海軍全体の犯罪率も低くなるのではないか。明治十四年の海軍艦船の乗組員は下士以上が二七・七パーセントと多いのに対して、陸軍鎮台兵の下士以上は一六・一パーセントという数字(16)がこの主張の裏にある。しかしそれだけが、陸軍に比べて統計上の海軍の犯罪率が低くなっている理由ではないと考えられるので、その点をもう少し追及してみよう。

そこで表の、犯罪者の内数として（　）で計算されている士族が占める比率の数値について考えてみる。海軍は陸軍よりも犯罪者に士族が占める比率が高く、陸軍の二倍以上に達している。これは何を意味しているのか。

二　軍内士族の犯罪率と士族の組織内比率

第3表の海軍にみられるように、武士道教育を受ける機会があったであろう海軍士族の犯罪率が高いのであれば、精神教育は無意味ということになる。しかし陸軍の士族はそれほどではない。陸海軍間で違いがありすぎるのでこれは、陸海軍で統計のとり方に相違があったために生じた異常ととるべきではないか。そのことからまず調べてみよう。

陸軍の明治十六年末の、下士相当以上の軍人・軍属中に、士族出身者が占めていた比率についての資料[17]があるが、皇族は対象外にして下士以上の総員一〇九五一名中、六七・七パーセントが士族である。海軍についての同じ時期の資料は見あたらないが、明治十年の海軍兵学校生徒について皇族を除く二一八名のうち、一九八名、九〇・八パーセントが士族であったという資料[18]がある。また明治十年代半ばの時期になると海軍下士に、前述した明治四年以降に漁師などから召募した水卒出身者が混じるようになり、それ以前の明治初期に、壮兵として海軍に加わっていた士族出身下士は、割合が減少していたと考えられる[19]。時期がやや下るが明治二十五年の海軍報告に海軍武官の属籍が分かる表[20]がある。この表の明治二十三年末の数字により計算すると、海軍下士六七七名中の六一・三パーセントが士族であり、皇族を除く少尉候補生以上一一六一名の八〇・六パーセントが華族（一三名）・士族である。海軍軍人の皇族を除く下士以上の総員に占める、華族・士族の割合は七三・五パーセントになる。この海軍報告の表にはないが、明治十五年ごろの水卒のほとんどは、漁師などから募集していたのであるから平民がほとんどであったろう。なお陸軍の徴兵兵卒は、竹橋事件の暴動に参加した兵卒の出自について第二章第三節で分析したものからも明らかであるように、ほとんどが平民であったと思われる。当時の国民に占める士族の割合は、五・一パーセントであったことからも、徴兵で集められた兵卒中の士族が、それ以上の割合を示すはずはない[21]といえる。

このような数字から考えて、明治十年代中期までの下士以上の軍人の士族の割合は、陸軍が七割未満で、海軍はそれよりやや多めの八割前後であったと推定される。海軍軍人の士族の割合は、徴兵で集められた兵卒の割合が多い陸軍の士族の割合よりもいくらか高めであるが、陸海軍とも同じ条件で統計をとった場合、そのことによる士族の犯罪率への影響差は、多くても一割程度であろうと思われる。第3表にみられる明治十三年の軍人軍属犯罪者のうち、士族の割合が陸軍一四・六パーセントに対して海軍が三〇・七パーセントという二倍以上の開きがある異常な数値になるはずがない。

なお陸軍の犯罪者中士族の割合が一四・六パーセントというこの数字は、当時の陸軍現役軍人に占める下士以上の比率が二〇・七パーセントであり、士族がその七割未満というところから計算できる陸軍軍人に士族が占める比率約一四パーセントと一致する。このことは、士族が受けたであろう武士道教育が犯罪者になることを抑制していると主張することに問題があることを示しているが、ただ実際の犯罪例を見ていくと、兵卒の犯罪は逃亡脱営が多いほかは、粗暴犯や窃盗が多く、将校のものは規則の適用を誤った類の、職務上の法定犯が多い。将校の犯罪は兵卒のものとは種類が違う[22]のであり、武士道教育の価値を否定することにはならないと思われる。

そこで実際の史料から犯罪の状況をみるために、『太政類典』と『陸軍省日誌』のなかの陸海軍の実際の処罰例にあたってみた。明治十一年の竹橋事件はこの時期の重要な犯罪であるが、すでに第二章で述べているのでここでは取りあげない。

まず陸軍で目につく事件が、兵卒の脱走と外出時の酔態の結果引き起こされた犯罪である。

たとえば熊本鎮台のT兵卒が「錮二十八日」の刑を受けたことが、明治六年六月二十七日の達書[23]に示されている。これは他の兵卒と同道飲酒し、車丁に対して「銃剣を以粗暴の挙動」をしたと、いうものであった。飲酒暴行の例は他にも多く見られる。

明治八年七月三十一日の達書[24]には、やはり熊本鎮台のY兵卒が、「脱走郷里へ立越候に依り杖三十、錮二十八日申し付る」と示されており、この時期に他でも見られた脱走の、典型的な例であった。

ここでいう錮、つまり禁錮は、明治五年二月十八日に達（兵部省第四四）せられた「海陸軍刑律」第五〇条によると、六週、五週、四週の三種類があり、「営内仮牢若くは艦倉に錮す」ものであった。同種の犯罪であっても犯情がそれ以下の程度であれば、陸軍では明治五年十一月十四日に制定（陸軍省第二四三）された「懲罰令」により、三週間の「営倉禁錮」にされるのが最大であった。

なお将校（註　少尉以上であるが、「海陸軍刑律」第二三条により武学生つまり士官候補生も含まれる。ただし「懲罰令」第五条では武学生は下士扱い）は、同じ犯罪で錮に該当する刑に処される場合に謹慎を命ぜられる。仮牢に入るのではなく、自宅または指定された場所で謹慎していればよい。身分によって刑罰の態様が異なる古い刑罰制度が残っていたのである。

T兵卒の場合もY兵卒の場合も、この処分は「懲罰令」によるものではない。四週間の錮という、「海陸軍刑律」で定められた最低限の刑罰を与えられている。Y兵卒の達書にある「杖三十」は正刑で、それに身分上特に追加して与えられる閏刑というべき性格の錮を伴った。もちろん犯罪の種類、態様により杖だけまたはその下の笞だけというものもあったが、下士以上にはそのような刑罰は与えられない。その代わりに下士では黜等、降等、将校では退職、降官という、職を失わせたり、階級を下げたりする刑罰が与えられた。身分が高い者に身体的苦痛を与えたり、労役をさせたりすることは避けようとした軍の方針[25]がここに示されている。

「海陸軍刑律」に基づく裁判をしたのは、明治五年に新設[26]された陸軍と海軍それぞれの裁判所である。しかし軽い罪については懲罰として各隊、各艦で別に処置することとされた。また第一章第一節一項で述べたとおり「海陸軍刑律」に該当条文がない場合は、「普通刑法」に当たる「新律綱領」等の条文も参照し、罪名を定擬して処断について奏問することになっていた。ただ明治八年十一月二十五日制定（陸軍省へ達）の「陸軍職制及事務章程」および明治九年八月三十一日制定（海軍省へ達）の「海軍省職制及事務章程」で、尉官の閉門以下と下士の徒以下の罪刑は鎮台等各部隊で処理するようになったものと判断[27]できる。また「海陸軍刑律」第一一条は、懲罰は「営中艦内に在て、其司令官に委任」されるものと定め、部隊の長、艦長である大佐以下大尉が、実際の処置をした。

刑罰や懲罰の規定が、実際に科刑されるときどのように取り扱われたのか、軍紀を乱す行為を抑止するためにどのような効果があったのかを分析していくうえでの参考として、ここに記しておいた。

三　海軍の犯罪処理の特殊性

さて陸軍との違いをみるために重要な、海軍の刑罰の実例であるが、前記『太政類典』などの資料を繰ってみても脱走や酔態が惹き起こした犯罪例はなかなか出てこない。海軍は軍人軍属の総数がせいぜい陸軍の一割程度なので、記録に残る犯罪数が少ないということはあろうが、それにしても第3表の数字から分かるように、海軍犯罪者に士族が占める割合が多いこととは別に、陸軍の犯罪率A／Bが現在員の五パーセント前後、海軍ではC／D二〜三パーセントぐらいと、海軍の犯罪率そのものが陸軍に比べて半分になっている理由がもうひとつ明確ではない。前に、海軍の兵卒が、下士以上を含む海軍全体の総現在員に対する比率が小さいことが、この数値が小さくなっているひとつの理由かもしれないとしたが、それだけではないものがありそうである。

『太政類典』にわずかに見られる海軍の犯罪例は士官が多い。明治九年六月二十九日の稟候文書(28)に、K海軍少佐の例がある。「発砲誤て民衆を毀傷するに付謹慎」に処せられたのであるが、これは「海陸軍刑律」ではなく、明治八年八月三日に海軍裁判所が示した「将校仮懲罰典」による処分であった。第一条の、将校「職務を誤る者」に該当すると思われる。

海軍では懲罰事件は艦長が処理するので、艦長自身が起こした事件や、その他の場合で大きな重要な事件や悪質な事件でない限り、海軍省に報告されて記録に残る可能性は小さかったのではないのかと思われる。当時は艦数が少なかったので、艦隊編制はできていなかった。さらに東海鎮守府が設けられたのは、明治九年九月一日に「海軍鎮守府事務章程」(海軍省丙第三号)が定められてからであり、右の例の時期には組織的に事件を処理する体制(29)が整っていなかった。そのため事件処理は艦長に委ねられ、艦長が処理した下士卒の事件は、重罪を除き、海軍省が全ての報告を受ける体制にはなっていなかったと考えたいのである。前述明治九年八月三十一日制定(九月一日海軍省丙二号回達)の「海軍省職制及事務章程」で、第二九条に示された士官の閉門以下を除く重罪および第三〇条で示された下士以下の死罪に当たる重罪は、海軍省が扱い、士官の「海陸軍刑律」に触れる犯罪はさらに処断を上申することになっている。そこで明治八年頃も重罪はそのように扱われていたが、それ以外については、鎮守府開設以前は取扱い処理が艦長に委ねられていたと考えられ、海軍省への報告も限られた範囲で行なわれていただけと考えるのが自然であろう。

その裏づけのひとつとしてここで、明治七年七月二十二日に定められ明治十四年末まで適用された、海軍下士卒を対象とする「懲罰仮規則」（海軍省記三套第二八号）についてみてみる。一両以下の窃盗は、「海陸軍刑律」第一七四条によると懲罰事件であるが、「懲罰仮規則」第一一条は、特に「懲罰仮規則」を適用せず海軍本省が扱うように定めている。賭博については、「海陸軍刑律」第一五〇条で懲罰と定められているが、「海軍読法」に禁令があるからでもあろうが、やはり同じ「懲罰仮規則」第一一条で、海軍本省が扱うように定めている。

そのように海軍本省で扱う事件については、当然艦長から事件についての報告が行なわれなければならない。その裏には、報告を求められていないその他の懲罰事件は艦長が処理すればよいとする、海軍省の態度があり、それが表れていると考える。明治八年八月三日「将校仮懲罰典」（裁判所より本省宛秘三第七一七号）では、第四条で独立艦では将校の懲罰権が艦長にあることを示しているので、「仮懲罰典」が適用されていたとすると、下士卒の懲罰は、当然艦長が行なうことが可能であったろう。時期は後れるが、「海軍下士以下懲罰則」（明治十四年十二月二十九日海軍省達丙第七九号）第二条で初めて、「艦船営長は其揮下に属する下士卒及准卒の此罰則を犯したる者を処断」することと示されているので、それ以前も下士卒の懲罰事件は同じように処理されていたであろうことをこれが示唆している。また、この懲罰則では、処断の内容は海軍省に報告するようになっていない。「海軍下士以下懲罰取扱手続」（明治十五年四月一日海軍省達丙第二三号）によると、軍艦備え付けの履歴簿・行状簿および本人の身上を記録する手牒に記入するだけである。

第一章で明治三年に「軍艦刑律」(30)が定められたことを述べたが、その「律例」の最初に、賞罰は「艦長にあらされは之を施行するの権を有する無し」としてあって、幕末にオランダ式を学び軍艦運用が西洋式であった日本海軍では、海軍の刑罰・懲罰も西洋式であったため、このような規定になったと考えるべきであろう。勝海舟は「咸臨丸」による渡米の際に、「かの国にては兵卒水夫、指揮官の所用を弁じ使役すること我が奴隷の如し。これ規則厳酷なると全権指揮官にあるを以て」と、同様の意味のことを述べており、[31]西洋に学んだ日本海軍は歴史の最初から、艦長の権限を重視していたのであって、明治政府にそれが受け継がれていたとみてよかろう。

同じ『太政類典』稟候文書史料の中に、明治十年三月十九日付、Y海軍大機関士が「粗暴の挙動に付降官」させられた記事がある。降官処置は当然、懲罰ではなく刑罰なので、「海陸軍刑律」によって行なわれたはずである。このように刑罰・懲罰にかかわらず士官の事件が稟候文書に登載されているのに、下士卒の事件がほとんど目につかないのは、海軍省への報告そのものがなされていないものが多いからだと考えるべきであろう。報告不要とする規則を発見することはできなかったが、以上に述べたことから、イギリス式を採用した海軍では、初期には、重罪を除き艦長が海軍省に結果報告をすることさえせずに、刑罰・懲罰を科すことができたと判断する。

やや後になるが、明治十二年二月二十八日に軍艦「比叡」が横須賀港内で、副長指揮の下に停泊場所を移動しているうちに座州した事件で、艦長会議出席のため不在であった艦長の責任を問う裁判があった。当該元艦長に対するその審問の中に、軍艦の移動を副長に委ねてよいものか上級の指令を必要とするものか「職制章程等頒布ならされとも従来準拠する所の英国海軍条例及我艦隊の慣習とにより」説明するよう求めたものがある。[32]このことは、制度がやや整ってきていたこの時点でも「英国海軍条例」に依拠したり慣習によったりしていた部分があったことを示しており、鎮守府が存在しない明治九年の八月以前には、西洋流（イギリス式）に艦長の刑罰・懲罰の権限が強かったため、海軍省にその結果報告さえしていなかったとしても不思議ではない。

しかし次節で述べるように、明治五年十月十三日に海軍裁判所が置かれ、ここで「海陸軍刑律」により海軍軍人の犯罪が処断され、さらに明治九年九月一日の鎮守府の設置により犯罪処断の権限の一部が鎮守府司令長官に委ねられるようになってからは、艦長の権限がやや弱められていたのではないか。明治七年制定の前記「懲罰仮規則」（海軍省記三套第二八号）を再検討する資料にするため、英海軍の懲罰規則の翻訳を海軍省翻訳課が担当しているが、その結果が明治九年十二月二十二日付で、課長から川村純義海軍大輔に報告(33)されている。その報告に課長意見として、海外で行動する場合は「艦長に過重の権を付与すること最も緊要」とあることから考えると、明治九年九月に鎮守府が編成されてからは、艦長の権限がそれまでより制限されるようになっていたために、このような意見がつけられたと考えると分かりやすい。明治九年九月以降には、「海陸軍刑律」に触れると判断されたものは、次例のとおり艦長から鎮守府を経由して海軍省に報告されていて、艦長が処置したわけではなさそうである。しかしそれまでの経緯を考えると、それまでの慣習により艦長の判断で報告をせずに懲戒事件として軽く処置されたものもあったと考えるのが至当なのではなかろうか。

右のことを間接的に証明する史料になるものとして、明治十年に海軍裁判所に対して海軍省が発した秘密書類が「公文備考(34)」に収められているので、これを参照することにより水兵の犯罪処理についての一端を知ることができる。

その史料によると、U四等水兵の脱走帰郷について、川村純義海軍大輔が「処分の見込を早々申出」るように海軍裁判所に指示しているが、このような脱走は「海陸軍刑律」上の重罪に当たるので、海軍省が処理したのであろう。しかし別に、犯罪内容は示されていないがN三等水兵外五名の犯罪について、「例規に照らし処分」するよう鎮守府に指令したことを、海軍省から裁判所に通知したものもある。例規により処置する指令は他にも多く見られる。このような海軍省の態度が軍紀風紀維持の責任者である艦長クラスにも暗黙のうちに了解されて、必然的に艦長段階で、犯罪を鎮守府以上に報告することなく、艦長の権限でできたと思われる懲罰などの処分で済ませようとする傾向を強めるであろうことは、人間の常として考えられることである。その結果、海軍省に重罪として報告される犯罪件数が減少し、史料にも下士卒の犯罪が現れてこない原因のひとつになっているのではあるまいか。

明治十八年一月十日に海軍省から新しく達（海軍省丙一号）せられた「海軍懲罰令」は、将校にも下士卒にも適用される初めてのものであった。これを一部改正した明治十九年十二月十七日付勅令第八十一号の「海軍懲罰令」は、第六条で、准士官以上で懲罰に処された者については、所管長官から海軍大臣に報告することを定めている。ここで初めて報告について示されたのであるが、下士卒の懲罰事件についてはここでも報告が要求されていないことから考えて、それ以前も海軍では、下士卒についての懲罰事件の海軍省への報告はなされていなかったと考えてよかろう。そのため本来は報告すべき刑罰事件で、懲罰との限界線上にあったものは、艦長限りの処置である懲罰で済まされたのではないかと考えたいのである。その実例を、『岡田啓介回顧録』[35]の中に見ることができる。事件の細部は第四章第二節三項で述べるが、岡田が明治二十二年四月に海軍兵学校を卒業し海軍少尉候補生として軍艦「金剛」に乗り組んでいたとき、下士卒がストライキ事件を起こした。一日かけて艦内で処置をしたが、艦長は「外出止め」という「懲罰令」外の軽い処分で済ませたという。この事件は時期や内容を明確にする史料が岡田の回顧以外に存在しないのでやや不明瞭なところがあるが、本来は「海軍刑法」第五六条の「党與して反抗不服従する罪」に該当する事件ではなかったかと思われる。それを艦長限りの軽い処分で済ませることができたのである。

累述したように、「海陸軍刑律」を犯した海軍下士卒の事件についての報告を海軍省にするように示した明文規則を発見することはできなかったが、『太政類典』中に下士卒の死刑の処刑例が載せられており、前記『公文備考』所収のU四等水兵の脱走帰郷事件例もあるので、海軍省職制にあるとおり、士官だけでなく下士卒の犯罪でも重要なものは海軍省で伺処理され、そのための報告があったことが推定できる。下士卒の重要な処刑内容は、『太政類典』稟候文書の中にあり[36]、明治十年十一月一日付でI海軍一等若水兵が「官物を窃盗に付死刑」というものである。「海陸軍刑律」第一六六条は、自分が守衛している貨物の窃盗について死刑を定めていた。それによるものであろう。しかし刑罰に処すべきか懲罰に処すべきかの境界線上にある犯罪については、艦長の権限で処理できる懲罰として処置し、鎮守府や海軍省への報告をせずに済ませたと考える余地がある。

以上の論述から「海陸軍刑律」の時代には、海軍では准士官以上の犯罪は別にして、下士以下の軽罪や懲罰事件は、ほとんどが海軍省に報告されることなく、それゆえに『太政類典』に載せられることがなく統計にも表れなかったと解すると、犯罪統計の数字の異常のつじつまが合ってくる。報告がないため海軍省で集計がなされなかった結果、統計上、陸軍に比べて海軍の全体の犯罪率が低くなり、かつ海軍省に報告されることになっている懲罰を含む准士官以上の犯罪中の、士族の割合が大きくなるのは当然だと考えられるのである。士官は前述のとおり、もともと八割が士族なのであるから、その犯罪が全て海軍省に報告され、下士卒の犯罪は重大な場合しか報告されないとなると、海軍省の統計上の犯罪は士官が占める割合が多くなり、当然士族が犯罪者に占める割合も多くなる道理である。

このように第3表の数字を基にして検討してきた結果、陸軍と海軍で刑罰・懲戒についての考え方が異なることが明らかになってきた。軍人犯罪について、陸軍が将校と下士兵卒の区別なく同じように統計対象にしていたと思われるのに対して、海軍軍人の犯罪者統計は、士族の割合が多い将校の全ての犯罪と下士卒の重要犯罪を統計の主体にしていると判断される。

また軍人軍属の犯罪として統計をとる場合、明治十三年で陸軍軍属は一六二五名で陸軍総員の三・八パーセントであるのに対して、海軍軍属は三三三六名で海軍総員の三七・七パーセントという大きな員数であることも結果に影響している。工員などの軍属は、脱営など兵卒に多い犯罪とは無縁であることが普通だからである。『日本帝国統計年鑑』は、犯罪者統計をそのような背景の相違の説明なしに、陸軍と海軍の「軍人軍属犯罪者」の統計として同じような形式でまとめている。そのため、このような犯罪発生率の統計数字から、兵卒を含む軍人の不軍紀対策を研究するとき、そのまま陸海軍を比較すると誤った判断をすることになる。陸軍についてはともかく、海軍については表のような数字が統計上全てを示していると考えると問題があるのであり、陸海軍両者をそのままの数値で比較することができないのはもちろんである。

陸軍は徴兵主体であり、軍紀風紀上の問題を起こすのは主として徴兵された兵卒である。このことは前に分析したように竹橋事件に示されている。海軍については、明治十八年からやっと志願兵と徴兵の二本立てになったのであり、その面からも陸軍とはやや異なる。不軍紀対策を分析するとき、陸軍の徴兵たちの行動についての分析結果は、海軍についての同じような分析の参考にはなるにしても、別に海軍の兵員が置かれている特別の環境条件に着目し、それを考慮して陸軍の数字を修正しながら判断をすべきであろう。

環境条件の陸海軍の相違ということで、海軍が陸軍と大きく違う点は、乗組員が艦船という一般から隔離されたところで服務し、戦闘の際も個人の戦闘というよりは、個人が軍艦という機械の部品のような行動を要求されるということにある。その点で、第3表のような数字をみるとき、特に斟酌が必要になる。たとえば兵卒に多い逃亡事件については、陸軍では夜間にひそかに柵を越え脱営して逃亡する事件が頻発するが、海軍では外出先から帰艦しない、または指定時間までに帰艦しない形の逃亡がほとんどである。岸壁と艦を結ぶ交通艇を利用しない限り通常は逃亡できないからである。そのようなことから海軍では、兵卒でも外出が許可されたときは、後述のとおり通常は外泊をすることが許されている。そうすると夜間に歓楽街での事件を起こす機会が増える。しかし陸軍では兵卒だけでなく下士でも、原則として外泊が許されていないので、逃亡の形態が海軍とは違うことになる。

行動面の相違から生ずる規則上の、帰艦、帰営時間の海軍と陸軍の差についてみてみよう。海軍の明治七年七月二十二日の下士卒を対象にした「懲罰仮規則」（海軍省記三套第二八）では、逃亡の一種とみなされる帰艦、帰営時刻への遅延が、四八時間以内であれば謹慎を主とする懲罰事件として処理されるようになっていた[37]。反面で、「懲罰仮規則」は下士卒のみを対象にしており、「将校仮懲罰典」は明治八年八月三日（秘三第七一七）に裁判所の案が海軍省に報告されただけであり、制定が遅れていた。

他方、明治五年十一月十四日に下達（陸軍省第二四三）されていた「陸軍懲罰令」（将校の懲罰規定も示されている）では、下士卒の帰営時刻遅延は二四時間を超えるものは逃亡とされ、営倉入りを免れなかった。明らかに陸海軍で相違がある。狭い艦内では営倉を設置し番兵を置くゆとりがなく、当人も艦を離れることは難しいのでこのような処置の違いになったのであろう。このような陸海軍の相違は、後に対策について分析するときにも注意せねばならない事項である。

また軍艦は狭い空間で多数が生活しているため、陸軍よりも行動に制約がある。狭い中では士官と下士卒が親密になりそうなものであるが、それでは統制がとれないという理由のためか、制度上両者を隔てる壁が厚い。制度上、下士卒から昇進した海軍特務士官と海軍兵学校などの学校を卒業した士官の間にさえ壁があり、服務規律が違う。たとえば指揮権の継承順位を定めた「軍令承行令」という規則があるが、明治三十二年三月二十四日に「軍令承行に関する件」として初定（内令第二二号）されたときは、将校つまり海軍兵学校を卒業した士官にのみ艦船の長や分隊長のような指揮官になる資格が与えられ、当時兵曹長と呼ばれていた特務士官は、「各部の長必要ありと認むるとき」のみ、臨時の指揮官になることができるだけであった[38]。その後の改正でも、基本的にはこの方式が継承されていた。それに起因するが服装や階級章にも両者の区別があった。陸軍ではそのような傾向は強くなく[39]、服務規律も同じであった。このような陸海軍の相違が、不軍紀対策上の違いにもなって現れる可能性がある。特務士官の差別的扱いに示されているように、海軍では特務士官の出身母体である下士卒に対しては、士官に比べて、規則のうえで刑罰・懲罰が厳しくなりがちであったことはここで述べたとおりである。しかしいっぽうで、艦長の裁量幅が大きかったので事件が表ざたにならなかったものも多く、それが、犯罪統計数字が陸軍よりは小さい原因のひとつになったとも思われる。

四 陸海軍の犯罪状況統計の解釈

以上のような陸海軍の刑罰・懲罰についての考え方の相違が存在することを前提にしてもう一度第3表を見てみると、西南の役後、陸軍の犯罪は一時的にやや増加し、その後五パーセントぐらいで推移している。海軍の数字は、下士兵卒については重罪しか統計に表れていないと思われるので、徴兵主体の陸軍ほどではないにしても、もう少し大きくなるべきものであろう。海軍犯罪の傾向は、西南の役のときについては次節三項で述べるが、戦役中はいくらか増えたものの、そのほかは西南の役後に急増したということもなく、毎年同じような状況で推移していたのではないかと思われる。そこで軍と一般社会の比較をするために、『日本帝国統計年鑑』による明治九年の男子犯罪処刑数を見ると、罰金まで含めて九七九〇二名である。幼児まで入れた男子人口に対する犯罪処刑率は〇・六パーセントと計算できるが、幼年・老年者を除くと約一パーセントになる。これと比べて第3表の陸軍の処刑率が五パーセント前後という数字は高率である。海軍も陸軍ほどではなかったにしても、一般の犯罪処刑率より大きかったことは間違いない。逃亡脱営という軍隊特有の犯罪が多くあり、明治十四年の陸軍統計で全体の半数を占めていたためであろうが(40)、仮にこれを除いても陸軍の犯罪処刑率は三パーセント前後になるのであり、陸軍首脳部がこのような犯罪の数字に問題意識をもたないはずがない状況にあった。竹橋事件だけでなく、このような軍一般の不軍紀状態が、その後の改善対策に関係があることは否定できまい。特に陸軍は西南の役後の不軍紀状態が問題になってくるので、そのことを次節で細説する。

第三節　西南の役当時の不軍紀と刑罰問題

平時と戦時では軍紀についての考え方に相違があり、「海陸軍刑律」の適用罰条にも相違がある。西南の役は徴兵主体の陸軍の能力が試される機会になったといわれることが多いが、軍紀についてその実際の状況を史料から分析し、軍紀違反に対してどのように処罰が行なわれたのかを確認する。またこの戦役で明らかになった軍紀風紀上の問題点および戦後に発生した問題点について、その後の対策がどのように行なわれたのかを確認する。

一　不軍紀の実情

陸軍の明治十年の犯罪処刑率が統計上低くなっていることについては当然、この年にあった西南の役が関係しているであろう。海軍の数値は、前年と比べて逆にいくらか多くなっているが、この戦役の中で軍の犯罪の実態はどうであったのかを分析しておくことが、軍紀について考える場合に必要であり、実例による分析をしておきたい。

西南の役の海軍は、西郷軍が軍艦を保有していなかった関係で、海戦で活躍することはなかった。沿岸の艦砲射撃、海上からの偵察、海上警備など陸戦の補助的な役割しか与えられていなかったのである。しかし陸軍は戦闘の主体になり、特に徴兵はその能力を試される機会になったので、軍紀についても観察の対象になる場面が多くあった。そのなかで問題になった事項は、戦後に改善を必要とする問題として取りあげられる可能性が強かったのであり、兵卒の精神面の教育対策や対策の一環としての刑罰問題に反映されたことが十分に考えられる。

西南の役の実質的な前線陸軍指揮官は、参軍の山縣有朋であった。彼はこの戦役勃発直前の明治十年二月九日に、陸軍卿として諸鎮台長官に宛て諭告を発している[41]。その内容に、戦役が起こった場合には「部下を鼓舞振作し、益々勇敢剛猛の気を作興し、日夜勉励従事して前日の興を墜すなく後来の績を期し以て軍人の名誉を全くせさるへけんや」と、鎮台兵の士気を鼓舞し戦力を発揮させることを意図したと思われるくだりがある。

山縣が徴兵制度施行の責任者として、徴兵の有用性を気にかけていたことは間違いない。明治十年一月四日には天皇に、明治七年の佐賀の乱、明治九年の秋月の乱・萩の乱の際の軍の状況について奏上をしている[42]が、その中でも、「各隊兵気凛然、戦に臨で少しも屈撓するなきを知るに足れり。自今益々軍紀を厳粛し、士気を振作せは、軍事の進歩蓋し障碍なかるへし」と、徴兵に置き換えられつつある陸軍の、信頼性、将来性について触れたと思われるくだりがある。

山縣は徴兵の戦闘力について一応の自信をもっていたのであろうが、それでも、士気を鼓舞し軍紀を正しくする施策の必要性があると感じていたであろうことを、これらの表現から読みとることができるのである。

さらに山縣は、西南の役開戦約一ヶ月後の明治十年三月十八日に、参軍として、出征軍に諭告を発している[43]。「戦に臨み引退き、又は頽れ立ち全軍の兵気を敗り軍機を誤らしむる者あらば将校は用捨なく之を打殺し以て総崩れの患を防ぐべく且守兵の職務を怠り、或は事故に託し守地を逃亡する兵卒あらば直ちに之を捕縛し、裁判官に附し其罪を治め軍律に照して之を罰すべし」というものであった。

当時は熊本城で鎮台軍が籠城中であり、熊本城の北、植木方面で緒戦に乃木希典少佐の部隊が敗退した後、政府軍が態勢を整えて反撃している最中であった。そのような中で政府軍の軍紀を正し、軍律を厳しく適用する方針を示したのである。

西南の役では実際に、士気や軍紀の問題が起こっていた。西郷軍の抜刀斬込がしきりに行なわれたことはよく知られているが、政府軍はこれに悩まされていた。

第三旅団の大尉矢吹秀一（幕臣出、後中将）は、「斬り込みの叫びに、誰一人踏み止って防戦せうとする者はない、誰立つとなくターッと一斉に立止まって逃げ出す。」と、それも旅団司令部の状況を語っている。[44]この状態は、司令部衛兵が奔馬の騒動を敵襲と勘違いし、警報を発したために惹き起こされたのである。将校たちでさえ、誰も状況を確認しようとせずに無統制に逃げ出すというのは、士気の問題であるとともに軍紀の問題でもある。上がそうであれば、下の徴兵の兵卒たちがそれ以上の問題を抱えていてもおかしくない。

軍紀問題については、鹿児島戦線を視察した海軍担当の参軍川村純義からの本営への報告があった。川村が前線視察中に、近衛兵や鎮台兵が民家から掠奪をしているのを見たというのである。山縣はすぐに旅団長たちに対して、そのようなことがないように通達をした。「各旅団兵卒中往々田畝を蹂躪し人家に闖入する等の暴行あるを聞く宜く厳法以て之を禁すへし」としている。[45]

場合によっては、戦場なのでやむをえないと思われる例もある。

刀を帯び負傷している老女が路傍に倒れていて、助命を乞うたが傷が重いので助からないであろうと考え、政府軍兵士が殺害したというもの[46]である。

これは状況によっては「海陸軍刑律」第一四九条、「凡そ海陸軍人軍属、凶暴に因て、平民婦女老幼を劫虐し」に該当し、法定刑は死刑である。前述の民家からの掠奪も第一五四条で死刑に当たる。

征討総督熾仁親王は天皇から、「一切の軍事並将官以下、黜陟賞罰挙て以て卿に委す」と命ぜられており、西南の役についての参謀本部の公式戦史といえる『征西戦記稿』に、処罰のための「仮治罪法」の規定[47]が載せられている。それによると、軍人軍属の犯罪者は陸軍裁判所に送られることになっており、軍法会議に懸けて、比較的軽い刑である将校の閉門以下、下士の黜等以下、卒夫の戒役以下については、直ちに判決をして「断案を附し参謀部に交付し戴罪服務の例に従ふ」ことになっている。重い刑は地方警部に托して錮したり、大阪に送ったりして処置する。

だが前述のような殺害例が、陸軍裁判所で裁かれた記録を発見することはできない。そのため戦場での事件として陸軍裁判所に報告されることなく、不問に付されたものもあったのではないかと疑われる。西南の役の数少ない陸軍裁判所の刑事裁判記録として、『明治十年五月より凱旋まで征討中口書断案』という鹿児島軍団裁判出張所の記録が防衛研究所に残っている。この時期は激戦地鹿児島方面での戦闘期なので、戦闘行動に伴う不法行為もあったと想像されるが、記録されている内容は、空き家などからの窃盗事件が多い。それも輸送人夫によるものが多く、兵士の事件は少ない。

たとえば人夫の一人が空き家に入り込み布を切り取ったため巡査に見咎められた事件では、一円以下の贓物なので、「懲罰に属す」として、「海陸軍刑律」第一七六条によると思われる判断を陸軍裁判大主理が下し、本隊で懲罰処置をするよう差し戻している。同じような事件であるが、人夫が遺失物の布帛を私蔵したとして巡査に捕縛されたものでは、「軍律正条なし常律窃盗罪を得さる条に擬し懲役四十日」と、犯人所属の別働第一旅団参謀長であった岡澤精陸軍中佐および陸軍裁判大主理井上義行の名で処置されている。これは軍法会議で処置したのであろう。この判断の基礎になる常律の「刑法」第三六六条窃盗罪法定刑は、二月以上四年以下の重禁錮であるが、騒擾の中でのことでやむをえないものがあるとして、二等を減じてこの判断になった。

さらに兵卒の事件として、「戦利を私し及賭博の件」というのがある。これは戦闘相手の敵を倒し、死体から六円余を奪って花札賭博に賭したというものである。これは判決で賭博のみ「海陸軍刑法」第一五〇条による「懲罰」とされ、金円を私した件は、「戦利を処分する法なし慣習亦之を黙許するものの如し」として無罪になった。

以上のように現地の陸軍裁判所で処理されたものも、どちらかというと被疑者に有利になるような判断がなされているのであり、そのような雰囲気の中で陸軍裁判所に送致することなく、懲罰さえ行なわれない事件は多かったのではないかと考えられる。そのために犯罪の年間統計に表れなかったのではないかと思われるのである。明治十一年の『大日記鎮台の部』に、明治十年に陸軍裁判所が関与した数件の犯罪記録(48)が見られるが、戦役後のものか鎮台管轄地での事件と判断されるものばかりである。

もっとも手心を加えてもなお放置しておくことが不適当な重罪は、前記『征西戦記稿』中の「仮治罪法」にあるとおり、大阪に送られて処断されたものと思われる。明治十一年度の陸軍省の「刑事一般景況書(49)」によると、年度に報告された熊本鎮台の重刑（下士の死刑二名、徒刑三名、兵卒の准流三名、徒刑一〇名の多くがこれに当たると思われる）は、西南の役の間の犯罪と説明されているので、戦役中に、重罪に当たるとして大阪に送られたものもいないわけではなかったのであろうが、前述のように手心を加えてもなお、その範囲を超えた者だけを送致処断したのではないかと疑われるのであり、その結果明治十年の陸軍犯罪処刑数が前年より減少するという第3表の統計数字になったものと思われる。

戦史上の行動記録に、掠奪についての緊急避難的な行為と思われるものもある。亀岡康辰少尉補が指揮していた部隊が、宮崎付近で食糧が尽き人家もないためにやむをえず、沿道に西瓜畑があるのを見つけて採取を許した[50]というものである。後に陸軍少将になった本人の日記であり、特にその行為について咎められたことについての記事はないので、表立って事件にされることはなかったのであろう。補給輸送が不完全であったこの戦いでは、同じようなことが各所で起こったであろうことが、この日記のほかの箇所にあるだけでなく、他の参戦者の日記にも見られる。たとえば増援部隊として熊本城に籠城するために到着してまもない巡査のものに、「我が隊にても十名計申合わせ城を出て京町の裏手市街に潜行し、食物或いは酒造蔵を探し、造り込みの濁り酒を探求し来たり」という記事[51]がある。その前の記事に、「鎮台兵が城外で煙草の葉四、五俵を探求してきたので我々も」、という意味のものがあり、城内では公然とこのような行動が行なわれていた。厳密にいうとこれらは窃盗行為であるが、軍律に照らして処断されたという記事はみられない。これをいちいち咎めていては、戦闘に差し支えるので、放任されていたのであろう。

しかし熊本鎮台司令官谷干城陸軍少将は、この記事の八日後の三月五日にこのような行為の禁令を発し、違反者は「厳科に処す[52]」意志を示している。強姦や強買についても同様である。これは、それまでは厳重な取締りをしていなかったことと、実際にそのようなことが起こっていたことを示唆している。

戦場では軍紀を厳しくしすぎると、兵士の行動が消極的になる恐れが出てくる。また右のような例と、純粋の掠奪との見分けも容易ではない。本項で後述するように、「海陸軍刑律」の時代に入り平時の脱走は、それ以前よりも軽く扱われるようになった事情があるので、刑罰上、軍紀が緩やかになったと誤解されていた可能性もある。そのようなところから、以上に述べた例も考慮に入れると、西南の役の戦場では、よほどのことでない限り「海陸軍刑律」や「懲罰令」の適用は厳しくしなかったといえるのではあるまいか。そのために統計上は、年間犯罪が減少したと考えることができる。

最後にその典型的な例を挙げておく。よく知られているようにこの戦役中に、乃木希典歩兵第一四聯隊長代理が軍旗を紛失した事件が起こっている。これは「海陸軍刑律」第一八九条に該当する可能性があり、法定刑は徒か放逐である。そのため乃木は直ちに、進退伺を山縣参軍に提出している。(53)

しかし結局乃木は、お構いなしになった。条文の、「敗軍に方り、懈怠に因て、旗手、旗幟を奪はれ」に当たらず、外国との交戦でもなかったから(54)というのである。乃木は旗手ではないのでこれに当たらないと解釈することができるが、監督者責任を問うとしても、条文は外国との戦闘を前提にしており、激戦の中での旗手戦死というやむをえない事態下で起こった事件であるので、「海陸軍刑律」に該当しないとする解釈もできる。この判断は乃木の上官にあたる熊本鎮台司令官谷干城の同意を得て山縣参軍が、有栖川宮熾仁征討総督に上申し、その了承を得て行なったと考え(55)ることができる。

この場合にもみられるように、戦場での戦闘関連の積極的な行動の結果は、形式上その行動が「海陸軍刑律」に触れる場合でも、咎め立てしないのが当時の陸軍共通の考え方ではなかったかと思われるのである。

この事件では、西洋軍制にこだわって、「耳目を明にするの実益を失ふに至るは軍機の主旨にも無之(56)」として、乃木が咎められなかっただけでなく、軍旗も後に天皇から再授与された。現実的に判断されたのである。第一章第一節一項で述べたとおり、「海陸軍刑律」はオランダ式を参照した(57)という説が強いが、フランス式、オランダ式どちらであるにしても西洋式を導入したなかで、陸軍首脳部は日本人に伝統的な融通性がある態度を、軍紀の維持についてもとっていたといえる。要は戦役の勝利者になるという、目的を達成することができればそれでよい。明治十年の軍内犯罪件数の減少は、そのような考えから生じた統計的な見かけ上の減少である可能性が少なくないと考えてよいのではないか。

二 軍の刑罰傾向

そのような融通性による見かけ上統計上の犯罪の減少とともに、別に戦役中の兵士の緊張が、飲酒のうえの犯行のような機会を減じていたとも考えられる。戦場では前項で例示したような暴力による不法行為が戦闘の延長として起こりやすいいっぽうで、緊張が事件の発生を抑止するという反面も考えられる。

戦時には国民の犯罪が減少することが統計的に研究[58]されているが、戦場の兵士を対象とするこの種の研究は寡聞にして知らない。戦場神経症のような緊張の結果発症する兵士の病気についての研究はあるが、これは医学上の研究なので、本論の対象外である。

しかし前記明治十一年の「刑事一般景況書[59]」によると、西南の役の翌十一年に、「兵卒巡査に抗するの犯前年は東京に止りしか如しといへとも西南の役凱旋の後各鎮台管下に波及せり」とあって、緊張が解けた戦役後に、この犯罪が増えたような書き方がしてあり、国民の犯罪が戦時下に減少することも考え合わせると、平時に起こっているのと同じ種類の兵卒の犯罪が、緊張のために起こりにくくなる現象が存在すると考えてもよいのではないか。戦場での掠奪、強姦のような暴力が支配する環境での犯罪が多発するのは別にして、緊張のために少なくなる種類の犯罪もあると思われる。

西南の役には、巡査隊も陸軍の一部隊として従軍しているので、この「兵卒巡査に抗するの犯」の増加は、戦役中の陸軍兵と巡査隊兵の間に、ある種の心理的な葛藤が生じ、それが戦役後に兵士の巡査への反抗という形で表れたのかもしれない。いずれにしろ戦役中よりも戦役後にこの種事件が増えたのは確かであり、前掲熊本城増援の巡査の日記(60)に、物の不足の中で鎮台兵も巡査たちも互いに物を取り合い「不平の言を唱うるといえども、また互いに毫も念とするの意なし。これ偕に共に死地にあるの一和たる所ならん」と述べられていて、戦役中にはそのために深刻な対立になることはなかったということであるので、兵卒の巡査への反抗は、戦後に対立を持ち越したことを意味しているのであろう。

ところで、同じ明治十一年度の陸軍省「刑事一般景況書」は、「生兵の犯人昨年に比すれば概して減少するを覚ふ」としている。第3表にみられる明治十年の統計上の陸軍犯罪が減少している推定原因についてこれまで見かけ上の減少として累述してきたが、戦後に徴兵された生兵の犯罪は、見かけの統計上全体犯罪が少なかった明治十年よりもさらに少なかったというのであるから、生兵についてはそれ以上に大幅に減少していたことになる。しかしその中で表にみられるとおり、明治十一年の陸軍全隊の犯罪は、戦前の明治九年と比べて四割近い増加になっていた。表の犯罪者数には明治十一年内に刑の申し渡しがあった竹橋事件の関係兵卒二五九名と同将校下士の三五名が含まれているのでこれを除いても、明治十一年分の陸軍犯罪者総数は一九九三名に増えていて、明治九年、一六五一名の二割増しになる。この間の軍人軍属現在員は一割の増加であるので、それを考慮して修正してもなお犯罪率が増加している。生兵の犯罪が減少しているにもかかわらず、古い兵の犯罪が増加したためである。これには、やはり戦争の緊張が解けた後の反動があったとみるべきではないか。

「刑事一般景況書」に年度間の陸軍全体の行刑数が示してあるが、生兵の行刑数は分からない。西南の役で籠城をした熊本鎮台では二二五件のうち一七六件（七八パーセント）を兵卒が占めているが、兵卒行刑数の九割近い一五五件は杖笞錮と比較的軽い刑であって無許可で帰郷する脱営・逃亡と粗暴行為によるものが多いことが説明されている。

巡査との闘争は粗暴行為に含まれる場合がほとんどであろう。熊本以外の他の鎮台も脱営・逃亡が多いのであり、説明はないものの生兵の犯罪の減少は、脱営・逃亡の減少とみてよかろう。

生兵を除く徴兵兵卒の犯罪は第3表にみられるように戦役後に増加傾向にあったのであり、「刑事一般景況書」も、その状況を説明していた。このような不軍紀状態が、軍の首脳部に犯罪増加への対策の必要性を訴えかけており、前述のとおり山縣有朋陸軍卿などが、対策に向けて動き出すひとつの材料になったのではないか。

三　壮兵の犯罪

以上の第3表の分析は、陸軍については主として徴兵で構成されるようになった時期の分析である。壮兵中心の明治六年までの時期の分析ではない。そこで最後に、明治六年の陸軍の軍紀違反事件についていくらかの分析を加えておく。これまでここで論じてきたのは、陸軍では徴兵が主体になった時期の分析であり、壮兵がまだ多い「徴兵令」制定直後のものではなかった。そのため参考までに、壮兵中心の時期の史料をつけ加え、簡単な分析をしておこうというのである。

『陸軍省日誌』の明治六年の項を見ると、兵士の脱走事件の記事が目立つ[61]。東京士族の一等卒の脱走と鳥取県士族と思われる近衛兵卒の脱走は、彼らの入営が明治五年以前と考えられるところから、壮兵の事件とみてよい。これらは捕縛命令が出たことの記事であり、その後の処分状況は分からないが、当時適用されていた「海陸軍刑律」によると、兵卒の初犯は懲罰として最大で三週間の営倉入り（錮類似の軽いもの）で済む。また東京第一聯隊兵卒の上官に対する粗暴行動事件[62]では、「海陸軍刑律」により、「杖五十、錮四十二日」が申し渡されている。後の徴兵主体の頃のものと大きな相違はなさそうである。

陸軍の統計は明治八年にまとめられた『陸軍省年報』が第一回であり、「海陸軍刑律」が適用されるようになってから以後明治八年頃までの新募集壮兵の時代についての犯罪統計は明らかでない。ここで挙げたような、『陸軍省日誌』などの記述中にあるものから、壮兵についての手がかりを見つけていくほかない。そのため新募集壮兵の時代の全体像は分からないが、『陸軍省日誌』を通覧したところでは、その後の徴兵主体の時期のものとあまり変わらない印象を受ける。ただし明治六年頃のものと明治二年から三年の頃のものとを比較すると、全体に刑罰が軽くなっている感じがする。明治二、三年の場合は平時の脱走者や窃盗犯を死刑にしている[63]。「海陸軍刑律」の時代になった明治六年の平時の刑罰は、明治二、三年頃に比べて軽くなった。前述のとおり、平時に脱走しても規則上は、懲罰としての営倉入りで済んでいたのである。やや重く処断された平時の明治八年の熊本鎮台兵卒の脱走帰郷では、「杖三十錮二十八日」である[64]。明治二、三年頃の平時脱走が重い場合は死刑にされたのと比較して、それでも軽い印象がある。『太政類典』や『陸軍省日誌』に刑罰の記事を探すとほかにも同じような例が見られるのであり、そのため兵卒の、脱走に対する刑罰による抑制効果は、「海陸軍刑律」の時代には、前代よりも低下したといえるのではあるまいか。

明治二、三年頃の「軍人犯罪」は、第一章第一節二項で述べたように「軍律」および「仮刑律」によって科刑されていたので、もともとの法定刑の基準が厳しかった。その後、「新律綱領」が明治三年十二月二十日に頒布され、「軍人犯罪を犯すに出征行軍の際に非るよりは兵部権断して擅に法を用ることを得す」とあって、「新律綱領」が平時の軍人犯罪にも適用された。具体的な罰条では、たとえば、三〇両以上の強盗は法定刑が死刑（絞）であり、軽くはない。

その後明治五年二月十八日に「海陸軍刑律」が布達されてからは、軍人軍属の犯罪は原則としてこれによることになったが、「海陸軍刑律」によると、戦場では、軽度の掠奪が三週間の営倉入り、重度の掠奪は死刑であり、比較的刑が重い。一般的には、「海陸軍刑律」上の平時の刑罰の内容程度は「新律綱領」と大きくかけ離れているとは思えないが、戦場での行動については重く、平時は、脱走のような軍特有の罪は、「軍律」の規定と比べて緩やかになった。

明治五年四月十四日に陸軍裁判所長に就任した谷干城陸軍少将は、新定の「海陸軍刑律」の運用にあたり明律家の牧山慎藏および「海陸軍刑律」の起案者西周助と所内で議論して、解釈の標準のようなものをつくりあげたことを述べているが(65)、それに続けて、当時は「罪人は東京鎮台兵と陸軍所轄の軍属其の外近衛兵は殆と罪人なきなり盖しなきに非す大概は大目に見のがし笞杖にも当るへき見込の罪は裁判所に出さす各隊にて処分」という状態であったと記している。その影響もあってか、戦場での実務上の取扱いにみたように、西南の役当時は、「海陸軍刑律」の適用をできるだけ緩やかにしようとしていたようにみえるのである。当然ながらこのような前後の刑罰規定の厳緩および実務上の処罰の厳緩の相違から考えて、明治二、三年ごろの厳しい刑罰を知らない明治六、七年頃新しく採用された壮兵は、軍紀とは戦場でもそのように緩いものだと思い込んでしまっていたのではないかと考えられる。そうとすると、その雰囲気が新しい徴兵にも影響して、戦役中は掠奪程度のことは日常的になり、さらに戦後の軍紀弛緩からくる犯罪律の増加にもそれが影響した可能性がある。

前記「刑事一般景況書」が述べている巡査との闘争事件の増加は、前にも述べたように、戦場でいわば同輩として戦った意識から両者の間に心理的な葛藤が生じ、徴兵の兵卒が、巡査の地位を低く見るようになったためかもしれない。山縣有朋は明治十一年八月に署名した「軍人訓誡」の中で、「警視の官は尋常の非違を監察する職分」と説明し、軍人もそれに協力するように、わざわざ一項を設けて説くことまでしているのであり、原因が何であれ、山縣は巡査と兵卒の闘争事件に頭を悩ませていたのである。

海軍では、第3表に見られるように戦役中の統計上の犯罪者数が増えたものの戦後は平時の水準に復している。戦役中の海軍は、掠奪をせねばならないような状況に置かれていたわけではなく、現地の人々と接触することが多い地上戦闘をする機会もそれほど多くなかった。これは海軍なので当然であろう。それでも戦時であり、陸軍と同じように軍紀が緩みがちであり、それが犯罪の増加につながったとはいえるであろう。しかし戦史史料(66)を見ると、戦場の艦上では、陸軍ほど補給に困ったり、兵卒個人が直接の殺戮の場で行動したりする機会は少なかった。そのうえ、海軍は、戦役参戦兵力が一三隻、兵員が二二八〇名と少なかった(67)ためもあってか、軍紀や士気の問題を直接取りあげた戦役関係史料は目につかない。それにもかかわらず第3表の海軍の明治十年の犯罪率が前後の年よりも大きくなっているのは、やはり戦役関係が増えたためと判断(68)すべきではあるまいか。海軍の犯罪は前述のとおり艦長限りで処理されたものが多いと思われるが、その枠を超えたため海軍省に報告されたもの(69)が増えたのであろう。これからみて海軍でも、戦役中に軍紀や士気の問題が全く発生しなかったわけではあるまい。

四　西南戦役後の軍紀維持策

第二章第三節一項および本章第一節二項で述べたように、「徴兵令」による正式の陸軍徴兵が行なわれたのは明治七年からであり、海軍はその後も明治十八年まで、徴兵を採用することがなかった。そのため明治十五年の「軍人勅諭」下賜以前の徴兵主体の陸軍と壮兵の流れを汲む志願兵中心の海軍とでは、軍紀についての軍人の意識と軍人犯罪の動機など軍人の内心面で違いがあったのではないかと考えられる。しかしこれは逃亡事件に代表される犯罪の態様の違いのような制度面の違いから表れる具体的事例を除き、史料上明らかであるとはいい難い。ただ海軍も毎年志願兵を募集したので、募集要項に示されていたように水辺の漁民などに偏りはあったにしても、兵卒の多くが士族ではなく、一般庶民から構成されていたであろうことは疑いない。この点では海軍の人的構成の背景は陸軍とそれほど大きな相違はなかった。つまり人的な構成の基礎は、下級者では陸軍も海軍も大きな違いがあったわけではないといいたい。ただ精神的には、徴兵にいやいや応じたものが混じっている陸軍徴兵と、一応は志願兵であった海軍卒の相違がいくらかあったであろう。

しかし、そのような陸海軍の兵卒に軍紀風紀を維持させるための手段として存在した刑罰・懲罰は、陸軍と海軍で思想的に違いがあったようであり、統計数字にその違いが表れている。兵士一人ひとりが戦士として地上戦を戦う陸軍は、逃亡を厳しく取り締まる。だが兵士が軍艦のいわば部品として組織内で技能を発揮することを要求される海軍では、艦長にそのまとめ役としての役割を強く要求し、軍紀風紀の維持のための取締りにもある程度の裁量権を与えている。そのため海軍では、刑罰・懲罰が統計数字という形で表に出ることは陸軍に比べて少なかったのではないかと思われる。

このような分析の中で、陸海軍とも士族が多いと思われる上級者の犯罪率が特に小さいわけではないことことが明らかになった。そのことは、士族に対して行なわれていたと思われる武士道教育の価値を判断するうえで注意が必要であることを示している。ただ実際の犯罪例をみていくと、前述のとおり兵卒の犯罪は逃亡脱営が多いほかは、粗暴犯や窃盗が多く、将校のものは規則の適用を誤った類の、職務上の法定犯が多い。兵卒のものとは種類が違うのである。このことは、士族が多い上級者の犯罪率が平民主体の下級者とほぼ同じとはいっても、士族に対する武士道教育が、粗暴犯や窃盗犯のような自然的な犯罪を思いとどまらせる方向で精神に作用することを否定することにはならないと理解してもよいのではないか。このことは山縣有朋が熱心であった武士道を重視する軍紀風紀維持対策の方向の価値判断に、ひとつの手がかりを与えている。

ところで明治六年から明治十一年まで陸軍卿の地位にあり、徴兵による陸軍建設を推進してきた山縣有朋は、明治七年の佐賀の乱、明治九年の秋月の乱・萩の乱についての天皇への奏上(70)の中で前述したとおり、「今後の軍紀の厳粛」があり「士気を振作」できれば、徴兵の軍隊でも戦えることを表明していた。そのためであろうが、西南の役の征西軍の参軍として、軍紀の維持や士気の鼓舞に関する諭告を何度も出したことは前述したとおりである。西南の役の開戦段階の政府陸軍は、常備兵約三万四千人の七六パーセントが徴兵（明治六年の東京鎮台徴集兵を含む）であったと計算(71)できる。この中の士官下士三千名余を除くほとんどが徴兵であったのであり、徴兵の軍紀と士気が戦闘を左右すると、山縣は考えていたのであろう。

もっとも政府軍の兵力は徴兵だけでは不足したので、壮兵や巡査隊を別に編制し屯田兵も動員して、政府陸軍総兵力は最大で五万八千人(72)を超えた。そのため、軍紀や士気の問題は徴兵の兵卒だけにあるのではなかった。しかし、壮兵や巡査隊さらに屯田兵は戦役後に常備陸軍から去ったので、その後の軍紀や士気についての戦後対策は、徴兵中心になった。各地の部隊から徴集されていた竹橋事件の近衛兵卒にさえも、壮兵がほとんど含まれていなかったことは前章第三節で論じたとおりであり、彼らよりも若い一般部隊の兵卒は、当然徴兵であった。陸軍のその後の軍紀風紀さらには士気の維持対策は、主として徴兵に対するものであったといってよかろう。近衛部隊でも事情は同じであった。

戦役中の陸軍の軍紀違反事件の存在については、日記などに記されている実例を挙げたとおりであり、補給難のためにやむをえず掠奪に近い行為をしたものもあった。しかしそれが全て処罰の対象になったとは限らない。乃木希典少佐の軍旗紛失事件の処理にもみられるように、西南の役の戦場では、どちらかというと軍紀違反が大目にみられる傾向があったようである。しかしそのような傾向が結果として戦後に持ち越され、明治十一年の陸軍省「刑事一般刑況書」にある巡査と兵士との衝突事件の増加や第3表にみられる陸軍の犯罪率の増加になって表れたといえそうである。

このような戦後の状況に対して陸軍の軍紀取締責任者であった山縣陸軍卿は是正措置をとろうとしていた。竹橋事件があった明治十一年八月に山縣陸軍卿の名で出されている「軍人訓誡」については次章で述べるが、すでに同年五月十八日に山縣有朋、西郷従道、大山巌の三人の会談のときにこのような処置についての合意がなされていたという話[73]があり、これについても次章で触れる。

陸軍と海軍では、平時、戦時にかかわらず機能と行動の態様が異なり、組織とメンバーの構成も違い、そのため運用思想、刑罰・懲罰の思想も異なっている。以後の分析では、そのような環境条件の陸海軍の相違を計算に入れる必要がある。また海軍の軍人は戦役中、軍紀風紀関係を悪くする環境に置かれることが、陸軍ほどではなかったといえそうである。その結果、陸軍のように、戦後に反動で犯罪率が大きくなるといったこともなかったのであり、犯罪統計にもそれが表れているといえよう。

竹橋事件への対応策としてだけでなく、軍紀風紀の問題について広く対策を必要としていたのは陸軍であった。それが次章に述べるような、陸軍が主導権をもつ軍紀風紀維持の施策になって表れたといえる面があるであろう。

註

(1) 朝倉治彦編『陸軍省日誌 第二巻』(昭和六十三年、東京堂出版)一一三頁。

（2）千田稔『維新政権の直属軍隊』（昭和五十三年、開明書院）二二六頁。
（3）防衛研究所蔵『大日記　旧参謀局日記自明治四年七月至十二月』に、大垣県、金沢県、伊万里県他の差出に関する届書がある。
（4）前掲『維新政権の直属軍隊』一七三頁にも、差し出された兵卒が士族卒を基幹とするものであったことの推定がある。
（5）松下芳男『徴兵令制定史』（昭和五十六年、五月書房）五九頁。
（6）加藤陽子『徴兵制と近代日本』（平成八年、吉川弘文館）三九頁。
（7）末松謙澄編『防長回天史　下巻』（一九六七年、柏書房）一六二三―一六五二頁にある乗組員人名。
（8）勝部真長編『勝海舟全集12　海軍歴史1』（一九七一年、勁草書房）「海軍歴史巻之五」一二〇頁に、幕府の長崎海軍伝習所で、「水夫は讃岐国塩飽島の民を以て艦内陸上について学ばしむ」とある。
（9）防衛研究所蔵『明治四年公文類纂　兵務一巻十五』第四二号。
（10）明治十三年分の第一回『日本帝国統計年鑑』は志願水兵の採用数そのものは示さず、水兵諸工夫の採用数合計を示している。諸工夫とは後の機関兵船匠兵にあたるものであろう。明治九年度が三六九名、明治十二年度が九九〇名である。
（11）明治十六年十二月二十八日改正の「徴兵令」で初めて、第八条で海軍現役兵の徴集のことが示され、海軍の第一回目の徴兵は、明治十七年十二月二十六日の陸軍省告示第三号（海軍卿連署）で明治十八年に三〇〇名を徴集すると示された。『日本帝国第九統計年鑑』により、明治十八年、海軍徴兵数が三〇〇名であったことが分かる。翌年もやはり三〇〇名であった。
（12）明治十二年十月二十七日改正の「徴兵令」でも、第一条に「海軍徴兵の方法は別にこれを定む」とあり、実際は海軍徴兵が行なわれていなかった。明治十六年十二月二十八日改正の「徴兵令」で初めて海軍現役兵の徴集のことが示され、志願兵についても別に「海軍志願兵徴募規則」（明治十六年十二月十八日太政官布達第三八号）で、初めて召募について定められた。
（13）海軍有終会編『近世帝国海軍史要』（原本昭和十三年。昭和四十九年、原書房復刻）付録「参考諸表」。
（14）『大日本第二回統計年鑑』（明治十六年）六〇九頁。
（15）海軍省編『海軍制度沿革　巻五』（原本昭和十四年。昭和四十七年、原書房復刻）七九四頁。註（12）のとおり明治十六年に「海軍志願兵徴募規則」が初めて定められたが、これでは卒の現役期間は長期一〇年、短期七年とされている。補助的な準卒は三年である。
（16）『大日本第二回統計年鑑』（明治十六年）五八四頁、六〇九頁の数字から計算。
（17）防衛研究所蔵『明治十七年第十回陸軍省年報』。

(18) 海軍兵学校編『海軍兵学校沿革』(原本大正八年。昭和五十一年、原書房復刻)二五五―二五六頁。
(19) 前掲『大日本第二回統計年鑑』六〇九頁によると、明治十四年の海軍下士は九五四名、卒・准卒が三五五七名であり、下士任用が前後の数字からみて年間平均六〇乃至七〇名と考えられるところから判断した。なおこの時期には、海軍下士の候補者を部外からいきなり採用し部内養成して下士にする制度はみられない。候補者としての教育を必要としない者を採用する海軍下士の一般徴募(前掲『海軍制度沿革 巻五』七九八頁の明治八年四月二十二日海軍省記三套第五四号)はしているが、実技試験が行なわれるので、海軍関係以外から応募することは難しかったと思われる。また海軍外から応募するにしても、一般の海員数は明治九年に全体の半数以上を占めていた三菱会社が一五〇三名(中谷三男『海洋教育史』平成十年、成山堂書店、二五頁)であり、しかも四名に一名は外国人であったので、海運界に応募させる余力がなく応募者は限定されたと思われる。
(20) 昭和館蔵『海軍省明治二十五年度報告』の中の「明治二十五年度海軍統計表第七」。
(21) 『第一回日本帝国統計年鑑』六四頁の「全国人民族籍表」明治十三年の数字から計算。士族は当時のインテリであり、官吏や教師として兵役免除になる機会が多く、兵卒として徴兵されるものは人口に占める割合以上に少なかったと推測される。
(22) 前掲『大日本第二回統計年鑑』五九九頁。明治十四年陸軍の「軍人軍属犯罪者罪状」。
(23) 朝倉治彦編『陸軍省日誌 第一巻』(昭和六十三年、東京堂出版)三八七頁。
(24) 同右『陸軍省日誌 第三巻』(同右)三四一頁。
(25) 藤田嗣雄『明治軍制』(一九九二年、信山社)三一五頁によると、この規定は「オランダ陸軍刑法」の影響を受けているという。刑罰に限らず、西欧の軍隊があらゆる面で将校、下士、兵卒の身分的な区別をしていることはよく知られていることであり、明治の日本軍の新しい規定の身分差別が幕政期の残影か西欧からの導入かを明らかにすることは難しい。
(26) 陸軍裁判所は明治五年四月九日陸軍省第六〇号により設置され、明治十五年に陸軍軍法会議が設置されるまで存続した。海軍裁判所は明治五年十月二十二日海軍省乙一五九号により設置され、明治十七年に常設海軍軍法会議が設置されるまで存続した。
(27) 「陸軍職制及事務章程」は第四六条、「海軍省職制及事務章程」は第二九条・第三〇条。表現は陸海軍で異なるが、そのように解釈できる。
(28) 国立公文書館蔵『太政類典』第二篇第二四一巻兵制四〇「軍律及行刑 止」。
(29) 「海軍鎮守府事務章程」(明治九年九月一日海軍省達丙第三号)の第二七条で「士官本律を除くの外下士黜等以下卒夫杖以

下」の犯罪は鎮守府で処断した。同日付海軍省達丙第二号「海軍省職制及事務章程」第二九条は、海軍省で「士官閉門以下を除くの外将校軍法を犯すものを論決」、第三〇条で「下士以下軍律に於て死罪に抵る者を処断」することになっていた。士官犯罪については、明治六年十一月十七日陸海軍省宛太政官達で、「自今奏任武官の輩待罪状差出候節軍律に処断すへきものは其省に於て直に刑名を擬定し本状を併せ上程」となっているので、原則は海軍裁判所がそのように処理するのであり、右各規定と併せ考え、かつ明治八年八月三日の、海軍裁判所より本省宛「将校仮懲罰典」の第四条で、将校の懲罰は「艦隊に在りては指揮官之に該り艦船に在りては艦長大隊にあっては司令少佐」としていることから判断して、懲罰または懲罰とあまり変わらない程度の閉門（下士の錮に該当）までは艦長が処置したと思われる。

(30) 防衛研究所蔵『明治三年公文類纂』。

(31) 前掲『勝海舟全集12　海軍歴史1』二三四頁。

(32) 前掲『太政類典』第四篇第三六巻七項「明治十二年三月二日軍艦比叡の浅瀬乗座」。

(33) 防衛研究所蔵『明治九年公文備考　往入二五』。

(34) 同右『明治十年公文備考　秘出一』。

(35) 岡田啓介述『岡田啓介回顧録』（昭和二十五年、毎日新聞社）一四頁。当時の艦長は、後に海軍大将になった鮫島員規海軍大佐ではなかったかと思われる。

(36) 前掲『太政類典』第一篇第一一三巻兵制、軍規第一二三。

(37) 明治七年七月二十二日懲罰仮規則（海軍省記三套第二八）によると、謹慎は一日から三週間部屋から外へ出ることを許さず、友人が訪問することも許さない。ただし操練や番兵の服務はすることになっている。

(38) 海軍省編『海軍制度沿革　巻三2』（原本昭和十六年。昭和四十六年、原書房復刻）一五九六頁。

(39) 下士官や准士官から将校に昇進した陸軍将校は、指揮権のうえでも服装のうえでも、陸軍士官学校士官候補生出の将校と変わりがなかった。ただし昇進はやや遅かった。熊谷光久『日本軍の人的制度と問題点の研究』（平成六年、国書刊行会）第二章第五節で細説している。階級章は指揮権を表象するものであり、海軍でも昭和十七年十月三十日勅令第六九号により特務士官の階級章が海軍兵学校出の士官と同じように改正されたが、それでも指揮権が完全に同じになったわけではなかった。

(40) 前掲『大日本第二回統計年鑑』六〇〇頁の明治十四年「陸軍軍人軍属犯罪者罪状」によると、逃亡脱営、擅帰郷、擅出という類似のものを合わせて一六〇九件で総数の五〇・七パーセントに及ぶ。同六一六頁の海軍の同じ統計では、下士卒軍属全体の犯罪二八四件中の四〇件でありそれほど多くないが、これは本文前述のように、海軍の刑罰・懲罰の考え方が陸軍と異なり統計法が陸軍と違うことと、状況環境の陸軍との相違のためであろう。

(41)　明治文化研究会編『明治文化全集　第二十六巻　軍事編・交通編』（昭和五年、日本評論社）中の「陸軍省沿革史」一五四頁。

(42)　同右。

(43)　防衛研究所蔵『西南戦袍誌』二五頁。陸軍少尉補として別働第一旅団に付属されて参戦した亀岡泰辰（後に陸軍少将）の日誌。

(44)　黒龍会本部編『西南記傳　中巻二』（明治四十二年、黒龍会本部）二二一頁。

(45)　参謀本部編『征西戦記稿　下』（原本明治二十年。昭和六十二年、青潮社復刻）巻六四、二六頁。

(46)　前掲『西南記傳　中巻二』三三二頁。

(47)　参謀本部編纂課『征西戦記稿　附録』（原本明治二十年。昭和六十二年、青潮社復刻）「軍中制規」四頁以下。

(48)　防衛研究所蔵『明治十一年大日記鎮台の部　九月未乾　陸軍省第一局』東五三六号に、歩兵第二聯隊（佐倉）の二等卒が脱走した事件の記載があり、陸軍裁判所が、聯隊で懲罰にするよう指示したことが、九月五日付で陸軍卿から東京鎮台に達せられている。これは日付および懲罰事件であることからみて戦役後と思われる。

(49)　防衛研究所蔵『従明治十一年乃至十二年年報』。明治十一年七月一日から明治十二年六月三十日までの年度報告書である。行刑総人員は総計二六五一名であり、統計のとり方が違うので第3表とはいくらか相違する。

(50)　前掲『西南戦袍誌』一〇五頁。

(51)　喜多平四郎『征西従軍日誌』（二〇〇一年、講談社）四四頁。

(52)　参謀本部編纂課『征西戦記稿　上』（原本明治二十年。昭和六十二年、青潮社復刻）巻二一、三一頁。

(53)　陸軍省編『明治天皇御伝記史料　明治軍事史　上』（昭和四十一年、原書房）三〇三頁。

(54)　同右三〇四頁。

(55)　同右三〇二―三〇六頁。

(56)　同右三〇四頁。「彼の兵制に法るとは乍申草創の際前条の法式に拘り耳目を明にするの実益を失ふに至るは軍機の趣旨にも無之」とある。

(57)　前掲『明治軍制』二九八頁も、オランダ式としている。

(58)　団藤重光「戦後の犯罪現象」（『法学協会雑誌』第六十五巻二号・四号、昭和二十二年）に、日本で昭和十七年に犯罪が一割以内ではあるが減少し、窃盗・強盗・恐喝等がわずかに減少し、殺人・傷害・暴行等の身体犯罪の戦争中の大幅減少がみられた記事がある。戦後には全て急増している。

(59) 前掲『従明治十一年乃至十二年年報』。
(60) 前掲『征西従軍日誌』四四頁。
(61) 前掲『陸軍省日誌　第一巻』二六九頁、五五六頁、五六五頁。
(62) 同右三五〇頁。
(63) 前掲『太政類典』第一篇第一一三巻兵制、軍規第八一に、「明治二年八月稟候　銃手竹松外六名脱隊に付死刑に処す」とある。
(64) 朝倉治彦編『陸軍省日誌　第三巻』(昭和六十三年、東京堂出版)四四一頁。
(65) 日本史籍協会編『谷干城遺稿　一』(原本明治四十五年。昭和五十一年、東京大学出版会復刻)一三七頁。
(66) 防衛研究所蔵『海軍沿革志料　明治十年戦争之部西南之役』および『明治十年公文備考』の関係記事。
(67) 靖国神社社務所『靖国神社忠魂史　西南の役』(平成二年、青潮社)二七九頁、二八二頁。
(68) 前掲『明治十年公文備考　秘出一』に、海軍省から海軍裁判所に宛てられた海軍軍人の犯罪処分についての連絡文書多数が収められている。犯罪内容は記されていないが、鎮守府から「例規之通処分」する旨の通知があったものが多くあり、「海陸軍刑律」外の罪刑相当と思われるものについて擬律伺をするものもある。艦長から海軍省に宛てられたものは見あたらないので、鎮守府を経て海軍省に通知されたのであろう。年月日からみて西南戦役中のものと思われるものもある。
(69) 『海軍省日誌　第一巻』(原本国立公文書館蔵、一九八九年、龍渓書舎)三〇一頁に明治十年の犯罪として、「富士山艦」二等若水兵が四八時間を過ぎた准逃亡の「海陸軍刑律」第一四三条の罪で杖三〇禁錮二八日の判決を受けた記事がある。ほかにも同様の記事がこの前後にみられるのであり、比較的軽度のこのような犯罪でも、規則上、報告すべきものは艦長から鎮守府を経て海軍省に報告されていたことが分かる。そのために明治十年の犯罪数が、陸軍のように特に減少するということはなかったのであろう。
(70) 明治文化研究会編『明治文化全集　第二十六巻　軍事編・交通編』(昭和五年、日本評論社)中の「陸軍省沿革史」一五四頁。
(71) 前掲『陸軍省日誌　第一巻』明治六年四月十九日の記事によると明治六年東京鎮台の徴集兵が二三〇〇名、明治六年十二月三日の記事に明治七年の徴兵は東京、名古屋、大阪でのみ行なう(名古屋、大阪は歩兵とその他一部)とあり、翌年からは『帝国統計年鑑』によると「徴兵令」付録に示されている約一万名に近い員数を現役徴集しているので、これで約二万六千名であり、常備現役総兵員約三万四千名の七六パーセントになる。

(72)　前掲『靖国神社忠魂史　西南の役』二七九頁。六〇八三八名（うち海軍二二八〇名）となっている。

(73)　西郷従宏『元帥・西郷従道伝』（一九九七年、芙蓉書房出版）一五五頁。

第四章　軍紀確立のための精神面教育の施策

明治十一年の竹橋事件に象徴される軍の軍紀風紀の違反状態を、主として陸軍軍人の精神面に立ち入りながら第二章・第三章で述べてきた。また山縣有朋以下の陸軍首脳部の、その状態についての認識にも触れてきた。そのような認識から出てくるのが、この状態の改善対策である。対策として考えられるものは、軍人の精神面の向上のための施策、具体的には「軍人訓誡」・「軍人勅諭」を中心にする積極策が重要であり、その裏で犯罪抑止の効果を示す消極的な施策としての刑罰・懲罰も重要である。また積極・消極の両施策に関連する法制の整備がこれに伴う。

本章では先ず、明治十五年以前にそのような施策や法制整備の中心になった「読法」、「軍人訓誡」、「刑律」、「内務書」の相互関係を分析した後、山縣有朋の施策とその後の児玉源太郎を中心にした実際の精神面の向上施策の方向を論ずる。さらに山縣の重要施策であった「軍人訓誡」および「軍人勅諭」の制定と普及の意義について明治十五年以後の陸軍と海軍の比較をしながら詳細を論じ、さらに「読法」および「海陸軍刑律」との関係についてもその中で触れ、最後に陸海軍の精神面の施策についての比較をして本章の結びとしたい。

第一節　精神面の施策の方向

陸軍軍人の精神面の向上施策として明治十一年に出された「軍人訓誡」、それ以前から精神面を支える役割をもっていた「読法」、それを刑罰の威迫で裏打ちしていた「海陸軍刑律」、それに加えて「内務書」が、法制度的に軍人の精神面の施策問題を取りあげるときに重要な要素になる。これらの関係を分析した後、陸軍卿山縣有朋を中心とする陸軍の実際の施策はどのような方向に向けられたかを論述して施策問題の切り口とし、さらに山縣有朋の系譜を継ぐ児玉源太郎の、精神に働きかける積極策を述べて大正期への中継ぎとする。

一　「読法」・「軍人訓誡」・「刑律」・「内務書」の相互関係

竹橋事件発生の明治十一年度（七月から翌年六月）の陸軍犯罪についてまとめた陸軍省の「刑事一般景況書[1]」は、犯行者の鎮台総兵員に対する比率が「大阪最多く東京熊本相伯仲して其次にあり」とし、「都鄙」や人の「樸素淫薄」という条件により異なるものの、「各隊平素訓戒の良否に関係する所なしと謂を得す」として、精神面の教育の重要さを述べている。軍紀の確立のために重視されたのが、この文章に表れている「各隊平素の訓戒」であり、いわゆる精神教育であったと考えられる。

前章で述べたように、西南の役当時に徴兵兵卒の士気と軍紀の維持を重視したのは山縣有朋であった。山縣は参議兼陸軍卿に加えて、明治十一年五月一日から近衛都督の任にもあり、竹橋事件のときは暴動兵卒たちを直接監督する立場にあった。そのような山縣が、特に西南の役のときいらいの陸軍一般、特に徴兵の不軍紀状態を気にかけていたであろうことは、前章までの論述で納得してもらえるであろう。陸軍兵を壮兵から徴兵に切り替えたものの、徴兵が問題を起こすようであれば、せっかく軌道に乗りかけた徴兵制度が批判されて、それまでの努力がむだになる恐れがある。ひいては、武力を背景にしてようやく確立されつつある新政府の権威そのものが危うくなりかねない。

そのためであろうが山縣は、竹橋事件が発生する前から、陸軍卿山縣有朋の名前で、「軍人訓誡」(2)を下達する準備をしていた可能性について前章前節で述べた。竹橋事件そのものは第二章で述べたとおり、西南の役に関連して発生した陸軍の予算不足による軍人の俸給減額問題がからんでいる。しかしそれだけで竹橋事件のような反乱事件が起こるわけではないことは、第二章で論じた。第三章第三節で述べた西南戦役中の不軍紀状態や、第三章第二節で述べた統計数字に表れている平時からの犯罪率が高い状態が問題であり、第三章第三節二項で述べたとおり「兵卒巡査に抗するの犯」が戦役後の明治十一年から明治十二年にかけて多発していたことも報告(3)されていて、軍人の精神面の教育が不十分だと考えられる状態にあったことが、陸軍中央で認識されていた。山縣は「軍人訓誡」の中で、「警視官」と「軍官」が相和すべきことを説いているのであり、そのような不軍紀を是正することの必要性を認識していた。そのための、軍人の精神面への対策を必要としていたのである。さらに第五章第四節一項で述べるように、明治九年十一月十六日付で山縣有朋陸軍卿が、軍紀風紀取締りのために、「憲兵御設置相成度儀伺」(4)を、出すこともしていたことから分かるように、山縣は西南の役前から問題を認識し早くから手を打とうとしていたのである。

「軍人訓誡」が実際に下達された日付は不明であるが、署名は事件直前または直後の、日付を欠いた八月になっている。印刷配布[5]は事件の二ヶ月後で、陸軍卿西郷従道の名前で十月十二日付、近衛局・東京鎮台などに対して行なわれた。このため、竹橋事件の発生が「軍人訓誡」を準備し配布させることになったという、よくある説[6]が生じたのであろうが、これについては疑問がある。七千字以上の長文の「軍人訓誡」を準備するには、何ヶ月間かの検討が必要である。数日間で成文化できるものではないからである。

西郷従道が山縣と交代する形で正式に陸軍卿になったのは、明治十一年十二月二十四日であるが、九月十二日から十一月八日まで、山縣が視神経不調の病気療養の名目で転地不在になっていたので、西郷が参議兼文部卿でありながら臨時に陸軍卿を兼任[7]していた。そのために山縣の署名がある「軍人訓誡」が、西郷の名で陸軍内に配布されたのである。そうとすると山縣が署名できるのは、仮に署名月を八月にさかのぼって署名したとしても、八月二十三日の竹橋事件発生後九月十二日までの短い期間であり、その間に事件対応策としての「軍人訓誡」を準備するのは、不可能ではなかったかと思われる。『元帥・西郷従道伝[8]』は、明治十一年五月十八日に山縣有朋、西郷従道、大山巌の三人が会同し陸軍について論じたときに、「軍人訓誡」制定の話題が出た可能性があることを述べているが、遅くともその頃から検討が始まっていたことが必要であろう。山縣自身が、姿を隠していたときに作成し月をさかのぼって署名したと考えられないでもないが、事件のショックのため実際に眼病や神経を患っていた可能性は高く、その状態で準備をすることは困難であろう。そうだとすると、事件発生の頃には草案ができあがっていたと考えるのが妥当である。

山縣の病気療養の裏の事情については、『明治天皇紀』にあること[9]以上の詳細は分からない。しかし竹橋事件の関係で近衛都督であった山縣がしばらく身を隠したという『明治天皇紀』の記事の信頼度を、頭から否定することはできない。明治三十八年に山縣の監修でまとめたという『陸軍省沿革史[10]』は、竹橋事件については数行の概要記載をしているだけであり、「軍人訓誡」については全く記載がなく、山縣本人が、触れて欲しくないのではないかと思わせられるからである。

ただ山縣が、事件のほとぼりを冷まし非難されるのを避けるために身を隠したのであったとしても、山縣が事件のショックで体調を壊したことは大いにありうる。井上馨は明治十一年九月九日付の山縣宛ての書簡[11]で、「閣下事は御眼病に而一方之眼朦朧御失明之由」「廿三日以来御心痛旁神経に感触生し候事歟と奉懸念候」とまで述べているのであり、山縣の病気が仮病であった可能性は小さいといえる。そのような状態で「軍人訓誡」を検討することはできかねたであろう。

「軍人訓誡」は、「忠実、勇敢、服従の三約束」を、軍人精神の元として説いている。兵卒に対して噛んで含めるような詳しい表現になっている[12]が、内容の考え方には「読法」と共通するものがある。陸軍の「読法」は第一章第一節四項で前述したとおり、忠実・服従を重視し、「怯懦恐怖の所業の禁止」についても述べているが、これがそのまま右の三約束になっている。つまり「軍人訓誡」は、「読法」の精神の流れの下流にあるといえよう。

なお海軍の「読法」は、忠節・服従の重視と「怯懦畏縮の振舞の禁止」を内容としており、やはり、陸軍の「読法」と「軍人訓誡」のどちらにも共通する要素をもっている。これは陸海軍それぞれが、連絡なしにそれぞれの「読法」を制定したものではないことを示しているといえよう。軍人精神の施策上は、政府としての処置として海軍も陸軍と同じものを求められていたといえ、考察を進めるうえでこのことを頭に置いておくべきである。後述するように明治十四年末に制定された軍人精神涵養の施策に関係が深い陸・海軍刑法について、「海軍刑法」草案を川村純義海軍卿が大山巌陸軍卿に送付し意見を求めた文書[13]が残っているが、陸海軍相互に関係がある施策については陸海軍相互に相談していたのであって、「読法」制定時も同じように意見の交換がなされたものと思われる。特に「読法」は、兵部省が明治五年二月二十八日に陸軍省と海軍省に分割される前の、明治四年末の制定であり、相互の相談がないほうが不自然である。しかし「軍人訓誡」は、「読法」制定とは直接つながらない時期の明治十一年に陸軍内で出されたものであり、海軍と無関係に陸海軍間の相談なしに出されたと思われる。

陸海軍の「読法」制定直後の明治五年に制定された「海陸軍刑律」は、「読法」や「軍人訓誡」とは性格が異なっていて刑罰基準を示すものであり、かつ第一章第一節一項で述べたように西洋式の翻訳文を基にしたためであろうが、「軍人訓誡」と並べてみても文章上の共通性を見出すことができない。また「読法」の禁制とは内容的に一部の共通する部分があるものの、文章上の共通性がない。「海陸軍刑律」は、「読法」や「軍人訓誡」と次元を異にする存在だといえよう。

次に各兵科の「内務書」は、これらとは別であり、陸軍軍人の兵営での行動やその組織の基準を示し訓示的な性格をもつ条項を含んでいる。しかし明治九年制定の「騎兵内務書」および「砲兵内務書」についてみると[14]、訓示的な部分があるとはいっても「軍人訓誡」の三約束そのものを含む条項をもたないので、「軍人訓誡」はもちろん「読法」とも、直接の関係がないといえる。

このようなこととその内容からみて「軍人訓誡」は、「海陸軍刑律」または「内務書」の条文、あるいはその精神を下敷きにしたのではなく、「読法」を下敷きにし、それに日本的な武士道の要素つまり忠実・忠誠のような精神的な要素を加えて構成されたと思われる。このことは、西洋のものを参照したといわれている「海陸軍刑律」や「内務書」とは異なり、「軍人訓誡」が第一章第一節四項で述べたように、明治二年に制定された日本的な思想を含む「軍律」から「読法」へと続く流れの下流に位置しているので、生じた特徴だといえるのではあるまいか。「軍人訓誡」

は、陸軍軍人に対する軍紀風紀の維持のための精神対策の一環で、日本的な精神要素を含むものとして構成され、その要求するものを陸軍軍人に徹底するために発せられたのであろう。

ただし、そのような日本的なものと、「海陸軍刑律」および「内務書」のような西洋式の翻訳文を主体とした規則との、整合を図ることは行なわれている。その一端を次に示しておきたい。

陸軍は、「読法」制定九ヶ月後の明治五年九月二十八日付で、「読法律条附」（陸軍省第一九九）を印刷配布した。これは「読法」の逐条細部解説書であり、「軍人訓誡」の内容と共通するものが多い。だが同時に解説文章中で明治五年制定の「海陸軍刑律」条文との関係にも及んでおり、たとえば、「陸軍読法」第三条に「首長の命令への服従」の説明として、「下士以下上官を罵詈し若くは戯弄侮慢する者は杖以上徒を以て諭す（同九十七条）」という文章があり、「海陸軍刑律」の九七条の条文を引用して、違反者にどのような刑罰が与えられるかが示してある。「海陸軍刑律」という西洋的なものと日本的な「読法」とは性格が異なるが、「読法律条附」が説き及んでいるように、「読法」と「海陸軍刑律」との実務上の関係は存在するのであり、「読法律条附」は、そのつながりを述べたものにもなっている。

そのような「読法律条附」も、忠誠について述べた第一条では、「海陸軍刑律」の条文を直接引用していない。しかしその場合も背後に「海陸軍刑律」による威迫があるといってよく、第一条の説明文中で、「兵隊の名誉は天皇陛下及ひ我国家に忠誠を抽て国恩に報するを以て第一とす」と抽象的に説いているが、「海陸軍刑律」は第五編の奔敵律と第六編の戦時逃亡律の各条で、敵に背を向けたり敵を有利にする行動をした軍人を処罰することにしており、忠誠心に背く行為を罰することにしている。忠誠心という内心のものを罰することはできないにしても、行為として現れたものを罰するようになっているのであり、「読法」が説く軍人道徳律としての忠誠心の保持を、「海陸軍刑律」が裏から罰則で支えているのである。

海軍の「読法」も、陸軍の「読法」と制定時期がほぼ同じであり文章はいくらか違うものの内容は共通であって、前述のとおり陸・海軍卿が相談して陸軍の「読法」と関連を有しながら制定されたと考えられるので、「海陸軍刑律」との関係は陸軍の「読法」と同様である。「海軍読法」は明治九年四月四日に改正（海軍省達記三套第三二号）されたが、条目の建て方と文章がいくらか変更されたものの基本的な内容はそれまでと同一である。ただ附律条のものになったことが大きな相違であった。つまり陸軍のものと同様に細部説明がつけられたのである。ただし陸軍のものは、読法の説明としての体裁をとっているので「読法律条附」という教範形式のものとして配布されたが、海軍のものは、「読法附律条」という達の改正形式をとっている。改正のものにつけられた附律条の説明によると、前述「陸軍読法」の「首長の命令への服従」にあたる「海軍読法」の第三条では、「言語上一二之を捍拒する者は戦時は徒より以下平時は懲罰を以て論ず」となっており、「海陸軍刑律」第九六条と同一ではなく類似の表現にとどめている。このように説明表現は陸海軍でいくらか相違していたが、「読法」の細部説明書を作成したという点では、海軍も陸軍の後追いをしていた。そのことによって海軍でも「読法」と「海陸軍刑律」が関係づけられたのである。

次に陸軍の「内務書」と「海陸軍刑律」の関係であるが、たとえば命令や上級者への服従の大切さを説く「内務書」の心得としての規定が、「海陸軍刑律」により実行を強制されるのは確かである。前述陸軍の「騎兵内務書　第一版」をみると、命令服従を説いている第一篇第四章「敬礼及ひ服従の定則」があり、「海陸軍刑律」第八二条に、命令に従わないものを「抗命対捍」として罰する規定があるのであって、「海陸軍刑律」が「内務書」の規定の実行を罰則により担保している。服従心を養うことは精神上の問題であり、陸軍では「読法」だけでなく「内務書」も、精神面の指導に無関心ではなかった。「読法」も第二条に「長上に向て敬礼」という表現で上官を敬い、服従することを規定している。もしその精神に反して規定が実行されない場合は、「海陸軍刑律」によって実行が強制されたのである。「内務書」も「読法」も「海陸軍刑律」との関係が深いのであり、「海陸軍刑律」を介して繋がっていた。

これに対して海軍では当時、精神面の指導に関する「内務書」に相当するものは未定であった。ここに陸海軍の相違が表れている。海軍で強いて「内務書」的なものを探すと、明治三年に定められた「定め」と表題がつけられたもの(15)があり陸軍の「内務書」を構成する規定の一部に当たるものを含んでいるといえるが、その内容は、艦上で規則外の服装をするなとか、水を無駄に使うなといった類の禁令ばかりで、それも大まかなものにすぎない。艦上生活の細部はほとんど、慣習によって処置されていたようである。その中で精神指導的なものを探すのは難しい。

以上に述べたことから、内容に西洋的な要素が強い「海陸軍刑律」や陸軍の「内務書」でさえ、日本的な傾向が強い「読法」と無縁ではなかったことが分かるであろう。陸軍の「読法律条附」および海軍の同様のものが示しているとおり陸海軍それぞれの「読法」は、「海陸軍刑律」と密接な関係を保ちながら軍紀風紀維持のために運用されていたのである。ただ海軍では「読法」を、陸軍同様に「海陸軍刑律」と関係づけ、刑罰による威迫を軍紀風紀の維持に役立てようとしてはいたものの、精神教育という用語で表現される精神面の積極的な善導に、利用していたかどうかには疑問がある。海軍は「読法」だけでなく、毎日の兵営生活の中で積極的精神面の改善を意図して行なう精神の指導ということでは、陸軍のように熱心ではなかったと思わせられるものがある。海軍の「読法附律条」が陸軍の模倣をしたかのように後れて示され、形式も教範的ではないうえに陸軍の「内務書」に相当する精神教育を含むものが当時の海軍に存在しなかったことにも、これが表れている。

他方の陸軍は、「読法」でも「内務書」でも徳目的な軍人精神の涵養に関係する事項を示していたのであり、さらに、これらよりも後に制定された「軍人訓誡」でも、忠勇について述べた項で、武士に準ずる軍人は「忠勇を宗とし君上に奉仕し名誉廉恥を主とする」としていて、「陸軍読法」第一条の、「忠誠を本とし」について解説している「読法律条附」の、前記表現と軌を一にしている。そのように陸軍では、あらゆる場面で軍人精神の涵養が強調されていた。

またこのことは、陸軍では「読法」を介して「軍人訓誡」も、「海陸軍刑律」と関係づけられていたことを意味する。さらにこのことからみて、「海陸軍刑律」の改正の形で明治十四年末に制定され明治十五年一月一日から施行された「陸軍刑法」についても同じ状況が生ずるはずである。しかし明治十五年一月四日に「軍人勅諭」が下賜されたために、内容的に「軍人勅諭」と重複する部分が多い陸軍の「軍人訓誡」は、精神教育の手段としては無用の存在になった。

また「陸軍読法」・「海軍読法」にあった違反行為に対する罰条が、「陸軍刑法」・「海軍刑法」の施行でそれぞれの「軍刑法」に吸収された形になって効を失い、かつ「海陸軍刑律」第二条にあった「読法終了時から軍刑法が適用されることを述べた条が、「陸軍刑法」・「海軍刑法」には存在せず、「読法」は「軍刑法」との関係を絶たれたために、「読法」自体の存在意義が失われた。それまでと状況が変わったのである。この細部については後述する。

二　陸軍卿山縣有朋の精神施策

山縣陸軍卿は、明治七年七月十四日に、「生兵概則」[16]が制定されたとの達を出した。この「概則」の中に「読法及誓文の定則」がある。これによると、陸軍の徴兵として入営してきた生兵（新入兵）は、入営翌日に中隊長の前で、曹長から「読法」を読み聞かせられ、その内容を遵守することを誓って誓文帖に署名押印することになっていた。藤田嗣雄氏は、この方式はオランダ式[17]であろうといっているが、誓文帖への署名はオランダ式の可能性があるにしても、

「読法」の内容が日本的な傾向が強いことは第一章第一節四項で述べたとおりである。

誓文帖には誓文四項目が記してあり、「平時戦時とも国家の為め身命を擲ち忠勤を尽し可申事」、「長官並上級より申付られ候儀如何なる事と雖とも誠実に相守り可申事」が前半の二項になっている。これは「陸軍読法」の第一条、第二条に該当する誓文であるが、「軍人訓誡」の三約束のうちの、「忠実」および「服従」にも該当する。さらに「読法」第八条には、「軍人訓誡」が説く第三の約束である「勇敢」が、前述したように「怯懦恐怖の所業の禁止」の表現で含まれているので誓文帖に署名押印した生兵は、「読法」を遵守することを誓うとともに、『軍人訓誡』の訓示以後は、「軍人訓誡」に示されている三約束をしたことにもなったと思われる。「長官並上級より申付られ候儀」の中に「軍人訓誡」が含まれ、その「忠実、勇敢、服従の三約束」は、「読法」と共通性があることから、「読法」を守ることは、自然に「軍人訓誡」を守ることにもなるからである。

山縣は生兵に対してだけでなく、それまでに「読法」宣誓方式の洗礼を受けていたはずの古兵に対してもさらに念を押す形で、三約束を掲げた「軍人訓誡」を下達している。それまでの方式では不十分だと考えたからであろう。「読法」や誓文の儀式は入営時の儀式であり、それなりの効果があるにしても、その後の精神面の教育には別の形式のものが必要だと考えたのではないか。前章第二節で述べたように、幼少時に武士としての武士道教育を受けたはずの士族軍人の犯罪は、平民が多い兵卒の犯罪に比べて自然犯よりも法定犯が多いという違いはあったが、犯罪率は平民軍人と同じような傾向を示していた。そのような当時の状況からみて、精神面の教育は継続が必要だと山縣たち陸軍上層部が考え、古兵に対しても「軍人訓誡」で再教育をしようとしたのではないか。そうでなければ、同じようなもので念押しをする意味が分からない。同時にその背後には、刑罰による威迫ともいえる「海陸軍刑律」があったことは前述したとおりである。

従って、山縣たちが「軍人訓誡」を下達しただけではなく、軍紀風紀の維持のための手段としての「軍刑律」の重要性に配慮し、次章で述べるとおりその改正に積極的であったことも、このような軍人の精神に働きかける一連の施策のひとつとして理解することができる。山縣たちが西南の役など過去の経験から、軍紀風紀の維持対策に熱心であったことは、本章でこれまでに累述したとおりであり、「海陸軍刑律」の「陸軍刑法」への改正にあたり、いかに方向づけすべきかを考えていたであろうことは、これまで「読法」と「海陸軍刑律」の関係などを論じてきたところからも明らかであろう。

山縣が風紀取締りに熱心であったことが分かる一例を、次に示しておく。

山縣は、常人を対象とする「刑法」が明治十五年一月一日に施行されてからやや後の、参議兼参事院議長であった明治十六年十月に、この新刑法について「刑法改正理由意見書」[18]を示しており、凶悪犯に対する刑罰が軽すぎることや博徒の結党を取り締まることができないことを不都合とし、日本には日本固有の事情を勘案した刑法が必要だとしていた。警察による取締りおよび厳罰主義の姿勢をみせていたのである。それが現実の措置になって表れたと思われるのが、山縣が参議兼内務卿であった明治十七年一月四日に太政官布告第一号として示された賭博関係の行政処置であろう。賭博犯を、「刑法」の規定第二六〇条（賭場開帳罪）・第二六一条（博奕罪）が存在するにかかわらず、手続き上の行政罰を導入して、これらの犯罪に対して軽易な手続きで行政警察が取締懲罰を行なうとした処置である。この処置が行なわれた結果、軍は、軍人軍属の賭博犯の取扱いについて、「陸軍刑法・海軍刑法」に同じような規定がないため処置に困った。そこで陸軍は、別に太政官布告第一号に準じて陸軍内で処置できるように上申をし、それが認められた段階の明治十七年四月二日に陸軍卿西郷従道名で、陸軍内に処置の細則を内達[19]している。海軍については上申が行なわれたかどうかは不明であるものの、明治十七年四月一日海軍省達丙第六八号で同じような処置細則が通達されている。山縣はこの細則通達時は参議で、内務卿と参謀本部長を兼務していた。警察にも陸軍にも影響力をもっていたのであり、間接的に陸軍の軍紀風紀の維持にこのような形で関っていたといえよう。

「海陸軍刑律」の改正（陸軍刑法・海軍刑法の制定）業務については次章で述べるが、ここで触れておきたいのは、明治十五年に施行される予定の常人のための「刑法」は、明治十三年七月十七日に布告済み（太政官布告第三十六号）であり、「陸軍刑法」もその時期以前の明治十三年三月中に、「海陸軍刑律」の改正の形で案が太政官に上申[20]されていたことである。「海陸軍刑律」の改正は、その改正時期が、常人を対象とする「刑法」の制定時期から後れているため、この常人を対象とする刑法制定との関連で行なわれたと思われやすいが、決してそれだけではなく、軍の軍紀風紀の維持の目的があったことを述べておく。細部は改めて次章で述べる。

三　児玉源太郎の将校養成の教育方針にみられる精神施策

山縣有朋と同じ長州閥に属し、ドイツ陸軍の制度を日本陸軍に導入するうえで重要な役割を果たした人物として桂太郎の存在があることはいうまでもないが、児玉源太郎もその弟分的な存在であった。

第五章第四節三項で触れるように、明治十八年にドイツから参謀少佐のメッケル（Klemens W. J. Meckel）が陸軍大学校教官として来日したので、メッケルを顧問にした臨時陸軍制度審査委員が明治十九年三月から陸軍の制度改革のための活動を始めていた[21]。桂はメッケル来日のお膳立てをした[22]が、児玉は大佐の階級で、陸軍大学校の幹事または校長としてあるいは臨時陸軍制度審査委員の中の最古参委員[23]としてメッケルと接しながら、ドイツ陸軍式の導入の実務担当者として行動した。導入した制度の中の将校養成教育制度に関するものとして、次の三勅令の制定による制度改革がある。

「陸軍士官学校官制」（明治二十年六月十四日勅令第二五号、隊付教育導入の士官候補生制）
「陸軍幼年学校官制」（明治二十年六月十四日勅令第二六号、士官学校から分離）
「陸軍各兵科現役士官補充条例」（明治二十年六月十四日勅令第二七号）

陸軍士官学校と陸軍幼年学校の右官制についての、明治二十年五月十九日付陸軍省からの閣議の要請書[24]に、「今般監軍部の設置せらるへくに就ては右に依り士官学校組織を改め幼年学校を設くる等引続発表」する必要があるので、監軍部設置の条例に引き続いて士官学校と幼年学校の官制条例の閣議を要請する旨の、理由が記されている。

メッケルの意見書に「日本陸軍高等司令官司建制論」というもの[25]があり、日本にそれまで置かれていた組織の、非常時に軍団または師団司令部になる予定の三ヶ監軍部を廃して、訓練の統一と検閲のためにひとりの監軍を置き、陸軍卿と参謀本部長とともに鼎立させる案を示している。

メッケルの意見で、この監軍制度（「監軍部条例」、明治二十年五月三十一日勅令第一八号。明治三十一年一月二十日勅令第七号の「教育総監部条例」で発展的消滅）を含む一連の改変が行なわれ、その中で両学校の官制が改められ、また陸軍士官学校卒業者から現役士官を補充する条をもつ陸軍各兵科現役士官補充条例が定められたことは、以上のことから明らかであり、監軍が士官養成を体系づけ統制するようになったことを示している。監軍は後の教育総監と同じように参謀本部所掌のものを除く陸軍の教育を管掌したのであり、初代の監軍を参議の山縣有朋が兼務した。山縣は陸軍教育をそれほど重視していたといえよう。その山縣監軍の下で監軍部参謀長を務めたのが児玉源太郎であった。

陸軍士官学校を中心にする将校養成制度はこの改革で、聯隊での兵卒・下士勤務の体験を重視する士官候補生制度を取り入れたのであり、このことから、従来からいわれているように、メッケルがドイツの平民出の士官候補生出身であったため、士官候補生として聯隊での隊付勤務を終えたものを士官学校に入れて将校教育をし、その後に再度、見習士官として部隊での勤務を経験したものを少尉に任官させる制度に熱心であって、日本陸軍の将校養成をその方向で実施するように助言したという推測も成り立つ。それまでのフランス式の日本陸軍士官学校では、三年間の教育修了後に隊付勤務を経ずにいきなり少尉に任官させていたので、それを改めたのである。

当時のドイツ陸軍の制度を知ることができる「独逸軍制梗概」という、明治十九年に陸軍省総務局が作成した史料[28]がある。その「士官を選抜する法」の項には、中学校卒業の一般人から、またはそれ以外の兵士中から採用した士官候補生試験合格者を、まず兵士として聯隊で半年以上服務させた後に士官候補生として上等兵や下士の勤務をさせ、その後に士官学校に入れ、卒業後に見習士官勤務を経て少尉に任官させるというメッケルが体験した将校任用制度がある。明治二十年改正の日本陸軍の将校養成制度は、この制度に類似しており、ドイツ陸軍の制度を下敷きにした[29]といってよかろう。

当時のドイツ陸軍にはほかに、ベルリン中央幼年学校二年間を修了した者のうち、優秀な成績の者を直ちに少尉にしたり、そのまま在校させて教育を続け、将校試験に合格した者を指定して、そのまま将校にしたりする制度があった。あるいはその他の普通程度の成績の者をさらに一年余の間、士官候補生として教育し士官試験を受けて合格した者を、見習将校を経て将校にする制度もあった[30]。この幼年学校の起源はメッケルの士官候補生制度よりも歴史が古く一七一三年の創立であり、生徒は貴族やユンカーの子弟が多かった[31]ようである。明治二十年当時には、ベルリン中央幼年学校に入る前の予備教育学校的な地方幼年学校も六校存在したようであり、日本の明治二十年の将校養成の教育体系の改革時に、あえて幼年学校を士官学校から分離した形で残したのは、そのようなドイツの制度が知られていたから[32]であろう。

メッケルは、前述のとおり自分の経験から士官候補生制度を推奨し、兵卒・下士の軍務経験なしに中央幼年学校から将校試験を経て少尉に任官する制度には関心を示さなかったのであろう。明治二十年当時の将校養成制度改正直前の日本陸軍には、陸軍士官学校の中に幼年生徒の課程があり、十四歳から十七歳で入校した生徒は、三年間の教育を受けた後に期末試験に合格すれば士官生徒の課程に進み、三年後に卒業して少尉に任官することになっていた。[33]しかし士官生徒は幼年生徒からの採用よりも公募で採用されたものが多かった。幼年生徒は最初、戦死した将校（同等官を含む）の孤児を優先し一般からも試験で採用[34]していたが、修学途中に病気・病死や学力不足で退校するものもあったので、士官生徒に進む員数は多くなかったのが問題であった。[35]

孤児の幼年生徒は学費無料が原則[36]であり、孤児救済的な意味をもっていたようである。別に、経費を払って教育を受ける自費生徒がおり、孤児でも一般採用官費生でもなかった。自費生徒は明治十三年から試験合格者を採用[37]していて、次第に員数を増やしている。

このようなメッケル来日以前の日本陸軍士官学校の幼年生徒は、孤児救済の含みをもつフランス式の制度といえるのであり、[38]教育内容[39]は仏語、漢文、数学であった。フランス式の時代の日本陸軍の将校養成制度では、陸軍士官学校士官生徒の課程が、当時のドイツの中央幼年学校の課程に当たるものであったといえる。そのようなドイツの中央幼年学校の生徒は前述のとおり貴族やユンカーの子弟が多かったのであり、メッケルはそのような出自制による特別教育を日本で行なうことを拒否し、自身の体験から、出自を問わない学力による選抜制を重視し、かつ聯隊での兵卒、下士の体験が、将校にとって必須だとみていた[40]と考えてよかろう。

しかし明治二十年に官制が示された陸軍幼年学校が、明治二十二年六月十日勅令第八二号「陸軍幼年学校条例」で形式を整えてからは、第一条で、「陸軍幼年生徒に概ね尋常中学と同一なる教授並に軍人の予備教育を与え」ると、その任務が示されている。生徒の官費採用範囲は、死亡した将校・将校相当官の子はもちろん、ほとんど全ての将校・将校相当官の子に広げられている。ただし父が佐官以上（含相当の高等官）で生存者である場合は官費扱いにはならなかった。

改革が日清戦争前の軍備増強の時期に当たっており、自費生徒の枠を広げたためか、明治十五年の幼年生徒入校者が一六名（官費生徒二名）、明治十八年が五三名（官費生徒二名）であったのに対して、明治二十三年には八四名、明治二十六年には一〇三名に増加している。[41] さらに明治二十二年勅令第八二号「陸軍幼年学校条例」の下での教育内容[42]は、普通科目が国漢、外国語（独語・仏語）、歴史、輿地、数学、博物（物理・化学ほか）、図画に及んでおり、週一回（普通教科は一回一時間一〇分）の倫理の時間もあった。別に訓育として週ほぼ五回（一回二時間）の軍事教育の中に、教練科目のほか、「読法」、「軍人勅諭」、「内務書」、「陸軍刑法」といった精神教育に関係がある内容も含まれている。また明治二十七年に、訓育部の訓育として示されている方針[43]は、「将校たるの志操と器量を具備するの基」を養成するとなっており、精神面の教育に力を入れはじめていることが分かる。

これ以前の明治十年代の日本陸軍の将校養成教育において、精神面の育成に全く注意が払われていなかったわけではない。明治十一年六月十日に陸軍士官学校の市ヶ谷施設が落成開校した式典で天皇臨御の場で述べた陸軍士官学校長曽我祐準の挨拶[44]に、「兵卒は四肢なり士官は精神なり根幹の培養善ならすんは焉そ枝葉の繁茂を見ん精神の発育盛ならすんは何そ四肢の活潑を望まん」とあることがこれを示している。この時期には陸軍士官学校に幼年生徒の課程が置かれていたのであり、この挨拶の内容には、対象として幼年生徒も含まれる。しかし明治十五年二月六日に陸軍士官学校長に就任した三浦梧樓は、「士官学校は士官を養うという形式は整うているが、どうも精神が抜けている。」と感じ、生徒選抜のときに、武士精神をもっているかどうかを見極めるための面接を自ら行なったと、回顧録に記し(45)ている。だが三浦の転出後はこれも中止されたと記していることから分かるように、体系づけられたものではなかったようである。

陸軍全体の兵卒の教育が明確に体系づけられたのは、メッケル来日後の臨時陸軍制度審査委員児玉源太郎たちによる、軍制改革以後とみることができる。前述した明治二十年六月の陸軍士官学校・陸軍幼年学校の制度改定後、明治二十年十一月二十四日に示された「軍隊教育順次教令」（陸軍省達第一三八号）による教育が始まってからといえるのである。それまでは本節二項で述べたフランス式時代の、「生兵概則」によるおおまかなものであった。精神面の教育もこの一連の改革の中で体系づけられていることはこれまで述べてきたとおりであるが、次のこともこれを示している。

軍制改革の時期の明治二十二年に、「軍隊教練の要旨」（二月四日監軍訓令第一号）および「将校団教育令」（五月十七日陸軍省達第八六号）が出されているが、前者では、「軍隊の教練は単に兵卒をして数多の技芸を行はしむるのみを以て目的を為すものにあらす」「兵卒の精神を発達せしめ義務心を喚起し」「軍隊に要求する万事を為し得る如く其の精神体力を最高度に達せしむるを要す」とあり、そのために行なう教練は、「第一　戦争に必要なる数多の人員を一目的に協力して動作せしむること。第二　教練は軍紀に慣習せしむるに最も首要なる補助品たること」と、常に精神的なものに留意して教練を行なうべきことを述べ、「将校団教育令」では、「将校の貴重なる所以のものは軍人精神あるに由るなり」と、その軍人精神を、連隊などの将校団で、将校としての技術的な能力とともに計画的に涵養すべきことを説いている。

将校は、明治二十二年五月二十日「監軍訓令」第二号で示された「将校団教育訓令」では、「将校は常に其の部下の教官及ひ指揮官たらさるへからす」とされていて、教練の一部は下士が行なうものの中心になるのは将校であり、その立場上将校は、将校団において先輩が後輩を薫陶養成することで技術的なものも精神的なものも磨いていくべきだとされている。「軍隊教練の要旨」はまた、「今や中隊長の任務は教育順次教令と内務書(46)の改正とを以て其の職権を拡張し」としており、中隊長の責任の重要性についても述べている。

そのような改革が制度上ほぼ形を整えていた明治二十四年十月から翌年八月にかけて、児玉源太郎は欧州各地を巡回した。当時の彼は陸軍少将の監軍部参謀長であり、帰国後に陸軍次官になった(47)。

児玉がこの欧州巡回のときに報告した内容が、『児玉少将欧州巡回報告書』としてまとめられている。この中のベルリン中央幼年学校についての報告(48)を見ると、生徒は千名、三年制で修了時の士官候補生試験に合格した者は士官学校で八ヶ月間、候補生としての教育を受けてから将校になるが、約一割の優等生は、そのまま中央幼年学校に残り、士官学校と共通する内容の教育を受けて試験に合格すれば、直ちに将校になることが記されている。「独逸軍制梗概」に依拠して前述した養成制度とほとんど同じような内容である。

それと同時に児玉が、幼年学校についても士官学校についても「気風の養成に着意(49)」していると記していることに注意すべきであり、士官の採用は学問ではなく、「系図と人物」を重視(50)しているとしていることも、日本陸軍の将校養成方針を決めるうえで大きな影響を与えたのではないかと思われる。

このような報告に続けて児玉は、ドイツの状況から考えて、日本ではドイツの地方幼年学校とベルリンの中央幼年学校を連接した制度にすべきだと報告している。さらに彼は、ロシアの幼年学校は、「士風の養成と高尚なる風采」の養成については費用を惜しまないとして羨ましがっているのであり、日本では、これら制度を拡張した地方幼年学校を設けて「優美高尚なる数多の幼年生を養成し」、士官候補生の大部分はこの生徒から採用することにしたい[51]とも述べている。

このような報告がその後の陸軍でどのように活かされたかを説明する文書は発見できないものの、明治二十九年五月十五日付で「陸軍中央幼年学校条例」（勅令第二一二号）および「陸軍地方幼年学校条例」（勅令第二一三号）が制定されて、前者が二年制、後者が三年制で計五年間、尋常中学校相当かそれをやや超える程度の、将校教育を受けるのに必要な基礎学力を身につけさせるための連続した教育を行なうようになったことが、報告書の方向で施策が進んだことを示している。

各地の地方幼年学校卒業生が中央幼年学校に進む時期に、中学校卒業者など外部から新しく募集した者を中央幼年学校に同時に入校させることも考慮したようではあるが、明治年間にはそのような処置をとっていない。幼年学校出身者よりやや多い員数を、士官候補生として一般採用し、約一年間、聯隊等で教育した後に、幼年学校出身の約六ヶ月間の聯隊付勤務の訓練を終了した者と混合して、陸軍士官学校に入校させていたと推定[52]できる。

ドイツでは中央幼年学校修了者の一部をさらに延長教育し、将校試験に合格すればそのまま少尉に任官させていたが、日本では、中央幼年学校二年修了後に修了者全員を士官候補生として約六ヶ月間の聯隊付勤務をさせ、上等卒・下士の服務を体験させた後に陸軍士官学校教育を経由し、さらに数ヶ月の見習士官勤務を経て少尉に任官させるという、ドイツの幼年学校による将校養成制度とメッケルが体験した士官候補生制度を併合したような形になった。時の経過とともに将校に要求される知識技能が多様複雑になるので、その意味では日本は妥当な方向に進んでいたというべきではないか。

同時に日本陸軍は、ドイツやロシアの将校養成教育にみられる士風の養成や高尚な気風の養成にも目を向けたのであり、山縣有朋が「軍人訓誡」で強調したような方向に、将校養成教育が方向づけられたというべきであろう。児玉たちの軍制改革は、当然山縣有朋監軍の下で行なわれているので、山縣の関与した「軍人訓誡」や「軍人勅諭」の精神の方向で行なわれたとすることに問題はあるまい。

前述したように、山縣からそのような方向づけをされていた児玉が、『児玉少将欧州巡回報告書』をまとめたのである。児玉の帰国後の明治二十七年の段階の陸軍幼年学校教育の訓育部の教育に、前述方針のとおり「将校たるの志操と器量を具備するの基」を涵養することが強調されるようになっていたのであり、それが明治二十九年の「地方幼年学校条例」では、「尋常中学校第一年乃至第三年の学科と同一なる教授を為し兼ねて軍人精神を涵養し」と、表現されるようになっていた。前述したとおり明治二十九年の条例改定により幼年学校は、地方幼年学校六校および東京の中央幼年学校（地方幼年学校卒が入校）の二段階制に移行していたが、地方幼年学校でも、「軍人精神の涵養」を重視することとされたのである。

さらに明治三十一年八月十六日の教育総監達「陸軍幼年学校教育綱領(53)」では、「帝国軍隊の精神元気は幼年学校に淵源す」「幼年学校は之を中央地方の二種に分つと雖も各自独立単行すへき者に非す」「首尾合して一体を成し中等教育に加ふるに軍人の予備教育を以てし帝国軍人たるの品性を陶冶し陸軍各兵科士官候補生たる地をなすへきなり」としてあって、特に教育に意を用いる事項として次の四項目が掲げられている。

第一条　健全なる身体を養成すへし
第二条　尊皇愛国の心情を養成すへし
第三条　文化に資するの知識を養成すへし

第四条　軍人たるの志操を養成すへし

陸軍幼年学校では尋常中学校相当の教授科目のほかに、訓育科目として、教練・射撃、さらに体操・遊泳・剣術・馬術を教えることがこの「教育綱領」に示されている。訓育科目は単なる軍事目的だけでなく、右第一条に掲げられた「健全なる身体養成」のために行なわれたものということができ、将校養成学校としての特色を示している。「尊皇愛国の心情」は、次節で述べる「軍人勅諭」にみられるところであり、「教育勅語」とともに倫理科目の中心になる教授内容として示されている。「文化に資するの知識」とは、普通の教授科目として示されている各学科である。「軍人たるの志操」を養成することは、『児玉少将欧州巡回報告書』にある「気風の養成」に当たるといえ、「軍人勅諭」の忠義、礼節、信義、武勇、質素の各条の要素を含んでいると考えてよかろう。このような、軍人に要求され特に指揮官として行動する将校に強く要求される精神的なものの涵養を、尋常中学校教育に期待することは困難な面がある。児玉は特に、そのような精神的なものの「教育要領」を、「独逸軍制梗概」のような文献で知っただけでなく実地に、日本陸軍の手本になるドイツ陸軍やロシア陸軍で見聞したのであり、児玉が、精神面の教育を強調する新しい幼年学校制度の確立に動いたとみることは自然である。児玉は現に、『児玉少将欧州巡回報告書』の中でその必要性を強調していたからである。将校養成制度として実務的な士官候補生教育だけを強調していたメッケルとは別の、将校の「優美高尚なる」精神の必要性を、児玉は欧州巡回で見出し、日本陸軍の幼年学校教育に取り入れ確立したといえる。地方幼年学校が全国六校で始まったことや、一校の採用生徒数が五〇名であったこと、地方幼年学校卒業者を東京の中央幼年学校に集めて教育したことなど、外見的にも、ドイツの幼年学校の制度と前述の明治二十九年に始まった日本陸軍の幼年学校制度は、共通するものをもっていた。精神面の教育でも、山縣が強調した武士道のほかにドイツやロシア的な貴族性を身につけさせることに留意するようになったのである。彼ら生徒はやがて少尉に任官すると位階を与えられて、天皇との関係が特別のものになったのであり、「優美高尚なる」精神は、そのような未来の中で養成[54]された。

明治三十一年の「陸軍幼年学校教育綱領」について前述したとおり、「帝国軍隊の精神元気は幼年学校に淵源す」という思想が陸軍にあったのであり、さかのぼれば、前述したとおり明治十一年の陸軍士官学校開校式で曽我校長が、士官の「精神の発育盛」んであることを重視した時代から、その思想の片鱗は存在した。そこで幼年学校教育で陸軍が精神面の教育を強調すれば、裏腹に士官が担当する下士卒の教育でも精神面の教育が強調されるのは自然の流れだといえよう。

「独逸軍制梗概」の「中隊長の件」で新兵の教育要領を示した中に、入営二週目から「厳密に教練を為し兵隊の風に慣れしめ姿勢を正し軍紀に慣れしめ」、完全に慣れたころに士官に、「王家に係はる件軍律軍人の責任等」を教育させることが述べられている。士官は下士卒の教育係なので、その精神的なものが士官を通じて下士卒にも伝播していくのである。その前提として前述明治二十二年の「将校団教育訓令」で示されていた、「将校は常に其の部下の教官及ひ指揮官たらさるへからす」という思想がある。日本陸軍の精神面の教育は、本質はこれまでに述べてきたような、山縣有朋や三浦梧楼が強調した武士道精神を基調としたものであり、児玉がドイツやロシアで見聞した将校の士風や高尚な気風の養成も加えられ、さらに涵養の方法としては、「独逸軍制梗概」にあるような欧州陸軍から伝えられたものも当然含まれていた[55]といえよう。

なお『陸軍教育史　陸軍中央地方幼年学校の部』の明治三十年の項末に、「陸軍幼年学校設立の趣旨[56]」があり、その末尾付記に、「陸軍将校の本幹は幼年学校出身者を以之れを造り一般公衆より採択したる者を同化せしめんことを期す」とあるところに、陸軍当局の思想が現れており、ここから「帝国軍隊の精神元気は幼年学校に淵源す」という前述思想も出てくるといえる。

前述のとおり、貴族やユンカーの子弟の採用を重視したドイツの幼年学校の起源はフリードリッヒ・ウィルヘルム一世（Friedrich Wilhelm 1）の治世当時にさかのぼるが、これは傭兵が多い当時の兵士や将校に犠牲的な奉仕を要求することが難しかったからだという。(57) これがその後も伝統になり明治十八年、日本海軍軍事部編纂の『海軍雑誌』第三十九号に紹介(58)されているところによると、当時のドイツ陸軍では少尉に任官できるのは、「家庭教育学校教育の成績を奏せさる可からす」と、成績重視に変わっていたものの、「上等社会の少年輩が他日将校の地位を襲んと欲して競ふて兵学校に投する」状況であり、これは将校が皆、官階同位の文官高等官と並んで参内できる名誉ある身分だからだとしている。児玉はこの方式を日本に取り入れようとしたといえる。

ただこのように歴史的にみると、ドイツの一般兵士は、精神的には傭兵的な部分があり、あまり忠誠を期待することができない存在だということになるのであって、精神教育よりも刑罰の脅しで上官に服従させることのほうを重視することになるであろう。しかし山縣の施策にみたように、日本では徴兵で集めた兵卒に対しても武士の端くれとしての意識をもたせようとしたのであり、その前提として、江戸期の将軍や大名に対する農民の崇敬を、天皇に対する崇敬に置き換える施策が進行しつつあったからだといえるのではないか。当時の徴兵は人口構成からみて七割以上が農家出身であったと考えられるので、藩政時代に武士に次ぐ地位に置かれていた農民を、皇室側に引き寄せることは重要であった。「軍人勅諭」の、「朕は汝等軍人の大元帥なるそされは朕は汝等を股肱と頼み汝等は朕を頭首と仰き」という表現は、将校についてはドイツと同じように特別の地位を与えて天皇との近い関係を強調する一方で、徴兵で集めた兵士にも天皇の直臣としての自覚をもたせるためのものであったといえるのではないか。

第二節　「軍人勅諭」の下賜の際の処置とその後

以下でまず述べたいのは、陸軍の「軍人訓誡」に代わる形で下賜された「軍人勅諭」の取扱いである。海軍には「軍人訓誡」に相当するものがなく、いわば陸軍のお相伴で「軍人勅諭」を受けた感があり、その経緯とその後の取扱いおよび関連の精神教育の発展について述べる。

一　「軍人勅諭」の下賜時の陸海軍の処置の違い

「読法」、「軍人訓誡」の延長線上にあると誰もが考えるのが、「軍人勅諭」である。

「軍人勅諭」は明治十五年一月四日に、天皇から陸海軍軍人に下賜された形式になっている。この勅諭が出された経緯を語ってくれる史料は少なく、研究としては『明治天皇紀』にまとめられたもの(59)が最上であろう。その中に、自由民権運動が盛んになってきていた当時、参議兼参謀本部長の山縣有朋がこの思想と運動が軍隊に波及することを懸念して、「軍人をして毅然として世の風潮の外に立たしめ、忠勇の精神を維持せしめんと欲し」て、聖勅を軍人に賜ることを求めたとあるのは、そのとおりであろう。

後述のように、当時の陸軍には自由民権運動の影響が及びつつあった。軍紀維持のためだけではなく、国内治安任務をもつ陸軍がそのような運動に巻き込まれることは望ましくない。そのため山縣は自ら、「軍人勅諭」の最初の「忠節」の項に、軍人は「世論に惑はす政治に拘らす」という文言を挿入したと、『明治天皇紀』は述べている。後述するように山縣が、軍人の政治不関与にこだわっていたのは確かであった。これは「軍人訓誡」で、「武官にして処士の横議と書生の狂態とを擬し以て自ら誇張するは固より有る可らさる」と、政治不関与を説いていたのと軌を一にしている。

さらに山縣は参議としての立場で、「軍人勅諭」下賜前の明治十四年十二月二十七日に三條實美太政大臣に対して、「陸海軍に被下勅諭は陛下親から軍隊を統へ将卒に訓示を垂れ玉ふ者なれは他の詔勅と均しく太政官の宣奉を経施行せらるへきに非す」と述べて、勅諭を直接軍隊に下賜されることを求めた(60)ことはよく知られている。

こうして「軍人勅諭」は明治十五年一月四日に、大臣・参議宮・内卿その他四名の立会いの下で、大山巖陸軍卿に親授された。しかしもう一人の当事者であるはずの参議兼海軍卿川村純義は不在で、大山が海軍卿代理として拝受し(61)ている。

海軍はもともと技術者集団であり、陸軍ほど兵員の精神面に注意を払う必要を認めていなかったことは、これまでも述べてきた。そのため山縣の主導で進められてきた「軍人勅諭」の下賜に川村海軍卿が関心をもたず、親授の場に出なかったことが考えられる。そこで当日の川村の所在場所を探ってみることにした。仮に関心が薄かったにしても、親授の場に出ないのはよほどのことだと考えられるからである。前項で述べたように山縣は、竹橋事件の後で姿を消している。そのような前例はあるものの、川村が姿を現さないためには、よほどの事情が必要であろう。

調べたところ、川村はリューマチ治療のために熱海での療養に出発していた。「於熱海浴湯療養仕度候間往返日数之外三週間御暇下賜候様」と、湯治御暇願(62)が、明治十四年十二月二十一日付で出ている。また明治十五年二月九日に帰京して翌日届書を出したことも確認できた。[63]

しかしこれが、真に治療のためであったのかどうかには疑問が残る。『明治天皇紀』[64]は、この頃黒田清隆が、「自己の言行われざる時は病と称して出仕せ」ず、黒田と同郷薩摩の川村も、「之れに倣ひて倶に朝せざる」としており、この場合もそうではなかったかと疑われるからである。山縣が「軍人勅諭」の親授を申し出たのは前述のとおり十二月二十七日なので川村は出発前に相談を受けていなかったとも考えられるが、これほど重要なことを相談しなかったとは考えられない。仮に相談なしであったとすると、川村は「軍人勅諭」の件についてもともとあまり関心を示していなかったため、山縣が一方的に事を運んだとしか考えられない。

この時期の海軍は、後述する参謀本部設置問題や軍刑法制度の問題にみられるように、何かにつけて陸軍の付属的な扱いをされることに不満があり、海軍の拡張[65]も思うにまかせなかった。そこに陸軍が、一方的に「軍人勅諭」を押しつけてきたので、川村海軍卿が反発したということは十分に考えられる。

「軍人勅諭」は陸軍ではその日のうちに、陸軍卿から各鎮台等に通達（陸軍省達乙第二号）する手続き[66]がとられ、ときどき奉読することについても、庶務課長の指示がつけ加えられていた。さらに一月十日には、後備・予備の兵卒にも徹底するように注意を喚起する文書が送られている。

二月十三日には改めて陸軍卿から、各鎮台、士官学校、教導団に達[67]が出され、「今般下賜候勅諭の儀は軍人たる者刻骨銘肝片時も忽諸すへからさるは勿論の儀に付自今各隊に於て毎日曜日午前兵隊を整列し各中隊長自から奉読し部下へ聴聞せしめ」とあって、「軍人勅諭」を重視していたことが分かる。陸軍ではさらに、明治十七年十二月二十二日付で、「新設の諸隊へは設置の日付で」勅諭写を下賜する上申がなされ、そのとおり下賜[68]されるなど、勅諭徹底の処置が行き届いていた。

海軍関係については、海軍省からの「軍人勅諭」の通達文書を発見できないが、明治十五年一月十六日になってから、「軍人御訓誡の勅諭及下附置候処自今生徒及下士以下の者へ毎週一回つ、為読聞」と、海軍省達（無号）が、海軍卿代理[69]の名前で東海鎮守府および生徒を抱える学校・機関に対して発せられているので、それまでに通達処置がとられていたことは確かである。また明治十六年六月三十日に海軍書記官から内閣書記官に宛てて「客歳一月勅諭御下賜の節軍人各自へ写一部つつ御下付相成処右は当時の軍人のみへ御渡し相成迄にて其後採用」の者へは行き渡らないので、その都度申し出れば下付されるのかと照会し、これに内閣書記官が回答している文書[70]があり、必要な処置がとられていた。

なおこの回答は、「下付される」となっており、これらの文書から、「軍人勅諭」は陸軍ではほぼ中隊単位、海軍では各個人に写を配布しようとしていたことが分かる。海軍は兵員数が少ないので、内閣書記官に個人配布分まで請求することができたのであろう。しかし個人単位に配布をしたので、海軍が徹底のためのきめ細かい処置をしていたということにはなるまい。海軍に、日露戦争直後の明治三十八年十月二十九日に戦利艦の駆逐艦「皐月」および「山彦」用として「軍人勅諭」の下付を上奏した記録[71]があり、このときは個人用の写しではなく艦単位の下付上奏になっていると思われるのであって、個人配布を方針にしていたわけではなさそうである。

明治十五年当時の陸軍軍人は海軍軍人の約十倍の四万数千名にのぼる員数であったので、個人に写しを配布することは難しい。海軍も、日露戦争直後には現役軍人が四万数千名に増加していたので、海軍省が個人に「軍人勅諭」の写しを配布することはやはり難しくなっていたので、艦単位の勅諭下付になったのであろう。明治十五年当時は徴兵の陸軍兵卒個人に写しを配布したとしても識字率が低い当時のことであり、これを読んで理解できた兵卒は少なかったであろう。そうであればこそ、「読法」の読み聞かせが行なわれる必要があった。そのような状態であったので、陸海軍とも「軍人勅諭」の読み聞かせを行なうように通達が出されたのであろう。ただ、読み聞かせということでは陸軍も海軍も同じように実施したとみられるが、陸軍は大山陸軍卿以下陸軍省処務課長までその取扱いに気を配っているのに、海軍では川村海軍卿は冷淡であり、関係の事務処理も書記官に任せていたとみられることが、徹底についての熱意のなさを示していると思われる。

陸軍では別に明治十五年二月十五日付で、各鎮台で作製している軍隊手帖について、「下士以下え相渡候手牒之首葉」に、「軍人勅諭」を掲載せよとの通達[72]を出しており、勅諭の正式の写しは中隊単位で配布されていたものの、別に軍隊手帖の形で、各鎮台から下士卒に個別に配布されるように配慮していた。海軍でそのような配慮が為されていた記録を発見することはできない。海軍に比べて陸軍のほうがきめ細かい処置をしていたように思われる。海軍は勅諭親授日の川村海軍卿の逃避とみられる行動から推測できるように、一応の処置はしているものの形式的な感じがする。

二　「軍人勅諭」奉読についての陸海軍の違い

明治十一年八月に署名されていた山縣陸軍卿の「軍人訓誡」は、陸軍の各中隊に配布[73]されていて、折につけて誦読[74]されていたようである。「軍人勅諭」の奉読は「軍人訓誡」誦読の延長線上にあり、さらに山縣の「軍人訓誡」誦読の起源をさかのぼって考えると、これは、それ以前の「読法」の読み聞かせにあったといえるのではないか。「お上」の布達を人々に読み聞かせることは、第一章で述べたように幕政時代から行なわれていた[75]のであり、明治初期の、読み書きができない兵卒が存在した時期には必要なことであったろう。しかし昭和期になってからも形式的に同じようなことが行なわれ、「軍人勅諭」の棒暗記を兵士に強制したり、奉読時に読み間違いをした将校が自決する事件が起こるなど、極端な方向に走ったことが問題であった。このことがかつての軍人、特に陸軍の下級兵に「軍人勅諭」に対する悪い印象を与えた面があったことは否定できない。[76][77]

大正期には陸軍の「軍隊教育令」（大正二年二月五日軍令陸第一号）第二六条に、「軍人勅諭」の棒暗記を禁止する条文が、「徒に字句を諳んせしむるか如き教育は断して許すへからさるなり」と入れられていたが、昭和二年の改正（十二月二十日軍令陸五号）でこれが削除されている。その頃陸軍士官学校で教育を受けた人が、「大正十二年に陸軍地方幼年学校に入ったときは棒暗記はさせられなかったが、大正十五年に陸軍士官学校予科に入ったときには棒暗記をさせられた」という意味のことを語っていることからみて、陸軍全体で棒暗記を強制するようになったのは、この時期であったのであろう。[78]

このような問題は海軍でも起こった。昭和七年一月十八日に勅諭下賜五十周年記念式が海軍兵学校で行なわれたときの記録[79]にあるように、昭和天皇が勅諭で「汝等克く五条の大綱を守り皇考の遺訓を奉じ」とされたのを受けて、校長海軍少将松下元は五月二日に、監事長三川軍一海軍大佐名で、生徒に、朝食時と夜の自習時間終了直前に「軍人勅諭」五ヶ条を黙誦するよう指示させている。[80]なお同じ史料に同年、校長の職員への訓示の中に、海軍軍事参議官（註加藤寛治海軍大将と思われる）が、「陸軍には皇国陸軍の意気盛なるに海軍には欠くるなきや」と発言したとあることが、この発言が勅諭黙誦の一つの動機になっていたことを推測させてくれる。

しかし海軍兵学校では、大正七年八月十五日制定の「海軍兵学校教育綱領」（海軍大臣官房第一四四三―三）第二条にあるように、「勅諭の聖旨を奉体して堅確なる軍人精神を涵養」するための教育を行なってはいたが、「軍人勅諭」そのものを棒暗記させるようなことはしていなかったし、黙誦をするようになってからも全文ではなく、五項目の見出し文句だけが普通であったのであり、陸軍士官学校とはいくらか趣が違っていた。[81]

なお大正七年制定の「海軍兵学校教育綱領」以前の「海軍兵学校教育綱領」は、明治三十八年二月二十六日に制定されており、これが最初の教育綱領であった。[82]それには「軍人勅諭」についての言及はないが、「軍人精神の涵養は軍事教育の主要なもの」という文言が見られる。ここから考えて、次に述べるように日露戦争の体験が軍人精神を養成する教育の必要性を海軍首脳部に認識させ、やがて、「軍人勅諭」がその核心になるべきであるとする方向に向かったのではないかと思われる。

日露戦争終了直後の明治三十八年十月一日に、海軍教育本部は日露戦争の教訓を将校機関官の課題作業の形で海軍内に求め、[83]教育に反映させようとしていた。その細部は第六章で述べるが、提出された教訓意見には精神教育に関するものも含まれており、明治四十二年十一月十六日海軍省達第一二四号で達せられた「艦団隊教育規則」に反映されているようである。この教育規則は、従前の「海軍艦団隊将校及機関官教育規則」（明治三十四年九月十九日海軍省達第一一九号）と「海軍艦団隊下士卒教育規則」（明治三十六年三月十二日海軍省達第二二号）を合したものであり、精神教育という項の中に、「第二十一条　精神教育に於ては感化に依る効力最も大なるか故に将校同相等官は勿論上級者は常に躬行実践以て細大の模範を示し下級者を誘導することに努むへし」と、将校・機関官に、それまでは示されていなかった新しい思想を示している。精神教育の項の最初の条である第十九条には、「精神教育は勅諭の聖旨を奉体し軍人精神を発揮するを以て目的とす」とあり、従前の「海軍艦団隊下士卒教育規則」（明治三十四年二月十八日海軍省達第一九号およびそれを改正した前掲明治三十四年海軍省達第二二号）に、「精神教育は主として軍紀に服従せしめ義勇奉公の精神を発揮するを以て目的と為す」とあったのと比べて、「軍人勅諭」を重視するものになった。

海軍兵学校の教育資料は多数現存するが、明治三十九年八月に海軍兵学校が編纂した「軍人勅諭」に関する初めての教育資料に、『勅諭の栞』[84]がある。これは解説書であり、日露戦争終了の翌年に編纂されたことに意味があるであろう。

昭和七年以後の海軍兵学校では、「軍人勅諭」の黙誦を日曜日の朝だけは全文について行なった[85]が、棒暗記することはしなかったことは前述したとおりである。その代わりに『勅諭の栞』のような教育資料を活用したのである。勅諭奉読は明治三十年九月二十四日新制定（海軍省達第九九号）の「海軍艦団部下士卒教育令」に、精神面の教育のために取り入れられていたが、海軍将校を養成する海軍兵学校では、奉読という形ではなく黙誦という形をとり、それも下士卒に対するものよりも開始時期が遅かった。

海軍では将校養成学校がこのような状況であり、兵卒に対しても、「軍人勅諭」の棒暗記をさせることはなかった。昭和期の海軍生活体験者何人かに確認したところ、下士官兵に「軍人勅諭」の棒暗記をさせたという答えは返ってこなかった。昭和六年に海兵団に新兵として入団し、下士官勤務が長かった人物の戦後の手記[86]には、「軍人勅諭」についての訓示を受けたり、五ヶ条の標目を記憶しているかどうかを上官から問われた記述があるが、全文を棒暗記させられたとは記されていないことも、これを裏づけている。

ただしこれは巷間いわれているような、「海軍はスマートであったから」という理由とは別の理由によるものであろう。「軍人勅諭」が下賜されたのは、前述のように陸軍の事情によったのであり、最初から海軍は、陸軍に比べて「軍人勅諭」に対して冷淡であった。これは戦力の要素として人が重要視されていた陸軍と、軍艦という機械を動かす技術が重要であった海軍の、性格の相違による理由から生じた違いであろう。前にも述べたとおり海軍は、明治十年代まではイギリス式の航海・運用・砲術・機関といった軍艦実務に直結する事項が海軍教育で重視され、以下に述べるように海軍兵学校でさえ、明治十九年になってようやく精神面の教育の重要性に目を向けるようになったのである。それより下級の海軍下士卒の教育では、次項で述べるとおり禁令と違反者への罰則が精神面の対策の主要部分であった。

三　海軍の精神教育の状況

第一節一項で、初期の海軍には陸軍の「内務書」のように精神教育に触れたものは存在しなかったことについて述べておいたが、明治十七年十二月十六日の「若水兵教育概則」（海軍省達丙第一七六号）にようやく、軍人の本分すなわち「軍人勅諭」について教育することが定められている。しかしこれは片手間教育というべきものであり、正規の教育時間内に教えられるものは、結索法・錨・信号法のような技術的なものばかりであった。陸軍では若水兵に相当する生兵の教育のための、「生兵概則」が早くも明治七年十月十四日付で陸軍卿から示されていて[87]、その中で精神面の教育についても触れられていた。陸軍では、徴兵入営の最初の六ヶ月間に、体操術・生兵運動・小隊運動・撤兵運動・射的術といった戦闘の基礎を段階的に体得させるほか、その間に部隊の名称や階級のような基礎的事項や「読法」、「服従定則」といった精神的な面の教育も行なうことになっていたのである。

そうはいっても海軍が、精神面の教育を長い間なおざりにしていたわけではない。海軍も軍艦を動かすのは人であり、兵員の精神面の教育が全く無用というわけではなかった。

明治十九年一月二十日、海軍少将松村淳蔵海軍兵学校長は、「海軍兵学校条例」の改正を海軍大臣西郷従道に上申[88]している。その上申書に、生徒は「軍人たる活発有為の志操を在校中に養成する最も要用なり」としてあり、そのために教官に武官を充てることを重視し、普通学（数学や物理学）に限り武官と文官を混用し、生徒は軍隊式に武官教官によって、「規律を厳粛にし団結を鞏固に」する教育を行なう必要性があることを強調している。当時の海軍兵学校は、創設時の文官教官が多かった時代の名残りで、特に航海術の教官に文官が多かった(89)。そのために出た上申であろう。松村校長はアメリカのアナポリス海軍兵学校で学んだ経験をもっており、アメリカの例に倣おうとしたものと考えられる。明治十九年になってもこのような状況であった海軍では、技術の修得に追われて、精神面の教育までは手が回りかねているのが実情ではなかったのではないか。

もうひとつ、当時の軍艦乗組員の精神状態が分かる史料を示しておこう。

第三章第三節三項で簡単に触れたが、明治二十二年に海軍兵学校を卒業し軍艦「金剛」乗組中であった岡田啓介少尉候補生、後の海軍大将の体験で、本人が日本の敗戦後に回想(90)した事件である。

事件は岡田乗組み中の「金剛」艦で起こった。停泊中の軍艦の朝の点検のときに、下士卒のほとんどがストライキをして甲板上に現れなかったというのである。前夜の入港が遅かったため、艦長が彼らの上陸（外出）を許可しなかったからだという。しかし艦長以下首脳部と下士卒との根競べの結果、事件はその日のうちに解決した。下士卒は艦内から外に出ることができずに閉じ込められていたので、ついに降参したのである。

事件解決後艦長は、ストライキ参加者に厳罰を加えることなく、「上陸止め」つまり禁足という「懲罰令」の中の軽い処分で済ませたようである。岡田もいうようにこの事件は、「海軍刑法」第五六条に定められている「党與して反抗不服従する罪」を犯したことになるので、軍法会議で禁錮に処されるべきであった。そのような不軍紀状態が存在し、それを艦長限りで処置しても問題にならないのが当時の海軍であった。当時の海軍では、艦長の権限が強かったことをこの例も引いて、すでに第三章第二節三項で述べている。

四　海軍の精神教育の発展

そのような不軍紀の海軍をいつまでも放置しておくわけにはいかない。軍紀粛清の必要性が海軍内で認識され、実行されるようになったのは、日清戦争前に山本権兵衛海軍大佐が海軍省大臣官房主事として、制度の整備や人事の刷新を行なったといわれているときよりも時期が早かった。[91]

前掲松村淳蔵海軍兵学校長が上申し改正された明治十九年二月十七日付の「海軍兵学校条例[92]」には、規律主任教務副総理が軍紀風紀の維持にあたることが第一七条にあり、学校関係では比較的早くから、軍紀風紀への関心があった。このように山本の海軍省大臣官房主事の海軍省への着任前から始まっていた軍紀の粛正の動きは、しだいに教育の場以外の面にも及び、山本の着任直前の明治二十二年五月二十八日に制定された「鎮守府条例」(勅令第七二号)では、それまで、明治十七年十月一日制定の「軍艦職員条例」(海軍省達丙第一四二号)により軍紀風紀の取締り責任者が艦長であって、軍港地での乗組員の犯罪には手が回りかねていたのを改め、鎮守府司令長官が「部下の兵員を以て衛兵を編制し軍港内に於て海軍部内に対し司法警察行政警察を行ふ」ことになった。翌年十月十八日にこれを改正(勅令第二三六号)し、「海兵団の兵員」により、「軍事警察権」を行使できるようにしたが、これは他の規則の制定改正の関係による部分改正である。細部は第五章第四節四項で述べるが、この衛兵を置いたことは、軍紀風紀の取締り上、直属の憲兵をもたない海軍にとって有用な措置であったといえよう。

また明治二十六年には人事担当の山本官房主事の主導で少将八名を含む古参士官九七名を淘汰[93]している。さらに中将で海軍軍令部長であった中牟田倉之助は明治二十七年七月十七日に予備役に編入され、海軍大臣仁禮景範は明治二十六年三月十一日に海相の地位を陸軍中将であった西郷従道に譲り予備役に編入された。オランダ式の時代の古い提督が退陣したのであり幕末以来のオランダ式が排除され、海軍兵学寮第二期生卒の山本権兵衛たち、明治六年に来日したイギリス海軍教師団によって教育された人々が、海軍の中心になったことを意味するので、精神面でも影響は大きかったといえよう。『明治二十二年海軍省年報』[94]によると、明治二十五年末の将官は一二名だけであり、海軍総員が一万一千名余で小世帯であったので、その中の最古参であったオランダ式の仁禮海軍大臣および中牟田海軍軍令部長が日清戦争前に現役を去り、別に八名の古参少将が予備役に編入されたことの影響が大きかったことは常識で分かる。陸軍中将の政治家西郷従道が仁禮海軍大臣の穴を埋めて海相になったことと、薩摩出身で少将のときに陸軍から海軍に転じて、すでに海軍中将で予備役に入り枢密顧問官になっていた樺山資紀が、臨時に海軍軍令部長の穴を埋めたことについては政治的な事情[95]がからんでいるので、純粋のオランダ式排除とはいえないかもしれないが[96]、その他のオランダ式少将の退陣とあいまって、結果的にイギリス式になったことは確かである。イギリス海軍教師団は、当時の海軍兵学校生徒であった木村浩吉の回想[97]にみられるように、技術面だけでなく精神面・制度面でも大きなものを日本海軍に残していったのであり、オランダ式排除後は、木村がいっているようにイギリス式が完全に根づいたといってよかろう。ただイギリス式の精神面教育の定着があったにしても、時期的に陸軍に後れていたことは確かである。

なお明治二十六年のオランダ式排除のとき、長州出身の、オランダ式であったが後にアメリカに留学して学び直した坪井航三少将が現役として残され、まもなく日清戦争の黄海の海戦で司令官として活躍したことや、イギリスに留学した東郷平八郎も、四十五歳という他の整理された古参大佐たちと同年齢になっていたが現役に残されたことに示されているように、古参であっても、イギリス式を理解できる有能な者は現役として残されている。

さらに明治二十七年、二十八年の日清戦争の体験は、海軍軍人に軍紀の厳正さに示される軍人の精神面の重要性を認識させたはずである。たとえば日清戦争黄海の海戦に軍艦「比叡」の副長として参加した坂本俊篤海軍少佐（後に中将）は、この海戦中に「比叡」衛生部員として重傷を負いながらただ一人生き残った二等看護夫が、負傷者の手当てをしている一般の兵卒たちに対して、薬の所在場所や手あての方法について指示し任務を果たしたことを回想(98)し、感激して記している。

前述した日清戦後の明治三十年初定の「海軍艦団部下士卒教育令」の綱領の冒頭に、「軍事教育の主眼は軍人の精神を養成するに在り」と記されているのであり、明治期後半には、「軍人勅諭」に限らず、それ以外の面でもいわゆる精神教育が行なわれるようになっていた。「同教育令」には「忠臣勇士の美談」を教育すべきことが示されている。やはり日清戦争黄海海戦での水兵の奮闘を描いた「勇敢なる水兵」という軍歌が明治二十八年に発表(99)され、巷間で広く歌われたことに示されているように、社会環境がそのような精神的なものを尊重するようになり、海軍もその方向に動いていった。

なお「勇敢なる水兵」は、大正三年に海軍省教育本部が「海軍軍歌」を編集したとき、その中に取り入れられ(100)ている。公式の精神教育資料になったのである。

昭和十年海軍省教育局編纂の『海軍下士官兵善行美談』という海軍教育資料が手元にある。海軍ではその後、このような資料を編纂して精神面の教育を行なうまでになっていったのである。この中に昭和十年の海軍大演習のとき、台風に巻き込まれた第四艦隊の駆逐艦「夕霧」および「初雪」が、艦首切断という被害を受けた事故のことが記されている。駆逐艦の艦上で、下士官兵が風波をついていかに勇敢に行動したかが、氏名入りで紹介されているのであり、そのような事実を下士官兵に教育することで、彼らの士気を高揚させようと海軍首脳部が意図していたことを読みとることができる。

このように、最初は「軍人勅諭」に冷淡であった海軍も、日清・日露の戦争を経て海軍士官養成教育でも下士卒の日常教育でも、「軍人勅諭」の存在を重視するようになっていった。同時に、その他の分野の精神教育も行なわれるようになったのである。「軍人勅諭」は大正、昭和と時代が経過するにつれて日本陸海軍のそのような精神教育の核心に置かれたが、時代が下るにつれて行きすぎた取扱いを受けることもあったのである。

第三節　軍人勅諭、軍人訓誡、読法、軍刑法の相互関係

明治十五年下賜の「軍人勅諭」は明治十一年制定の「軍人訓誡」と共通点があり「軍人訓誡」を下敷きにしていると考えられやすいが、そのように簡単に結論づけられるものであろうか。「海陸軍刑律」が「陸軍刑法」、「海軍刑法」に改正施行されたのは、「軍人勅諭」下賜の四日前であった。このことから各軍の刑法と「軍人勅諭」も関係があると考えることもできる。また「陸軍読法」は「陸軍刑法」施行後まもなく改正されており、「海軍読法」は無効になったと解釈されているが、これらの相互の関係はどうなっていたのか。精神教育に関係があるこれらの相互の関係を分析しておく。

一　「軍人勅諭」と「軍人訓誡」の関係

「軍人訓誡」が内容的に「軍人勅諭」と共通点をもっているのは、両者を読み比べてみるとすぐ分かる。しかしそうだからといって、「軍人勅諭」は「軍人訓誡」を下敷きにしていると簡単に結論づけてしまうことには問題がある。もちろん「軍人訓誡」は山縣陸軍卿の名前で出ており、「軍人勅諭」の下賜を願い出たのも山縣なので、両者が無縁だというつもりはない。しかしもう少し分析してみると両者の違いが明らかになる。

先ず表面的な相違をいうと、両者の文体があまりに違いすぎることが挙げられる。『明治天皇紀』(101)によると、最初山縣が参謀本部の御用掛西周に命じて起草させたが、漢文調にすぎるので修正させたが十分ではなく、改めて『東京日々新聞』記者福地源一郎に起草させ、参事院議官井上毅などが修正したうえで、山縣自身も手を入れたという。特に「忠節」の項の、「世論に惑はす政治に拘らす」という文言は、山縣の意見で挿入されたというが、これは「軍人訓誡」にも同種の記述があるので、相違ではなく共通部分に当たる。しかし「軍人勅諭」の、軍隊の天皇親率の由来を述べた前書きに当たる部分と、最後の「質素」の項は、意味的に「軍人訓誡」に含まれているといえる部分もあるが、全体的にみると「軍人訓誡」とは別の新しい要素が入っているというべきであろう。

「軍人訓誡」は山縣が陸軍卿の立場で出したものであるので、陸軍軍人が軍紀風紀上の問題を起こして「海陸軍刑律」に触れることがないように、訓戒をするのが大きな目的であったと思われる。竹橋事件が発生するような雰囲気のなかで、当時、山縣が軍紀風紀の維持問題を気にかけていたことは、これまで述べてきたとおりである。竹橋事件が発生したために「軍人訓誡」が出されたのではないにしても、少なくとも山縣陸軍卿が、第一節一項で述べたとおり明治九年に憲兵制度の創設に動いていたことにも示されているように、そのような軍内の不穏な雰囲気を感じとって、対策をとろうと、その時期に「軍人訓誡」発令の準備をしていたことは間違いないであろう。それだけにその内容は、「軍人勅諭」に比べて具体的である。軍人同士が公私を通じてお互いの階級や立場を尊重し、とかく意地の張り合いをしがちであった「警視官」との融和に努めるよう訓戒し、また徒党を組んで起こす犯罪が多いことに鑑み、三人以上が同道して強訴をすることを徒党の犯罪とみなして、処罰する意思を強く示すなど、「軍人訓誡」は、戊辰戦役当時の「軍律」と、その流れの中にある「読法」の精神に共通するものをもっていた。

「軍人訓誡」は第一節一項で述べたように、「陸軍読法」と内容上の共通性をもっている。そのため「陸軍読法」が示している脱走・盗奪・賭博その他の禁令に違反した者に対する刑罰を具体的に示している「海陸軍刑律」とも、「陸軍読法」を介して関係が深いといえるものがあった。ところが、明治十四年十二月二十八日に「海陸軍刑律」に代わる「陸軍刑法」、「海軍刑法」が制定されて翌年一月一日から施行されると、それまで「海陸軍刑律」第二条にあった、「読法」終了の時点から「海陸軍刑律」を適用する意味の条文が廃止されたために、「読法」と「陸軍刑法」「海軍刑法」のつながりがなくなった。さらに実体的な刑罰に関わる部分は、これについての細部まで定めてある両刑法に依拠(102)すればよく、「陸軍読法」の、禁令に対する違反者に「罪科申附候事」という表現は不適当になった。同じように「軍人訓誡」のなかにある、徒党強訴者の処罰を強調するなど処罰について触れていた部分の意義が薄れた。しかし刑罰に直接関わらない倫理的な意義をもつ「忠義」など抽象的な部分については、そのまま訓戒をする必要があった。そこで「軍人訓誡」から抽象的な部分だけをとり出して「軍人勅諭」としてまとめ、同時に天皇の権威を利用してこれを軍人に下賜する形式をとったと考えてはどうであろうか。

そうなると「軍人勅諭」と内容の共通点が多い「軍人訓誡」の存廃が問題になるが、廃止を指令した文書は発見できない。内容的には誤りはなく、また法令ではないので、あえて廃止通達を出すことをしなかったとも考えられる。

「陸軍刑法」、「海軍刑法」の施行に伴い、手続法としての各軍の軍人軍属治罪法を同時制定し、軍人軍属の犯罪については、常人に適用される「刑法」（明治十三年太政官布告第三六号）および「治罪法」（明治十三年太政官布告第三七号）の適用外として、別に扱う必要が生じた。各軍の刑法は明治十五年一月一日施行であるので、各軍の軍人軍属治罪法も同日に施行されないと、「陸軍刑法」、「海軍刑法」の運用上の問題が発生する。しかし「陸軍治罪法」の制定は明治十六年八月四日（施行八月十五日太政官布告第二四号）、「海軍治罪法」の制定は明治十七年三月二十一日（施行四月一日太政官布告第八号）と遅れた。海軍に先行していた「陸軍治罪法」の編纂は明治十三年に始められたらしく、明治十四年十一月十四日に軍律取調掛陸軍少輔小澤武雄から陸軍卿大山巌に宛てられた報告文書に[103]、「客歳以来命を奉し編纂する所の陸軍治罪法草案校訂数次爰に始めて稿を脱す」とあり、このような状況では遅延を免れられなかった。次章で詳説するように明治十三年二月の段階で、「陸軍刑法草案」はできあがっていたが、「陸軍治罪法」の起草は、その頃に始まったのである。「陸軍刑法」、「海軍刑法」の制定については次節で述べるが、常人のための「刑法」、「治罪法」の起草開始に比べて両軍の刑法制定業務はやや遅く開始されていた。特に海軍は受身であったために陸軍よりも遅くなった。しかも「陸軍治罪法」、「海軍治罪法」の起草開始はそれぞれの軍刑法の起草開始よりもさらに遅くなったのである。

だが実務上は、明治十五年一月一日以後、「陸軍治罪法」、「海軍治罪法」の制定までの期間は応急処置がなされており、明治十五年二月九日付けで陸軍省の児島歩兵大佐から東京憲兵隊佐官に宛てた文書に[104]、「軍人軍属治罪之手続は総て旧慣によるへき義に付別紙太政官え伺並裁判所伺朱書之通御指令相成候間」とあるのが示しているとおり、「陸軍刑法」施行前後に、「旧慣に依る」指令は出されていたのであろう。海軍については、明らかに明治十四年十二月二十八日付で「裁判事務取扱手続」（海軍省達丙第七五号）が示されており、「海軍軍人属の海軍刑法及ひ普通刑法の重罪軽罪を犯したる者は海軍法衙に於て審判すへし」以下七項目が示されていて、最後に、「前数項の外従来の慣例に依り施行すへし」と付け加えてあることからも、陸軍も同日付で同じような指令をしていたと推測される。

陸海軍それぞれの治罪法の制定が遅れ、このように応急措置でしのいだにしても、「陸軍刑法」・「海軍刑法」は明治十五年一月一日から施行されたので、両軍の「刑法」とつながりがある陸海軍の「読法」や陸軍の「軍人訓誡」をどう取り扱うかが別に問題になってくる。

「軍人勅諭」下賜後に、陸軍省の庶務課長が起案した陸軍卿諭達草案[105]なるものがある。

「兼て陸軍卿より御頒布相成居候軍人訓誡中の三大元行を本とし其他の諸条目を常に反復玩味する時は自から得る所あるに至るへけれは是又勉強して誦読怠るへからす」とあるが、その後この文書が正式に諭達されたか否かは明らかでなく、「軍人訓誡」そのものも、その後陸軍で教育に使用されたことの証拠がない。管見の限りでは陸軍関係の文書から「軍人訓誡」の文字が姿を消している。このことから、多分しばらくは誦読されたにしても、実質的に「軍人勅諭」に置き換えられたと考えるべきなのであろう。

二　新しい「陸軍読法」の制定と運用

「読法」については、陸軍では明治十五年三月九日に改正され、「軍人軍属読法」（陸軍省達乙第一六号）の形になった。もっとも内容は「軍人読法」と「軍属読法」に区分されており、後者は最下級の給仕、用使、小使などの採用時に適用[106]された。

新しい陸軍の「軍人読法」はそれまでと違い、刑罰的な内容は廃止され、忠節、敬礼、服従、胆勇、修身質素、名誉、廉恥といった徳目を説くものになったので、「軍人勅諭」に通じる精神的な内容のものになった。それまでの「読法」に示されていた、徒党、脱走、盗奪、押買押売、喧嘩闘争などの禁止項目は、全て新しい「陸軍刑法」に吸収されたといえる。新しい「軍人読法」は最後の第七条で、「陸軍刑法は軍隊の害を為す者を懲す為めに特に設けらるる」と注意的に述べているが、この条が、これまであった具体性がある刑罰的内容に代わって設けられたといえる。

新「軍人読法」は、新入営兵が「軍人勅諭」を承けてその徳目を遵守することを宣誓し、かつ「陸軍刑法」を遵守することを宣誓するための道具になったといえよう。明治十四年末制定の「陸軍刑法」第三条が定義する軍人身分をいつから取得するかは、軍人身分取得の一般原則[107]によるのであり、新「軍人読法」にそれについての規定はない。「読法」の読み聞かせと誓文への署名押印の儀式そのものは、明治二十年十一月十五日陸軍省達第一二六号「新兵入隊定則」に、「読法」儀式の要領記載があり、要領はそれまでとほとんど同じであって、「軍人勅諭」下賜後同年三月に行なわれた「読法」改正後も、それまで同様に行なわれていたと考えられる。前掲明治十八年の『砲兵内務書　第三版』第八章第一二条にも、同様の「読法」の儀式要領がある。またこれには、「兵卒の各室には読法を塗板に記載して之を掲げ」とあり、「読法」を重視していたことが分かる。

このように「読法」儀式の要領の小改正を伴いながら、この儀式が昭和九年に完全に廃止されるまで[108]、儀式そのものは続けられたようなので、新入営者はその儀式が終ったときから軍人身分になったと解釈されていたと考えてよかろう。明治十四年末制定の「陸軍刑法」第四条に、この「刑法」の適用を受ける軍属については、「宣誓若くは読法の式に由り陸軍に従事する者」としてあって「宣誓」や「読法」儀式の終了が適用要件になっているが、軍人については「読法」の適用外の辞令発令等による上級者もいるためか、第三条で単に、軍人とは「将官及ひ同等官上長官士官下士諸卒を謂ふ」としてあるのみであり、いつの時点から軍人に「陸軍刑法」が適用されるのかが明示されていない。明治十五年三月制定の陸軍新「軍人軍属読法」は、その中の「軍属読法」で、給仕、小使など「宣誓」を義務づけられずに(109)「この読法の式を受け陸軍に従事する」下級者に、「軍属読法」を適用することを示しており、「軍属読法」の末尾に「陸軍刑法」を遵守すべきことが示されていることから、「読法」の儀式を経た下級軍属は、「陸軍刑法」を遵守することを誓ったともいえる。しかし他方の「軍人読法」では、「兵員に加る者」に「軍人読法」を適用することが示されているだけで、いつの時点で「兵員に加る者」になったのかがやはり曖昧になっている。その末尾に「陸軍刑法」を遵守すべきことを説いてはいるが、いつの時点からその義務が生じるのかを明らかにしてはいない。「陸軍刑法」がそのことをはっきりさせていないので、「軍人読法」もそうなってしまったのであろう。しかし新入営兵卒の誓文への署名押印を伴う「読法」儀式は改正前と同じように行なわれていたのであり、軍属については、宣誓もしくは「読法」儀式を経たことが、「陸軍刑法」第四条によってこの「陸軍刑法」の準用を受ける軍属の要件とされており、さらに「軍属読法」の末尾にある「陸軍刑法」遵守義務により、下級軍属については「読法」儀式終了が「陸軍刑法」準用の要件になっていたともとれるのであるから、新入営兵卒についても同じように解釈してよかろう。軍属に行なわれていた方式を、明文はないものの新入営兵卒にもこれを準用する形でそれまで同様に、「読法」儀式終了を「陸軍刑法」適用の開始時点にしていたと解釈するのが順当ではないか。

その後「陸軍刑法」は明治四十一年四月十日法律第四六号で改正されているが、その第八条で、「陸軍刑法」の適用を受ける現役の陸軍軍人から、「未た入営せさる者及帰休兵」を外している。つまり、入営のときから「陸軍刑法」の適用を受けることを示しはしたものの、「読法」を終っていることを適用の要件として条文に示すことをしなかったことでは改正前と同じであったので、いつの時点から「陸軍刑法」を適用するのかは解釈によるほかなかった。

この明治四十一年の「陸軍刑法」改正のとき、明治十五年施行の「陸軍刑法」の下では陸軍軍属は、「宣誓」または「読法」の儀式が終っていることが、「陸軍刑法」を軍人同様に準用する軍属の要件になっていたが、その規則を改めて、条文から陸軍軍属の「読法」の儀式を削除した。つまり第一四条で、陸軍軍属とは「陸軍文官、同待遇者及宣誓して陸軍の勤務に服する者」と定義し、「読法」の語を入れることをしなかったので、「読法」の儀式終了は、軍属の「陸軍刑法」準用の要件ではなくなった。おかげで軍人についてもそれまでは、この軍属の「読法」終了の要件に準じて、前述のとおり明治十五年制定の「陸軍読法」による「読法」儀式が終了した時点を、「陸軍刑法」適用の時点と解釈していたと思われるのであったが、(110) それができなくなった。これで新兵の入営をいつの時点にするかが問題(111)として浮かびあがってくるのは別にして、「陸軍読法」と「陸軍刑法」の表向きの関係は、陸軍の軍人軍属どちらについても、法令上この時点で消滅したといってよかろう。

三　「海軍読法」の消滅

明治四十一年四月十日法律第四八号で改正された「海軍刑法」もほぼ同様に解釈できる。前にも触れたが、海軍の「読法」が明治九年四月四日に改正（海軍省記三套第三二号）されたときの改正文が『法令全書』にあり、その欄外に、「海軍刑法」布告（明治十四年太政官布告第七〇号）のときに「読法」が消滅した旨の印刷註記があるので、今のところこれが「読法」消滅の手がかりになっている。ただ明治十五年以後に海軍の「読法」が行なわれていた証拠は見あたらないので、明治十五年一月一日の時点で海軍の「読法」が消滅したことは間違いあるまい。海軍は「海軍刑法」施行で「海軍読法」の存在意義が消滅したと判断したのであろう。

このように「海軍読法」は明治十四年末制定の「海軍刑法」により消滅していた。しかし「陸軍読法」と「陸軍刑法」の関係を前述のとおり軍属の規定を介していくらか残していた陸軍では、明治四十一年の「陸軍刑法」改正時にようやく、「陸軍読法」と「陸軍刑法」の法令の条文上の関係を完全に絶ったのであり、陸軍がいくらか海軍に歩み寄ったといえよう。

明治十四年末に制定された「海軍刑法」は、基本的な構成・内容はほとんど「陸軍刑法」と同じであるが、海軍の組織や兵員の服務形態が陸軍と異なるところから、それぞれの条文・罰条にいくらかの違いを生じている。しかし罪刑法定主義、軍紀重視という基本的な考え方は、陸軍と同じである。このことは次章第一節で述べるとおり、太政官への「海軍刑法」草案上申後に、「海軍刑法」草案よりも早く上申されていた「陸軍刑法」草案を参照して修正[112]しているので、基本的な相違はなくなったのであろう。そのため海軍の「読法」にあった禁止項目が「海軍刑法」に吸収されたことも、陸軍と同じになっている。

「海陸軍刑律」ではその第二条により陸海軍どちらの場合も、本人の「読法」の儀式が終了していることが、「海陸軍刑律」を適用する要件になっていた。しかし明治十四年末制定の新しい「陸軍刑法」・「海軍刑法」は、陸軍軍属を除き条文にそのような要件を示すことをせず、「読法」との直接の関連がなくなった。そこで、軍人・軍属一般にこれが適用されるとき、軍人・軍属の身分獲得がいつの時点からかということが問題になるが、「陸軍刑法」については、前項末尾で説明したとおりであり、海軍の場合は、海兵団等への入団時の儀式で、入団命令が読みあげられたときと解釈してよかろう。それにしても、予備役軍人への適用をどうするか、召集されたとき軍刑法上、軍人としての扱いがなされるのはいつの時点からかといった細部が最初から示されていたわけではないので、細かい点では問題があった。結局これについては、判例の積み重ねとそれによる通達、「治罪法」のような別の法令の制定に待つほかなかった。陸海軍とも明治四十一年の「軍刑法」改正時に条文を追加修正しているので、問題点はいくらか解消したであろうことを条文のうえで読みとることができるが、「陸軍刑法」の明治四十一年の改正について述べたとおり、完全に問題がなくなったわけではない。このことは論題から外れるのでこれ以上は触れない。

いずれにしろ「読法」は明治十五年一月一日から、「陸・海軍刑法」の関係では無用の存在になった。そのため陸軍は新しい意味をもつ「軍人読法」を制定したのであるが、海軍は新しい「読法」を制定しようとはしなかった。前述のように海軍は「軍人勅諭」についてさえ冷淡であったので、徳目を中心とする新しい「読法」の制定などは、思いもよらないことであったようである。そのため海軍の「読法」は、「海軍刑法」の施行により無効になったといえる。しかし「読法」を廃止する通達は発見できていない。ただ本項冒頭で述べたとおり、海軍の「読法」が明治九年四月四日に改正（海軍省記三套第三二号）されたときの改正文が『法令全書』にあり、その欄外に、「海軍刑法」布告（明治十四年太政官布告第七〇号）のときに「読法」が消滅した旨の印刷註記があるのと、明治十五年以後に海軍の「読法」が行なわれていた証拠は見あたらないことから、明治十五年一月一日の時点で海軍の「読法」は消滅したと判断して間違いあるまい。

陸軍もこの時点で法的には「読法」を残しておく必要性はなかったのであるが、政策的必要性から、内容を改正してまで残したのであろう。昭和九年に陸軍が「読法儀式」（宣誓式）を廃止したのは、「読法」の内容が「軍人勅諭」と重複し無意味であったからだということを、当時陸軍省軍務局に勤務していた土橋勇逸が回顧[113]しているが、明治十五年施行の「陸軍刑法」が明治四十一年に再度改正されてから後は、軍属を含めて「陸軍刑法」と「陸軍読法」の関係が全くなくなり、そのような「読法」と「軍人勅諭」の重複状態だけが残されていたのである。海軍では「海軍読法」が、明治十五年の「海軍刑法」施行時に無効になったと解釈でき、また「新読法」の制定はなかったので、そのような問題は起こらなかった。

明治十五年当時の海軍に「読法」が必要ではなくなった理由のひとつに、当時の海軍はまだ徴兵を採用していなかったことがあるであろう。海軍徴兵が初めて採用されたのは明治十八年であり、このとき三〇〇名が採用された。志願兵採用は千名を超える年があったが、それにしてもこの程度[114]では、新採用兵に特別の精神上の教育をする必要性は少なかったといえるのではあるまいか。志願兵はそれなりの積極性から海軍に志願したと思われるからである。また海軍は技術者集団であり、技術に関心はあっても、新入兵に対して特別の精神上の教育をすることについては、何度も述べたとおり関心が小さかったからである。

四　精神面の教育についての陸海軍の思想の相違

本項は、本章のまとめの意味で論述する。

山縣有朋は前述のとおり竹橋事件が発生する前から、陸軍軍人の不軍紀状態の対策を必要とすることを認識していた。「軍人訓誡」を山縣陸軍卿名で下達したことは軍人の精神面の改善を図る表れであり、これは竹橋事件を契機として作成されたものではなく、それ以前から作成が着手されていたと考えるのが自然である。「陸軍刑法」の制定（「海陸軍刑律」の改正）は、次章第一節で述べるように常人を対象にした「刑法」の制定と関連している部分がある。しかし、定説のとおりフランス式の傾向が強い[115]ものとして制定されたと思われるその「刑法」に不満をもつ山縣有朋が、日本的な要素を入れて改正しようという意図を示した「刑法」改正理由[116]書中にあるように、この「刑法」制定と関連している「陸軍刑法」・「海軍刑法」の制定（改正）には、厳しい刑罰により、軍内不軍紀状態の象徴である平時犯罪の発生を抑止しようとする意図も入っていたと考えるべきであろう。海軍はともかくとして、山縣が影響力をもつ陸軍では、このことに熱心であった。それは、「刑法」外の太政官布告による賭博取締り特別処置との関連で、軍内でも賭博が特に厳しく取り締まられるようになったことに示されている。

陸軍についての相互関係の分析から分かるように、「軍人訓誡」と「読法」の延長線上に「軍人勅諭」と新しい「陸・海軍刑法」があり、徳目の面と処罰という両面から軍紀風紀を維持するのが、山縣の方策であったと思われる。そのためには「陸・海軍刑法」は「刑法」とともに日本的な要素に配慮したものであることが必要だと考えたのであり、賭博についての「刑法」の例外規定を「軍刑法」にも及ぼしたことが彼の意志を示す事実として表れている。

山縣は陸軍参謀本部長のときに天皇に「軍人勅諭」の下賜を上申し、そのとき参議としての立場を生かして、海軍にもその下賜を受けさせることに成功したと思われる。しかし川村純義海軍卿はこの処置に不満をもっていたようであり、勅諭下賜の儀式に出席しなかった。また技術者集団である海軍は、技術の修得に追われて、兵員の精神面の教育まで手が回りかねていたようである。このことは次章以下で細部を述べるとおり、明治三十年代の「艦団隊教育規則」類に精神教育についての条項がなく、海軍将校のための機関紙『水交社記事』が陸軍の同種の『偕行社記事』に比べて航海運用記事で占められていて精神教育関係記事を見ることが少なかったことにも現れている。またこれまで述べてきたとおり、海軍の精神教育面の法制整備は陸軍に比べて後れており、刑罰による威迫的な政策は行なわれていたものの、積極的な精神面の兵卒指導のための法制整備は、日清戦争後を待たねばならなかった。

「軍人勅諭」については、第二節で述べたような「軍人勅諭」の下賜の経緯から陸軍はこれを組織内に徹底するのに熱心であったが、海軍はやや消極的であった。陸軍はこの山縣有朋の不軍紀対策としての「軍人勅諭」下賜の関係もあったからであろうが、「読法」を改正して「軍人勅諭」「陸軍刑法」とともに軍紀風紀の維持に役立てようとした。陸軍の児玉源太郎も山縣とはやや異なるにしても、方向としては山縣が打ち出していた線に沿って、積極的な面での精神教育策を推進した。しかし海軍は「軍人勅諭」の下賜と「海軍刑法」の施行があった時点で、「読法」を廃止したことに表れているように、日清戦争まで、徳目による兵卒指導にあまり熱心ではなかった。ここに陸軍との相違が表れている。

陸軍は児玉源太郎関係で述べたような積極施策に発展がみられたが、後に熱心のあまり、昭和期に入る頃から「軍人勅諭」の棒暗記を兵卒にまで強制するようになり、行きすぎがみられた。しかし海軍は日清・日露の戦争体験を経て、精神教育を少しずつ行なうようになったが、陸軍のようにその面で行きすぎることはなかった。

これには制定時の経緯が尾をひいていたことはもちろんあったであろうが、もうひとつ、海軍は軍艦という機械を使用して戦う組織であり、艦内では艦長の号令で全員が行動することが影響しているのではないか。散兵戦という形で兵員個人に戦力を依存する陸軍よりは、個人の精神力に戦闘が左右される場面が少ないためであろうと考えられる。陸軍については第六章第一節二項の原田大佐の論文で紹介するように、第一次世界大戦後は「戦法は散開的戦法を経ていまや個別的全能力発揮の協同一致的総和に依りて戦勝の獲得を期する分散的戦法に変転せり」となり、散開して上官に指令を乞うことができないような状態では、兵卒も自らの判断と精神力で戦わねばならない状態になったので、個人の精神力を重視するようになったといえる。

註

（1）　防衛研究所蔵『従明治十一年乃至十二年年報』。

（2）明治文化研究会編『明治文化全集　第二十六巻　軍事編・交通編』（昭和五年、日本評論社）九七頁以下。
（3）前掲『従明治十一年乃至十二年年報』中の「刑事一般景況書」。
（4）防衛研究所蔵『明治九年大日記　送達の部十一月土　陸軍省第一局』「正院へ憲兵設置の伺」。
（5）朝倉治彦編『陸軍省日誌　第六巻』（昭和六十三年、東京堂出版）八八頁。
（6）我妻栄編『日本政治裁判史録　明治・前』（昭和四十三年、第一法規出版）四八三頁ではそのような記述がされている。
（7）国立公文書館『公文録　明治十一年自九月至十月』「官員」に、「山縣参議眼病療養御暇願之儀」があり、八月二十八日から眼病に罹ったとして九月十一日に、四週間の転地療養を願い出て翌十二日に認められている。予定では十月九日までのところ、延長されたらしく、十一月八日付の西郷陸軍卿宛文書（陸軍省編『明治天皇御伝記史料　明治軍事史　上』昭和四十一年、原書房）が宮内卿代理から出されていることに、不在の証拠がある。西郷従宏『元帥・西郷従道伝』（一九九七年、芙蓉書房出版）一六〇頁に、十一月八日付で西郷が、「山県陸軍卿病気平癒に付陸軍級卿兼勤被免」とある。
（8）同右『元帥・西郷従道伝』一五五頁。
（9）宮内庁『明治天皇紀　第四』（昭和四十五年、吉川弘文館）四八七―四八八頁。
（10）前掲『明治文化全集　第二十六巻』一五九頁。
（11）尚友倶楽部山県有朋関係文書編纂委員会『山県有朋関係文書　二』（二〇〇五年、山川出版社）一六八頁。
（12）たとえば、「軍人の言語は寡簡を貴ひ容儀は粛静を貴ひ動作は沈着を貴ひ応対は詳実を貴ひ飲食財貨の事は廉潔節倹を貴ひ」「兵卒の訴告は隊中一定の上官に対する時は其の伍長に申告して軍曹に達し軍曹は之を曹長に達し」と、具体的詳細にわたっている。
（13）防衛研究所蔵『明治十四年大日記　諸省八月月　陸軍省総務局』「海より陸海軍刑法草案云々の事」。
（14）内閣記録局編『法規文類大全　51』（原本明治二十四年。昭和五十二年、原書房復刻）兵制門十四、軍隊四、内務二、一頁、明治九年五月二十四日陸軍省達第七〇号。「騎兵内務書　第一版」。
防衛研究所蔵『砲兵内務書　第一版』明治九年三月二十七日陸軍省達第四八号。

「内務書」は明治五年十一月九日に陸軍省が頒布した『歩兵内務書　第一版』が最初のものだといわれているが、右の砲兵のものが現在目にすることができる最初のものである。

藤田嗣雄は、「歩兵内務書　第一版」はオランダ陸軍の「軍隊内務書」に依拠しているという〔『明治軍制』（平成四年、信山社出版）三〇一頁）。現物が見あたらないこの第一版や明治八年の『歩兵内務書　第二版』は、『騎兵内務書　第一版』などと同じような構成になっていたと思われる。なぜかというと『歩兵内務書』の更新版で明治十三年六月五日に制定通達された『歩兵内務書　第三版』は現物があり、明治九年制定で内容文章を確認できる『騎兵内務書　第一版』や『砲兵内務書　第一版』と同じ構成をとっているからである。兵科としての存在感が小さかった、当時の騎兵・砲兵の「内務書」に準拠したであろうことは当然であり、『歩兵内務書　第三版』が、騎兵・砲兵の「内務書」に倣うことは考えられない。

（15）防衛研究所蔵『明治三年公文類纂　十三』の「碇泊中艦内日課定則」で定められた日課のとおり行動することが陸軍の「内務書」に共通するほか、「定」の各条、たとえば本文に示したもののほか、「甲板上にて猥りに高笑雑談すへからす」といった類の禁制が並んでおり、これも「内務書」的な要素をもっていたといえよう。しかし積極的に精神面の教導を図る意図は示されていない。明治十五年三月三十日海軍省達丙第二二号で「練習艦内務規程」が示されているが、精神教育的な内容は含まれていない。明治十七年十二月十六日海軍省達丙第一七六号で「若水兵教育概則」が示されているが、ようやくこの第五条に、「軍人の本文即ち勅諭の大旨」を教育するようになっているのが精神教育の初見である。

（16）防衛研究所蔵『陸軍省規則条例　自明治四年至八年』。

（17）藤田嗣雄『明治軍制』（一九九二年、信山社）三〇一頁。

（18）手塚豊『明治刑法史の研究　上』（昭和五十九年、慶応通信株式会社）「山縣有朋の「刑法改正理由」意見書」二七二頁。

（19）防衛研究所蔵『明治十七年大日記　一月水　陸軍省総務局』の総水局第三七号「軍人軍属賭博犯之儀ニ付上申」および同綴『明治十七年大日記　四月水　陸軍省総務局』総水局第二五五号。これら綴と日付は前後しているが明治十七年三月二十四日太政官達第二七号で、軍人軍属の賭博犯は憲兵部が処分し、それができない場合は陸海軍法衙が処分するように示されている。

（20）防衛研究所蔵『明治十四年大日記　局部八月水　陸軍省総務局』上請案「陸軍刑法の頒布相成度義に付上請」に、「陸軍刑法草按は明治十三年三月中進達」とある。

同右『明治十三年三月　送達日記　卿官房「送」』第六三号で、明治十三年三月一日送達になっている。

（21）熊谷光久『日本軍の人的制度と問題点の研究』（平成六年、国書刊行会）六七頁。

（22）徳富猪一郎『公爵桂太郎伝』（大正六年、故桂公爵記念事業会）四二六—四二七頁。

（23）明治十九年三月十五日付で児玉源太郎歩兵大佐、小坂千尋歩兵少佐が最初の委員として発令され、その他寺内正毅歩兵中佐、井上詳歩兵少佐、長澤太郎歩兵少佐、眞鍋斌歩兵少佐、小池正文陸軍一等監督の計七名が委員に任命された。寺内の発令は官報で未確認であるが、国会図書館憲政資料室『寺内正毅関係文書目録』略年譜に三月十七日発令とある。井上、長澤、眞鍋は三月二十三日付で、小池は三月三十一日付である。児玉は明治十九年九月三十日に陸軍大学校幹事、明治二十年六月三日に新設の監軍部参謀長、明治二十年十月二十五日に陸軍大学校長を兼務している。

(24) 防衛研究所蔵『明治二十年五月弐大日記』総第二八八号中の「送甲第六九九号」。

(25) 伊藤博文編『秘書類纂　兵政関係資料』(昭和十年原本。昭和四十五年、原書房復刻)七八―八〇頁。

(26) 中村赳「メッケル少佐新考」(『軍事史学』第十巻第四号、昭和五十年)二六頁。

(27) 防衛研究所蔵(偕行社蔵の複製版)『陸軍士官学校歴史』(推定大正十四年、陸軍士官学校)および明治十六年二月二十日陸軍省達甲第九号「陸軍士官学校条例」。砲兵科、工兵科は少尉の階級でそのまま生徒少尉としてさらに二年間、専門の科目を学んだ。

(28) 防衛研究所蔵『陸軍省雑』中にある「独逸軍制梗概」(明治十九年総務局原稿)。

(29) 前掲『日本軍の人的制度と問題点の研究』第二章第一節・第二節で、ドイツの将校養成制度についても日本のものについても詳しく説明しているので、細部は省略する。

(30) 防衛研究所蔵『兵学教程読本　巻之三』(明治十年頃の内外兵事新聞局出版と推定)八二頁以下参照、フランスのサンシール士官学校大尉教官の独逸軍制についての著作を少佐荒井宗道陸軍士官学校教官が翻訳したもの。

前掲「独逸軍制梗概」(明治十九年総務局原稿)の「士官を選抜する法」の中に、一般または兵士から試験選抜された士官候補生が部隊勤務と士官学校での学習(九ヶ月)を経て見習士官になり少尉に任官するメッケルが体験した経路と、中央幼年学校を経た後、①皇帝の命令でいきなり少尉に任官する特定者、②成績優秀でさらに一年間中央幼年学校の士官コースで学び士官検査に合格すると少尉に任官できる者、③士官候補生の試験に合格して部隊で半年間下士勤務をした後に士官学校(九ヶ月)で学び、士官試験に合格すると見習士官を経て少尉に任官できる現役士官の補充法が示されている。『兵学教程読本　巻之三』に示されたものと基本的な制度は共通である。明治二十年改正の日本陸軍の将校養成法は、この制度を参照したと思われる。『兵学教程読本　巻之三』(八一頁)は、独逸士官の三分の一は幼年学校出、三分の二は一般または兵士から採用された士官候補生出だとしている。

(31) 同右「独逸軍制梗概」は、「士官を選抜する法」の中で、「士官の位置は家系の善良なる者を」選ぶとし、「平民より士官となる者は其父と共に聯隊長の許に至り」聯隊長が「挙動を見て其品位を考察し其父に其人の家系を尋問」し、士官としての品位を保ちうるかどうかを確認することとしている。

村岡晢「七年戦争とプロイセン」(『世界の戦史6　ルイ十四世とフリードリッヒ大王』昭和四十一年、人物往来社)二六〇頁に、一七一三年にプロイセン王フリードリッヒ・ウィルヘルム一世が、出身、人物のいかがわしい者が将校になるのを防ぐため将校採用令を制定し、ユンカーから将校を採用することとして、その教育のために幼年学校を創設したとあり、この時期から将校の出自を大切にするようになったといえよう。

ヘルバート・ロジンスキー博士（柴田賢一訳）『独逸国防軍』（昭和十五年、青年書房）一〇八頁は、「ウィルヘルム二世の即位によって」「ブルジョアジイ的要素は急速に増加した」「一八六〇年には三十五パーセントであったのが一九一三年には七十パーセントに達していた」「近衛の将校等は、公達の若様ばかりで」、カイゼル自らが聯隊長になった一四五歩兵聯隊の将校は、「貴族出身者が多くなり、一八九五年には二十五パーセントだったのが一九〇五年には六十七パーセントに達した。」としている。

(32)　前掲『兵学教程読本　巻之三』八二頁。ドイツの地方幼年学校は六校で生徒数約千名、十歳から十五歳のものを教育するが、中央幼年学校が年間約三〇〇名余を採用しているところからみて地方幼年学校一校あたりの毎年の採用数は五〇名程度であり、平均三年の在校で中央幼年学校に進んだものとみられる。

(33)　明治十六年二月二十日陸軍省達甲第九号「陸軍士官学校条例」および註（27）『陸軍士官学校歴史』の明治十六年八月の項。

(34)　同右「陸軍士官学校条例」第二一条に、幼年生徒を官費生徒と自費生徒に区分し、戦死せる陸軍将校および同等官の孤子を官費生徒とすることが定めてある。明治十年一月十三日に陸軍士官学校の幼年生徒として吸収されるまでは、組織が陸軍幼年学校として独立していたが、明治八年五月九日「陸軍幼年学校条例」（布第一四三号）第一条によると、「陸軍出身志願の生徒及陸軍武官死没せし者の孤子を教育する」のであり、第九条に全て官費とすることが示されていた。従って孤子以外の生徒も当時は官費であったことになる。教育期間は三年である。

(35)　前掲註（27）『陸軍士官学校歴史』明治十四年一月十日に、士官生徒七〇名が入校しているが、うち幼年生徒出身は二六名と記録されている。明治十六年十一月五日の記事には幼年生徒五三名が入校とあるが、うち戦死者の孤子と考えられる官費生徒は一名と記録されており、西南の役など古い時代の戦死者の孤子が少なくなったため一般から自費で入学する者が増えたと考えられる。また記事に、病気・病死退校者の氏名が毎年何名かみられる。

(36)　同右『陸軍士官学校歴史』明治十三年四月三十日の項に、自費生徒として初めて八名が入校したことが記録されている。前掲「陸軍幼年学校条例」第二条に、将来文部省の学校制度が整備されたときは、このような士官学校入校のための予備的な基本学科の教育を軍が行なう必要はなくなると考えられるので、そのときは、陸軍幼年学校は「孤子教育のみの学校」になるという意味の記述がある。

(37) 同右『陸軍士官学校歴史』明治十三年四月五日に、幼年生徒三〇名が入校したことが記録されているが、この年の自費生徒は、右註のとおり追加として八名が初めて採用されている。その後明治十八年九月一日入校の幼年生徒は五三名中官費生が二名としてあり、ほとんどが自費生になった。この自費生には、かつて一般から採用し官費生として扱われていた者と同じ条件の者も含まれているのではないかと考える。同右『陸軍士官学校歴史』明治十六年七月十八日の記事に、成績優秀、品行方正、志操確実な士官生徒を自費生から官費生に切り替えることおよび同年十一月三十日の記事に、幼年生徒の「被服食料官費逓給の法」を定めたとあるからである。

(38) 防衛研究所蔵・参謀本部編『列国陸軍の現況』(明治四十五年) 五三〇頁。フランスの陸軍幼年学校は「陸海軍軍人の子を生徒とし陸軍士官学校及諸芸学校に入学する為準備教育を授く」「陸軍予備学校は軍児 (二歳以上の軍人の孤子にして政府の費用を以て養育せらるる者) 及エリオー孤児院の児童を生徒とし将来軍隊の下級幹部たる可き準備教育を授く」とあり、フランス陸軍が軍人の子特に軍人の孤児について、幼年教育にかかわっていたことが分かる。なおこの史料は明治末期のものであるが、一八七〇 (明治三) 年に始まった普仏戦争の終息以来の共和制の下で基本的な軍事制度の変革はなかったので、明治二十年頃もそうであったと考えてよかろう。

(39) 防衛研究所蔵『陸軍省第八年報　明治十五年―十六年』一二頁に幼年生徒の教育科目が示されているが、仏語学、漢学、算学であり、仏語学の中にフランスについてのものであろうが地理学・歴史が含まれている。

(40) 伊藤博文編『秘書類纂　兵政関係資料』(原本昭和十年。昭和四十五年、原書房復刻) 一〇五頁。メッケルは「一般の服役を日本に採用するの必要」の中で、日本のそれまでの将校養成は、「一日も在隊服役するにあらず」に、少尉に任官させているることを批判している。

(41) 防衛研究所蔵『陸軍中央幼年学校歴史』の該当年の記事。明治二十六年二月八日の記事に定員が三学年で三〇〇名になったとある。

(42) 同右『陸軍中央幼年学校歴史』中の「幼年学校生徒学術課程及回数表」(明治二十年十二月二十七日) のものおよび『陸軍中央幼年学校沿革史附録』「陸軍幼年学校教育課程」(明治二十七年二月八日) を参照。明治二十七年分に依拠して本文に記した科目といくらか名称の相違はあるが、どちらもほぼ同じといえる。

(43) 同右『陸軍中央幼年学校沿革史附録』(明治二十七年二月八日)「陸軍幼年学校教育課程」。

(44) 前掲『陸軍士官学校歴史』明治十一年六月十日の記事。

(45) 三浦梧樓『観樹将軍回顧録』(昭和六十三年、中央公論社、中公文庫) 一三〇―一三三頁。

(46) 明治二十一年十月三十一日陸軍省達第一九七号「陸軍内務書」を指すと思われる。それまでの兵科別のものが統合されている。「内務書」の改正は第五章第四節二項参照。
(47) 外山操編『陸海軍将官人事総覧　陸軍編』(昭和五十六年、芙蓉書房出版)によると、明治二十四年十月二十五日欧州出張、明治二十五年八月十八日帰朝になっている。当時の階級は陸軍少将。帰朝日に陸軍次官兼軍務局長。
(48) 国会図書館蔵児玉源太郎『児玉少将・欧州巡回報告書』二三頁。
(49) 同右。
(50) 前掲註(28)「独逸軍制梗概」は、「士官を選抜する法」の中で、「士官の位置は上等の位置を占むるを以て天皇陛下も之に対し特別の栄誉を与ふ故に士官は特種の取扱ひを受くる者とす士官の位置は家系の善良なる者を選」んで任官させるとしている。
　東幼会『わが武寮』(昭和五十七年、東幼会)一〇一―一〇三頁が、昭和期の東京陸軍幼年学校生徒の合言葉のようになっていたとしている「われは将校生徒なり」という表現は、「身分に伴う道義的義務」を意味すると説明されているが、その始まりは、右のようなところにあるといってよかろう。
(51) 前掲『児玉少将・欧州巡回報告書』二七頁。
(52) 明治三十一年十月八日陸軍省告示第一四号で、地方幼年学校生徒各校約五〇名の六校全体で約三〇〇名、士官候補生(中央幼年学校以外からの士官学校入校予定者)五五〇名の三十二年度募集が行なわれているが、この年は中央幼年学校生徒の一般からの募集は行なわれていない。このときの採用生徒が主体になる明治三十五年度に地方幼年学校を卒業し中央幼年学校に入校した生徒は、二七八名である(前掲『陸軍中央幼年学校歴史』)。彼らは明治三十七年六月一日に、一般から採用した士官候補生三八〇名とともに陸軍士官学校第十七期生として入校(前掲『陸軍士官学校歴史』)した。
　明治四十四年度に中央幼年学校本科(明治三十六年に東京地方幼年学校が吸収されて予科を名乗り、地方幼年学校は五校になったため元の中央幼年学校を本科という)に入校した生徒は二六八名(前掲『陸軍中央幼年学校歴史』)であるが、当時の右予科を含む六校の地方幼年学校採用数はやはり各校五〇名、総計三〇〇名(防衛研究所蔵『明治四十三年弐大日記』「将校生徒召募告示の件通牒」)であり、中央幼年学校への一般からの生徒採用はないとみることができる。

　防衛研究所蔵『陸軍教育史　陸軍中央地方幼年学校の部』明治三十年記事の「陸軍幼年学校設立の趣旨」の付記に、陸軍幼年学校出身以外の者を陸軍士官学校や中央幼年学校の生徒の一部として採用するようにしたのは、地方幼年学校入学を逸した者に再度の機会を与え、「公平を保ち、青年の進路を広くする」配慮からだととれる記述が加えられている。明治四十四年前後の陸軍士官学校卒業数は毎年七〇〇名台前半の員数であり、そのうち毎年二〇〇名台後半の員数の幼年学校出は、このような記述からみても、選ばれた者という自覚をもったとしても不思議ではない。
(53) 同右『陸軍教育史　陸軍中央地方幼年学校の部』明治三十一年八月十六日「陸軍幼年学校教育綱領」。
(54) 前掲『わが武寮』四一五―四一七頁に、皇室との深い関係、たとえば皇族が生徒として陸軍幼年学校に入校され、卒業式に皇族の差遣があるなど特別の学校になったことが述べられている。
(55) 明治四十一年十二月一日軍令陸第一七号「軍隊内務書」には、初めて綱領が冒頭に掲げられたが、その第二条に、入営してきた新兵に「上官は初めより懇篤に之を誘導し漸次営内の起居に慣れしめ」とあり、また、「上官は隊中に在ると否とを論せす其言行総て部下の儀表たらさるへからす故に上官は常に気品を高尚にして行状を端正にし」とあるのは、『児玉少将欧州巡回報告書』について本文で説明したドイツやロシアの軍隊教育の方法のとおりである。この「軍隊内務書」については第六章第三節三項参照。
(56) 前掲『陸軍教育史　陸軍中央地方幼年学校の部』明治三十年。明治二十九年の中央・地方幼年学校の発足関連史料。
(57) 前掲「七年戦争とプロイセン」二六五頁。
(58) 昭和館蔵『海軍雑誌』第三十九号（明治十八年十月、海軍軍事部第四課）一―四頁。
(59) 宮内庁『明治天皇紀　第五』（昭和四十六年、吉川弘文館）六〇〇頁、六〇六頁。山縣は最初、参謀本部御用掛の西周に起草させたが漢文調なので気に入らず、『東京日々新聞』記者の福地源一郎に起草させ、これを参事院議官井上毅と同院御用掛箕輪醇に修正させ、さらに山縣自身も手を加えたとしている。
(60) 陸軍省編『明治天皇御伝記史料　明治軍事史　上』（昭和四十一年、原書房）五二五頁。原史料は「陸軍省文書　総務局編冊」。
(61) 前掲『明治天皇紀　第五』六〇〇頁。
尾野實信代表以下編『元帥公爵大山巖』（昭和十年、大山元帥傳刊行会）四六一頁。

防衛研究所蔵『明治十五年公文原書』の「海軍刑法第二条第二項付則御定の議」に、明治十五年一月二十六日付の「海軍卿川村純義代理陸軍卿大山巖」の署名があり、大山がこの時期、不在中の川村に代わって海軍卿代理を務めていたことが分かる。
(62) 国立公文書館蔵『公文録明治十四年十二月』「官員」。
(63) 国立公文書館蔵『公文録明治十五年二月』「官吏雑」。
(64) 前掲『明治天皇紀　第五』三一八頁、五五八頁。
(65) 田村栄太郎『川村純義・中牟田倉之助傳』（昭和十九年、日本軍事図書）一三二頁。

明治十四年度の軍経費は、陸軍が八七三万円であったのに対して海軍は三一〇万円であり、毎年同じような状況が続いていた。
(66) 前掲『明治天皇御伝記史料　明治軍事史　上』五二五頁、五二九頁。
(67) 朝倉治彦編『陸軍省日誌　第九巻』(昭和六十三年、東京堂出版) 四二頁。
(68) 内閣記録局編『法規文類大全　45』(原本明治二十四年。昭和五十二年、原書房復刻) 八〇頁。
(69) 註 (56) にあるとおり川村海軍卿の湯治不在の間、大山巌陸軍卿が海軍卿代理を務めているので、大山の指示でこの通達がなされた可能性がある。
(70) 前掲『法規文類大全　45』八〇頁。
(71) 防衛研究所蔵『明治三十八年公文備考　文書学事巻八　文書』「勅諭御下付の件」。駆逐艦「皐月」艦長の明治三十九年一月二十五日付文書が同じ綴りにあり、「軍人勅諭」を接受したという報告書が、海軍省に出されていることが確認できる。
(72) 陸軍省達乙第一一号。軍隊手帖は軍隊手牒とも書かれ、明治六年三月十三日陸軍省第七五により各鎮台が作製配布するようになった。筆者の手元にある明治五年発行と思われるものには、冒頭に掟として「読法」が掲げてある。身上事項を記入する欄もある。さらに明治十一年八月十三日陸軍省達乙第一二七号で兵科別作製になっている。明治三十年十月二十日陸軍省達第一三四号による改正で全ての区分がなくなり統一されている。海軍には同じようなものはなく、身上事項は履歴表に記入されていた。大正九年十一月海軍省教普一八〇一号で「海軍兵須知提要」という新兵向け教育小冊子が制定され、主要勅諭が掲載されている。
(73) 前掲『陸軍省日誌　第九巻』八八頁にある達に、「今般印刷候条各中隊一部宛の割りを以て可下渡」とある。
(74) 前掲『明治天皇御伝記史料　明治軍事史　上』五二九頁。
(75) 石井良助編『大系日本史叢書4　法制史』(昭和三十九年、山川出版社) 一六四頁。
(76) 「軍人勅諭に関する座談会」(『偕行』昭和五十七年一月号) 一一頁、一四頁。
(77) 頼泰安『少年飛行兵よもやま物語』(昭和五十八年、光人社) 一八一頁に、著者が少年飛行兵として陸軍に入ったばかりの生徒のとき、「勅諭を一字一句もらさず暗記暗誦しなければならず」「こんな勅諭を明治天皇がつくらなければなあ」と思ったと書いているが、同じような記事は当時陸軍下級兵であった人たちの著作に珍しくない。
(78) 前掲「軍人勅諭に関する座談会」一八頁。
(79) 有終会編『続　海軍兵学校沿革』(昭和五十三年、原書房) 一七〇頁。

(80) 同右一七二頁。「五省」といわれる生徒の一日の反省行事も、このときに始まっている。
(81) 昭和十四年海軍兵学校第六七期卒市来俊男氏談。
(82) 海軍省編『海軍制度沿革　巻十二』(原本昭和十六年。昭和四十七年、原書房復刻) 一五九頁によると、明治四十年九月に海軍教育本部が認可したことになっているが、海軍兵学校編『海軍兵学校沿革』(原本大正八年。昭和四十三年、原書房復刻)によると、明治四十年九月十日改正になっており、明治三十八年二月二十六日に初めて制定したことになっている。
(83) 防衛研究所蔵『明治三十八年公文備考　文書学事巻八　学事』「教育に関する意見」中の教本第五〇九号。戦争中の明治三十八年二月に、艦船で実験したり考究したりした事項と教育上の事項を教訓として求める通達(教本第五七号・第九一号)を海軍教育本部が出していたが、それによって、すでに提出されたものに加えて、さらに脱漏しているものを、明治三十八年十一月末迄に所属長を経由して海軍教育本部に提出することを求めている。
(84) 防衛研究所蔵『勅諭の栞』(明治三十九年八月)。その後大正五年に改訂されている。
(85) 註(81)市来俊男氏談。
(86) 丹羽徳蔵『海軍生活』(一九八〇年、光和堂) 五五頁、七三頁。
(87) 防衛研究所蔵『従明治四年至明治八年　陸軍省規則条例』「生兵概則」。
(88) 海軍教育本部編『帝国海軍教育史　第一巻』(原本明治四十四年。一九八三年、原書房復刻) 四八五―四八六頁。
(89) 前掲『海軍兵学校沿革』三八四頁の教官氏名。航海術教官は七名中六名が文官。
(90) 岡田啓介述『岡田啓介回顧録』(昭和二十五年、毎日新聞社) 一四頁。
(91) 海軍省編『山本権兵衛と海軍』(昭和四十一年、原書房) 六七―七二頁。
(92) 海軍教育本部編『帝国海軍教育史　第一巻』(原本一九一一年。一九八三年、原書房復刻) 四九一頁。
(93) 前掲『山本権兵衛と海軍』七二頁。
(94) 防衛研究所蔵『明治三十二年海軍省年報』「海軍総人員累年対照」。
(95) 宮内庁『明治天皇紀　第八』(昭和四十八年、吉川弘文館) 二二四頁。前掲『山本権兵衛と海軍』八二頁によると、陸軍から中牟田倉之助海軍軍令部長の更迭要求が出たという。
(96) 篠原宏『海軍創設史』(一九八六年、リブロポート) 三六六頁は、薩摩閥人事であったとしている。しかし陸海軍の対立から仁禮海相や中牟田軍令部長の更迭にいたっていることを考えると、単純な薩摩閥人事とはいえまい。薩長閥、陸海軍対立が複雑にからみ合っての人事と解すべきであろう。

(97) 防衛研究所複製蔵、木村浩吉編『黎明期の帝国海軍』（昭和八年、海軍兵学校印刷資料）六四頁、六五頁に、明治十六年頃からイギリス教師団の教育のおかげで日本海軍は覚醒し始め、その後一〇年かけて進歩したことが記してある。
(98) 坂本俊篤「黄海海戦の回顧」（『信武』第十六号、昭和十六年、信武会）五九頁。
(99) 八巻明彦『軍歌歳時記』（一九八六年、星雲社）一五一頁。
(100) 同右一五二頁。
(101) 前掲『明治天皇紀　第五』六〇六頁。
(102) 「陸軍刑法」（明治十四年十二月二十八日太政官布告第六九号）。「海軍刑法」（明治十四年十二月二十八日太政官布告第七〇号）。布告文は「陸軍刑法改定」、「海軍刑法改定」となっているが、明治五年制定の「海陸軍刑律」を陸軍では「陸軍刑法」、海軍では「海軍刑法」と呼称することがあったためであろう。これは「海陸軍刑律」が、兵部省の陸・海軍省への分立（明治五年二月二十八日太政官布告第六二）直前の明治五年二月十八日に頒布（制定は明治四年八月二十八日）されていたためであろう。
　前掲明治十三年発行の『歩兵内務書　第三版』「聯隊長の職務」第五条に、「軍律に係る罪人は適当に処断」とあり、「海陸軍刑律」またはこれに準ずる法令を含み「軍律」と表現しているもののようである。明治十八年制定の『砲兵内務書　第三版』（前掲『法規文類大全　51』兵制門）では、「聯隊長の職務」第七条で同じことを「陸軍刑法並に他の法律規則に係る犯人は之を所管長官に申告し懲罰に係る者は適当に之を処分」としていて、明治十四年制定の「陸軍刑法」が制定されるまでは、「陸軍刑法並に他の法律規則」つまり「海陸軍刑律」その他の法規にある罰則も含めて、「軍律」と表現していたらしいことが分かる。そのため「読法」の禁令に違反した者も処罰の対象になるのであり、処罰の基本を定めている「海陸軍刑律」の罰則の適用に曖昧なところが出てくるのは避けられなかった。さらに「陸軍懲罰令」（明治五年十一月十四日陸軍省第二四三）第一条に、「懲罰は軽犯にして軍律の以て論せさる者を懲治し」とあることも、同じような意味で曖昧性がある。
(103) 防衛研究所蔵『明治十四年大日記　局部十一月水　陸軍省総務局』「軍律より治罪法云々の件」。「陸軍治罪法」草案報告書に、「仏蘭西陸軍律に倣ひ武官を以て裁判官に充て」とあり、また「陸軍刑法」と同時に施行するために「何分急速を要する儀」とあって、フランス式を参照して検討を急いだことが示されている。
(104) 防衛研究所蔵『明治十五年大日記　局部二月水　陸軍省総務局』総水憲一〇号「治罪の手続云々通牒」。
(105) 前掲『明治天皇御伝記史料　明治軍事史　上』五二九頁。

(106)　判任官以上の軍属については別に、明治十四年二月八日付の「陸軍文官誓文法」（陸軍省達乙第四号）が定められており、これによって誓文を誦読提出するものとされていた。内容は誠心職務にあたることと秘密保全が主である。小使等の下級軍属は、軍人と同じように初任時に、誠心、敬礼、服従、質素の各項を誓うことになった。

(107)　明治四年九月二十四日布告無号に、新規拝命者が「新規拝命転任等の受書」を差し出すことと、その受書を差し出した日を任官日とする規定があり、これは明治四十一年の「陸軍成規類典」にも載せられているので、新入営兵は、その後も行なわれていた新入儀式の中で、誓文に署名捺印したときから軍人身分を獲得したと解釈することもできよう。

(108)　昭和九年十一月二十七日陸軍省達第三六号に、「軍隊手牒中読法及誓文を削る」とある。
　土橋勇逸『軍服四十年の想出』（昭和六十年、勁草書房）二〇八頁に、土橋が参謀本部勤務中に、「軍人読法と入隊時の宣誓式の廃止」を主張して、意見が採用されたことが記されている。処置されたのは前後関係からみて多分、昭和九年八月に土橋が陸軍省軍務局課員に異動してからであろう。

　「読法」の誓文は明治十五年三月九日陸軍省達乙第一七号でやや簡略なものに改正され、「読法条々堅相守り誓を違背仕間敷事」となった。また手元所蔵明治四十一年頃の『陸軍成規類典』中に、明治三十四年の長官答として、「第一補充兵役輜重輸卒は当分教育召集を施行せさるに付簡閲点呼執行の際読法式を行ふこと」とあり、補充兵として短期間の入営をするような者にも「読法」儀式を行なっていたことが分かる。

(109)　判任官以上については、明治十四年二月八日陸軍省達乙第四号「陸軍文官誓文法」により、定められた形式の誓文を読み押印することで、「陸軍刑法」が適用されることになったと考えられる。

(110)　大正十年三月十日軍令陸第二号「軍隊内務書」第二七章「入隊兵取扱」は、明治四十一年改定の「陸軍刑法」のもとで明治十五年制定の「陸軍読法」が適用されていた時期の入隊兵（入営兵）取扱いについて規定しているが、宣誓式の名称の儀式のなかで「読法」読み聞かせと誓文帳への署名の儀式を行なうことになっている。それまでに身体検査や被服の支給などの行事があり、身体検査不合格の者は受け入れないことになっているので、誓文帳への署名が、入隊の区切りになっていると解釈できる。

(111)　註（102）、（103）のとおり「読法」儀式としての宣誓式は昭和九年まで継続されているのでそのときまで、儀式が終った時点で入営（入隊）手続きが終ったと解し、「陸軍刑法」の適用を受ける区切りになっていたと考えてよかろう。「読法」の廃止に伴う宣誓式廃止後は、入隊式が入営の区切りになったかと思われるが、そのことを明らかにした明文は未発見である。ただし昭和九年九月二十七日「軍令」陸第九号「軍隊内務書」第二七章「入隊兵取扱」第二五八条に、中隊長が現役兵入隊時に整列した入隊兵に「中隊に編入せられたる旨を告達し」となっているので、その次に行なわれる聯隊としての入隊式ではなく、中隊としてのこの儀式が区切りになったのではないかと思われる。

(112) 内閣制度百年史編纂委員会編『内閣制度百年史　上巻』（昭和六十年、大蔵省印刷局）二一―二五頁によると、実質的には元老院の審議で修正するのが当時の手順。明治十四年十月二十一日太政官達第八九号「参事院職制」により、新設の参事院には元老院が議決した法案の審査権がある。

　国立公文書館蔵『太政類典第四編第三六巻』「第四類　兵制　軍律及行刑二」に、「海軍刑法審査局伺」（明治十三年十一月一日）として、「海軍刑法は陸軍刑法審査修正按の主義に基き審査せしむ」とある。

(113) 前掲『軍服四十年の想出』二一一頁。

(114) 『大日本帝国第九統計年鑑』によると当時の海軍新兵採用数は次表のようになっている。　明治十六年十二月二十八日太政官第三八号「海軍志願兵徴募規則」によるもので、現役期間は長期一〇年、短期七年である。

明治年度	徴兵員数	志願兵員数
十八	三〇〇	一四八〇
十九	三〇〇	一三二三
二十	四五〇	七八九
二十一	二五〇	二二一

(115) 石井良助編『大系日本史叢書4　法制史』（昭和三十九年、山川出版社）三二五頁。

(116) 手塚豊『明治刑法史の研究　上』（昭和五十九年、慶応通信株式会社）二六九頁以降「山縣有朋の『刑法改正理由』意見書」に、初めて復刻発表された山縣の「刑法改正理由」が載せられている。二八二頁の明治十六年十月の「意見書」に、「欧州に於ても陸軍の刑法は普通の刑法より厳なるに非す乎」とし、「陸軍刑法」が厳しいのを当然としている。さらに、特に日本では強窃盗や博徒の取締りを厳しくすることが必要だとしており、このような彼の意見、もとは井上毅の意見は、その後の陸軍の刑罰にも反映している。明治十七年一月四日太政官布告第一号で、「刑法」第二六〇条、第二六一条にある賭博罪の規定を超えて、「賭博犯処分規則」により行政警察処分としてそれ以上の期間の懲罰を科し、過料名目ではあるが、それ以上の金額を科すこととしたことは、「陸軍刑法」にも影響した。「陸軍刑法」にも「陸軍懲罰令」（明治十四年十二月二十八日陸軍省達乙第七三号）にも規定がないにもかかわらず、特別に賭博犯の懲罰を軍内で処分できるようにしている（防衛研究所蔵『明治十七年大日記　四月水　陸軍省総務局』総水局第二五五号明治十七年四月二日付「賭博犯に係る処分方の儀内達」）。

第五章　軍紀風紀の取締り制度

前章では軍人の心理に働きかける徳目効果を重視した対策について、「軍人勅諭」を中心にして論じたが、ここではそれ以外の、間接的に悪徳行為を抑制することに重点を置く対策について論ずる。このような効果をもつ対策としては、「陸・海軍刑法」の制定、関連する「懲罰令」の制定があり、これらの制定について論ずるとともに、これらによる取締りの状態と取締りにあたる憲兵などの制度について論ずる。

第一節　「陸軍刑法」・「海軍刑法」の制定

第一章第一節で前述したように、明治五年二月十八日達（兵部省第四四）の「海陸軍刑律」は、不十分なところがあり改正する必要があった。この刑律は軍人個人に犯罪を思いとどまらせる抑制効用をもつとともに、大きな目でみると、軍紀の状態が悪化し軍隊組織が崩壊することを抑止する効果をもつ。しかし杖刑のような古い刑制度を残しているなど、改正すべき点がみられることは、これまで述べてきたとおりである。また兵部省が陸軍省、海軍省に分立してからも、「海陸軍刑律」の名が示すとおり分立前に制定されていた刑律が、統合されたままの形式になっていたことも問題である。さらに常人を対象とする明治三年頒布の「新律綱領」との関係を考慮せねばならない場合があり、「海陸軍刑律」に、適用すべき罪刑の条項がない場合は、「海陸軍刑律」第三一条により、「律内に正条なき者は、律を引き、並に新律綱領に依て、比附加減して罪名を定擬し、奏聞して、上裁を取る」ことになっていた。そのような手続きは煩雑であり、罪刑法定主義から逸脱することになる。その点でも、まだ不完全であった。ここでは、「陸軍刑法」および「海軍刑法」の制定という形式で行なわれた「海陸軍刑律」の改正作業について、精神対策としての事項を重視しながら最初に述べる。

一　「陸軍刑法」の制定

「海陸軍刑律」に該当条がない場合の軍人犯罪に適用される「新律綱領」は、明治六年頒布の「改定律例」で補われるなどそれ自身に問題を抱えており、すでに明治七年に司法省雇として来日した仏人ボアソナード（Gustave Emile Boissonade de Fontarabie）[1]を顧問にして「普通刑法」制定の検討が行なわれていた。司法省のこの検討と併行する形で、陸軍側でも「海陸軍刑律」改正（「陸軍刑法」制定）の動きが出ていたらしく、明治九年五月に陸軍大佐原田一道ほかの軍律取調の委員任命[2]があった。陸軍少将津田真道も明治九年四月八日付で元老院議官に任ぜられたとき、「従前陸軍省に於て担任候軍律取調之議」はそのまま継続する伺[3]が陸軍からされており、陸軍はそれまでに「海陸軍刑律」改正に着手していたことを示している。ボアソナードが原案を作成したといわれている[4]普通一般の「刑法」は、明治十三年七月十七日に布告（太政官布告第三六）され、同日、「治罪法」の布告（太政官布告第三七）もあった。

「陸軍刑法」制定のこのような動きについては、霞信彦氏の「陸軍律刑法草案」と題した論文[5]に詳しく述べられているので、特に新しい論を立てるつもりはない。つけ加えておくと、「陸軍刑法」の草案については、明治十一年十二月二十四日付で陸軍省の浅井（道博）中佐が参謀本部総務課に宛てて、一〇〇部を活版印刷して至急に送付してくれと請求した文書[6]があり、この時点で、草案作成にかかわっていた参謀本部の案が、ある程度まとまっていたと考えることができる。さらに司法省の「普通刑法」が布告される五ヶ月前の明治十三年二月には、「陸軍刑法草案」を陸軍内に印刷配布することが可能な段階に達しており、同年三月一日に陸軍省から太政官に草案として進達されていた[7]。

つまり「陸軍刑法」は、このような時間経過からみて、「普通刑法」の制定が切迫していた時期に急遽制定作業が進められたものではなく、少なくとも、「普通刑法」の制定の検討が始まってそれほど時間が経過していない明治九年の初めには、陸軍の制度整備の一環として制定準備がなされていたと、考えるのが自然である。ただしその過程で陸軍卿であった山縣有朋が、不軍紀対策の一環として制定を急がせた可能性はある。西南の役前後の不軍紀状態については第二章第二節や第三章第二節で論じたとおりであり、対策が急がれる事情があったからである。

それとは別に、「軍人訓誡」、「軍人勅諭」と並んで「陸軍刑法」、「海軍刑法」の制定は、「兵士に服従を強制する趣旨」で行なわれたととることができる主張が、藤原彰氏記述のもの[8]にあり、氏はその施策が竹橋事件後に強化されたと主張しているようであるが、少なくとも「陸軍刑法」の制定作業は明治九年には開始されていたのであり、「陸軍刑法草案」は藤原氏のいうような、にわかづくりのものではなかった。また軍紀を正すことは、戦闘組織である軍隊が任務達成のために必要としていることであり、自発的な服従もその中に含まれるのであって、単純な強制ととるべきではあるまい。

山縣は後述第三節の憲兵制度の論述の中で述べているように、明治七年から同九年にかけて陸軍卿としての立場で、憲兵の設置について、太政大臣に対して四回も許可の上申をしている[9]。軍紀風紀の取締りに不可欠という理由からであって、この頃から軍紀風紀の問題を切実なものとして捉えていたのであり、陸軍諸規則の整備に合わせて憲兵制度を整備しようとしていた。それと関係が深い「陸軍刑法」の制定には当然強い関心をもっていたであろうし、以下でも述べるとおり、制定作業を通じて山縣だけでなく、陸軍首脳全体が軍紀の観点から「陸軍刑法」の制定に強い関心をもっていたことが窺われるのである。

霞氏は、「陸軍刑法」の制定にあたっては、一八五七年の「仏国陸軍軍事裁判法（Code de Justice Militaire pour l'amée de terre）」を参照し、日本流に付加修正を加えてまとめたものであろうといっているが[10]、フランス式制度をとり入れつつあった当時の日本陸軍としては当然のことである。

前記明治十三年布告の「普通刑法」も、フランス人ボアソナードが原案を作成したことは別にして、やはり「フランス刑法」を参照したことが明らかにされており[11]、フランス式採用を布告していた日本陸軍が、「陸軍刑法」制定にあたり、フランス式の「普通刑法」と全く別の道を歩くことはありえない。ただし明治十三年二月二十八日付の「陸軍律刑法裁定の儀に付上申」[12]で、「陸軍刑法」制定について陸軍卿西郷従道から太政大臣三條實美宛てに上申している中で、制定の理由として示している内容には注意を払うべきであろう。それは、現行の「海陸軍刑律」がその他の改正軍政法規と整合がとれなくなっているので、「現今の法度軍紀を斟酌し傍各国の刑律を折哀《ママ》し」、草案をまとめたと述べていることである。これから判断して、参考にしたのはフランスのものだけではなかったことが分かる。またここに、「軍紀を斟酌」したことが明示されており、「陸軍刑法」の制定（「海陸軍刑律」の改正）は司法省の「普通刑法」制定との関係だけから動きが始まったわけではなく、主として陸軍の都合によるものであったのであり、軍紀を粛正する意味もあったことをこの記述から読みとることができる。

陸軍の有力者山縣有朋は、陸軍の軍紀に関心が深かっただけでなく、当時、ドイツ式軍事制度の導入を始めていた。その具体的な表れが、明治十一年十二月五日付のドイツ式の「参謀本部条例」制定に関する右大臣岩倉具視からの達（十二月十四日、陸軍省達号外）であった。山縣はドイツ式に、参謀本部を統帥に関して陸軍省から独立した機関として設置し、自ら参謀本部長の地位を得たのである。この状況については早くから多くの人々が論じており[13]、細部を論ずるまでもなかろう。以上のような情勢からみて、「陸軍刑法」がフランス式を基本にしたとしても、ドイツ式の影響がなかったとはいえない。陸軍の明治十一年七月から翌年六月までの年報[14]に、この期間に翻訳をした外国書として、『仏国陸軍法制全書』と並んで『独逸処刑条例』や『独逸軍制全書』が挙げられていることも、「陸軍刑法」制定にあたり、ドイツ式が参照されたことを示している。

『公文録』に、太政官法制部の明治十三年四月一日付の文書[15]があり、右の陸軍から進達された「陸軍刑法草案」について、「刑法草案と同様審査局を開かれ新に総裁及び委員を被命審査被仰付可然哉軍事部へ合議の上仰高裁候也」とあって、このときから草案の審査に着手していることが分かる。同文書によると、「陸軍刑法草案」審査は明治十三年五月に設置された審査局で、総裁に任命された元老院幹事細川潤次郎以下、審査委員に任命された司法大輔兼議官玉乃世履、議官河瀬真孝、陸軍少将兼議官津田出、検事兼議官鶴田皓、司法少書記官名村泰藏、判事昌谷千里、陸軍砲兵大佐原田一道、陸軍歩兵少佐葛岡信綱、陸軍歩兵大尉岡本隆徳、歩兵大尉岩下長十郎によって行なわれた。明治十三年八月十七日には審査が終了し修正を加えたうえで、細川総裁から太政大臣に審査終了の報告がなされている。

同じ文書綴りにある一連の文書によると、この審査によって字句等の細かい修正がなされた草案は、太政大臣命令で勘査・事務担当の法制部から元老院に提出されて、元老院の議を経るため、同年八月二十六日に内閣書記官から各参議の回覧に付された。当時の参議は大隈重信、大木喬任、寺島宗則、山縣有朋、伊藤博文、黒田清隆、川村純義である。その回覧手続き後、同年九月二十日に太政大臣三條實美、左大臣熾仁親王、右大臣岩倉具視に差し出され、同年九月二十五日に元老院に提出されたようである。

こうして元老院でさらに審査修正するため、権大書記官名村泰藏および少書記官井上義行内閣委員として出席させ、明治十四年三月十八日に元老院本会議で最終的な修正決議が行なわれている。その案の上程にあたっては、名村、井上の両委員に修正理由の細部を具陳させるとして、史料に編綴されている上程文はそれまでの修正結果のみを示すものとして表示されている。さらに元老院が議定したこの案を再度各参議に回覧した後、太政大臣が署名したのは、明治十四年四月二十一日である。後は天皇への上奏頒布の手続きだけになった。頒布の決定があったのは、明治十四年九月五日である。

こうして手続きが頒布の段階にまで達していながら、年末の明治十四年十二月十五日になって突然、元老院に対して制定手続き済みの「陸軍刑法」について、「改正加除の上更に検視に被付候事」という太政大臣三條實美から寺島宗則元老院議長への連絡[16]が行なわれた。改正内容は、第一一〇条として「軍人政治に関する事項を上書建白し又は講談論説し若しくは文書を以て之を広告する者は一月以上三年以下の軽禁錮に処す」を挿入するというものである。元老院は直ちにこれに応じ、十二月二十日に議決をしたので、明治十五年一月一日からの施行に間に合った。

長期間にわたって検討し頒布するまでにいたっていた「陸軍刑法」に、なぜ急にこれを追加することになったのか、現在のところ理由を明確に示すものは発見されていない。次節で細説するが松下芳男氏によると[17]、いわゆる開拓使官有物払下事件の関係で四将軍上奏事件があったからだという。松下氏は、上奏事件の当事者である曽我祐準が語っているとおりに政治的な上奏その他の政治活動を阻止するために、「一夜造りに、一条が軍律中に加えられた」と判断しているが、これにはやや疑問がある。「軍人訓誡」にある軍人の政治不関与の問題はもう少し古くからの問題であったからである。このことの細部は、次節で述べる。[18]

二　「海軍刑法」の制定

明治五年以来適用されていた軍の刑律は「海陸軍刑律」であって両軍共通のものであったので、陸軍が新しい「陸軍刑法」を定めることを明らかにすると、海軍も新しい「海軍刑法」を定めることにせざるをえない。時間的な経過をみると、制定作業に先鞭をつけたのは明らかに陸軍であり、そのような状況に海軍は困惑したようである。

政治不関与の問題はともかくとして、その他の面では海軍も陸軍と同じような状態に置かれていたため、陸軍に追随して「海軍刑法」の草案を作成せざるをえなかったと思われる。陸軍が新しく「陸軍刑法」制定作業をしているのに、「海陸軍刑律」の適用を受けている他の一方の海軍が「海軍刑法」を制定せずに放置しておくことは不可能であろう。「海軍刑法」は後述のように、草案の作成と太政大臣への報告が「陸軍刑法」の草案作成報告よりも少なくとも六ヶ月は後れていたので、作成作業の始まりも後れていたと思われるが、開始時期を史料によって確定することはできない。ただ明治十年十月十五日に海軍省丙第一一五号により「軍律改定取調掛を本省直轄と為すの件」が示されているので、この掛は当然、それ以前から活動し「海陸軍刑律」の改正つまり新しい「海軍刑法」の制定に取り組んでいたと考えられる。[19]

第一章で述べたように「海陸軍刑律」は不完全であり、軍人軍属の犯罪でこれに該当する条がない場合は、常人を対象とする「新律綱領」および「改定律令」を参照し、「海陸軍刑律」第三一条により、「律内に正条なき者は、律を引き、並に新律綱領に依て、比附加減して罪名を定擬し、奏聞して、上裁を取る」ことになっていた。そのため常人のための「刑法」が新しく制定されれば、陸軍も海軍も当然にその制定の影響を受ける。それゆえ「陸軍刑法」制定（「海陸軍刑律」の改正）業務は陸軍では竹橋事件とは無関係に早くから着手されていたようで、前述のとおり明治九年には「軍律」取調委員の任命があった。海軍も常人のための「刑法」制定に伴う新しい「海軍刑法」制定の必要性があったことでは陸軍と同じで、明治十年十月以前に「軍律」改定取調掛が任命されていたのである。

また第四章第一節で前述したように「海陸軍刑律」は「読法」や「軍人訓誡」と結びつき、特に陸軍軍人の精神教育と関係していたのであり、改正作業は単純な法的検討だけで済むものではなかった。陸海軍とも検討には時間が必要であったと思われる。そのような観点から、軍内部での精神教育上の必要性を強調した面からの「海陸軍刑律」改正にも目を向けることが史的研究上必要であろう。ただ本稿は明治十四年制定の「陸軍刑法」の成立過程を論ずるのではなく、軍人の精神対策の一環としての「軍刑法」の制定を論ずるものであるので、必要以上に制定の過程問題に深入りすることは避けたい。

陸軍が「刑法」制定の上申をしたのと同じ年の明治十三年であるが、海軍は陸軍より六ヶ月後れて明治十三年九月十四日、海軍卿榎本武揚から太政大臣に対して、「海軍刑法御改定之上請[20]」を提出した。改定理由として、改定された他の法規との整合ができていないことを挙げているのは陸軍と同じであるが、「普通刑法も改定されることであり、先年から海軍刑法の改定準備をしてきた」と、「普通刑法」の制定に触れていることが、陸軍の場合と違う。この海軍の上請文書は研究者に取りあげられることが少なかったので、次に全文を掲げておく。

海軍刑法仰改定之義上請

明治四年辛未八月二十八日海陸軍刑律欽定相成爾来右刑法を遵守し軍人を懲戒候処明治三年以来武官等屢御改定常律往々御改定相成候得共特に軍刑律のみ旧に因り施行候に付軽重損益共要度を不得義有之候然るに先般尚又於司法省常律改定草案出来之末既に本年御発令相成候依之先年より海軍刑律改定着手に及置候分専ら新常律に拠り其当を得候様衆議せしめ今般草案脱稿候に付別冊進達仕候条速に御審議御改定相成度此段上請仕候也

明治十三年九月十四日

海軍卿榎本武揚

この文面上海軍では、一般の「刑法」制定との均衡を考慮したことに「海軍刑法草案」起稿の重点があったと考えられるのであり、軍紀への配慮等の独自性から検討を進めたという意志は表れていない。「軍人を懲戒」する目的には触れているが、陸軍が、「現今の法度軍紀を斟酌し」と、制定理由に軍紀への配慮を示しているのとは明らかに異なる。海軍では、「新常律に拠り其当を得候様」と、常人のための「刑法」との関係配慮が先行している。

また同年十二月十七日付で、榎本海軍卿は太政大臣に対して、「海軍律刑法の儀に付上申」(21)を提出した。それには、「審査局を開かれ審定為さしめられ候処陸軍刑法草案とは反対の主義に出るものに往々有之」としてあって、審査後の「海軍刑法」案について、軍属への「刑法」の適用上、陸軍と海軍では軍属の概念が異なるので(22)、修正するように求めている。これは法技術的な面からの修正要求である。この審査局というのは「陸軍刑法」の審査局と同じ性格のものであり、明治十三年十月十四日に「海軍律刑法」審査委員の発令により活動を始めているが、メンバーは前述の「陸軍刑法」の審査委員と同じであった。つまり陸軍関係者が中心になっていたのであり、海軍からの委員はいなかった。

海軍は、陸軍中心の委員が、海軍の官衙所属の軍属まで「軍刑法」の対象にしようとしたのに対して反対し、海軍の組織は陸軍とは違うので、「軍刑法」の対象にするのは、「艦船屯営若くは軍隊所属の将校下士卒及諸官吏職工等を処罰するの刑法に致し度」と、別の方向を主張していた。海軍には艦船の建造修理にあたる職工が多い。彼らの多くは軍隊所属ではない。明治十四年六月の統計[24]で海軍総員九〇五六名のうち、二七八五名が付属諸雇及職工に区分され総員の三一パーセントを占めていた。卒の三三九六名に次ぐ員数である。陸軍の雇・使役に区分される軍属が九二〇名で陸軍総員九三五二三名の一〇パーセントであるのに比べて海軍の職工である軍属は、格段に軍人に対する割合が多い。陸軍軍属と同じような性格の軍隊所属の軍属だけを「海軍刑法」の対象にしようとする海軍の主張には、理由があったのである。

しかしこれに対してこの史料の上請書末尾に、明治十四年二月一日付で「上申の趣難聞届候事」と書き込みがあり、海軍の要求は拒否されたことが分かる。審査委員の顔ぶれからみて、拒否されるのは当然であろう。それだけでなく、明治十三年十一月一日付で「海軍刑法は、陸軍刑法審査修正按の主義に基き審定せしむ[25]」と、「海軍刑法」審査局が太政官に伺いをしていたのであって海軍の動きは封じられていたのであり、その状況の中で海軍の独自性を発揮することは不可能であった。ほかに主計[26]についても海軍は、陸軍とは別の形で条文を定めたいとの主旨で上申をしたことが同じ史料中にあるが、これも明治十四年一月十五日付で拒否されており、海軍は独自性を主張したものの容れられずに、不満をもったであろうことが想像される。海軍が陸軍とは異なる事情を抱えていることを「海軍刑法」制定にあたって強く主張していた榎本武揚が明治十四年四月七日に海軍卿をやめ、川村純義が再度海軍卿に就任した[27]ことには、このことが何らかの関わりをもっていると思われるが、確証がない。

『明治天皇紀』は、海軍の艦長および将官が、陸軍が参謀本部を設置したのと同じように海軍も参謀本部を設置したいとする意見をもっているにもかかわらず、榎本海軍卿が反対したことから、海軍部内で榎本排斥の声が高まり政治問題化したこと、また伊藤博文の反対があったにもかかわらず、やむをえず榎本海軍卿を退任させて川村純義を海軍卿に復任させた事情を記している(28)。榎本に反抗する薩摩出身の士官たちの行動が大きな原因となって榎本が海軍卿をやめ川村が復職したのは確かなようであるが、確証はないにしても、「海軍刑法」制定作業をめぐり海軍が陸軍とは別の主張をしたことも、榎本と川村の入れ替え人事の原因の一部になっていたと考えられるのではないか。海軍参謀本部設置により海軍を陸軍と対等の組織にしたいと考えていた海軍士官たちは、山縣有朋、西郷従道両有力参議の反対でこれが実現しなかったため、攻撃の矛先を榎本海軍卿に向けた。そのことについての『明治天皇紀』の記事(29)は、「是に於て遂に榎本排斥の挙に出で、事毎に反抗して止まず」と述べており、反抗の内容に、「海軍刑法」問題も含まれていたと考えることができる。

いずれにしろ海軍は「海軍刑法」制定作業において、陸軍ほど軍紀面への配慮をすることはせず、法技術的な面にこだわっていたのであり、イギリス海軍式の軍属や主計のあり方を主張して、陸軍の主張とは異なるものを示していた。

「海軍刑法」制定についての史料は他にまとまったものが見あたらないので、これ以上の詮索はできないが、海軍が「海軍刑法」制定にあたり、陸軍に引きずられる形でやむをえず手をつけ、内容的にも陸軍との関係で海軍の要求を十分に通すことができずに、海軍関係者が不満をもったであろうことは以上で分かるであろう。「海軍刑法」の草案は明治十四年三月二十一日審査局の修正が終り、明治十四年四月四日に元老院に送られ、同年四月十一日に元老院で議定された[30]。さらに「陸軍刑法」に軍人の政治活動の禁止の条を加えたのと同じように、明治十四年十二月二十八日に第一二六条として同じ内容のものを加えようとしたが、実はこのとき、元老院での修正が間に合わなかった。元老院は年が明けて明治十五年一月二十七日に、「客歳十二月二十八日下附有之候海軍刑法中改正加除の儀今二十七日検視を経過し本案奉還候」と、手続きが終ったことを太政官に通知し、太政官は同年二月二十日に、この改正加除を布告[31]している。

制定経過はともかくとして以上の分析から、「陸軍刑法」、「海軍刑法」の制定にあたり陸軍では軍紀の維持という幅広い精神問題にも視点が置かれていた積極的な制定作業であったのに対して、海軍は状況追随の制定であり、単純な刑罰手段としての法技術上の観点から問題を捉えることしか、していなかったのではないかと思われる。

第二節　海軍が参謀本部設置問題で陸軍との対等を要求した経緯

「海軍刑法」制定時に海軍の独自性の主張が斥けられた経緯から分かるように、海軍は陸軍に比べて政府内で軽視されていたのである。別に海軍参謀本部の設置問題にもこのことが表れているので、前節二項の「海軍刑法」制定時の海軍の不満についての理解を容易にするために、その紛議の経緯を示しておきたい。

一　薩摩系海軍軍人の陸軍に対する不満対立問題

海軍を代表し薩摩閥に属する川村純義の閥内の立場が、陸軍上層部で薩摩閥に属する西郷隆盛の弟の西郷従道や従弟の大山巌と比べて弱いことに、薩摩系海軍軍人が陸軍に対して劣等感をもつひとつの原因があろう。まして箱館の役で元賊軍の首領であった榎本武揚海軍卿は、官軍として戦った薩摩系海軍士官の上層部とは、前節で述べたとおり最初から反目しがちであり、海軍がまとまって陸軍に対抗することができる状態になかった。

もうひとつ、軍紀の問題といい、制度の問題といい、陸海軍間で根本的な相違があったことが問題であった。陸軍がフランス式を主にしドイツ式を加えつつあった当時の状況に対し、海軍はもともと陸軍と機能上組織上の違いがあるうえに、「海軍刑法」制定頃には、イギリス海軍教師団による教育があらゆるところで海軍に根づき始めていた。[32]そのために生じた陸海軍間の制度の相違が摩擦を引き起こしていた。あらゆる面で陸軍と海軍の性格の差異が大きくなっていたことは、西郷や大山たち薩摩閥陸軍首脳と薩摩出身海軍士官が、同じ薩摩出身でありながら意思の疎通がとりにくくなったことを意味しているといえよう。

そのような中で、当時の弱体な海軍から陸軍に、陸軍の海軍への歩み寄りを要求しそれが容れられることを期待することはできなかった。海軍が何度も要求して斥けられていた海軍軍備増強問題[33]だけでなく「軍刑法」の問題でも、海軍の政府や陸軍に対する主張は斥けられたのであり、海軍内に不満が充満していたであろうことが想像できる。機能や運用思想が陸軍と異なっている海軍は、さらに犯罪を抑制する刑罰規則の面でも自分たちの要求を政府に容れさせることができなかったのであり、海軍内に不満が発生しただけでなく陸軍に対していっそう対立的になったであろうことは十分に想像できる。しかし海軍が独自性を主張しすぎると、榎本海軍卿更迭問題のとき、閣議で大木喬任が主張したように[34]、「海軍省を廃し陸軍省に合併すべし」ということにもなりかねないので、海軍側の施策には難しいものがあった。後年の陸海軍対立問題の原因は、このようなところにもあったといえよう。

陸軍では明治七年六月十八日に定められた「参謀局条例」（陸軍省達号外）によりそれまでの陸軍省第六局が外局の参謀局に昇格し、さらにこれが明治十一年十二月五日の「参謀本部条例」（十二月十四日付陸軍省達号外）により陸軍省から独立して、作戦行動などの軍令や情報を扱う専門機関になった。参謀本部長に兼務就任したのは参議の山縣有朋であり、それまで彼が兼務していた陸軍卿には、参議の西郷従道が就任した。以後参謀本部長は、事実上、陸軍でもっとも地位が高い軍人が就任するポストになった。

海軍側がこのようなポスト問題で陸軍と対等になろうとするのは当然であり、後述のとおり海軍参謀本部の設立を要求する動きが生じてきた。そのようなときの明治十三年二月二十八日、参議が卿を兼任していたのを廃止し、原則として卿には、参議ではない者を配置することになった。これを推進したのは参議兼内務卿の伊藤博文であり、卿に政治的功労者を配置してポストを増加し、政府が薩長天下ではないことを示すためだという[35]。『佐々木高行日記』によると、これは天皇から出た改革[36]で、参議たちの権力が強すぎたので、卿に抑えさせるためであったという。

どちらにせよ山縣参議は参謀本部長兼務のままであって、陸軍への大きな影響力をもち続けていた。それにもかかわらずこの措置によって海軍卿を榎本武揚に譲った海軍筆頭者の川村純義は、海軍への影響力は参議としてのものだけになってしまった。彼と同じ薩摩出身の黒田清隆は、川村よりも三年以上早く参議に就任し兼務の開拓長官は、もとのままであった。

このような状況になることを問題視していた海軍関係者の間に、陸軍との対抗意識もあって海軍参謀本部を新設し、川村を海軍参謀本部長にすえる意見が出てきていたようである。しかし結局川村は参議の地位のみとなり、榎本が海軍卿になったので、榎本に対する海軍部内の風あたりが強かった。箱館で戦ったかつての賊軍の首領が卿として海軍に乗り込んできたのであるから、現地で官軍側として戦った薩摩出身の海軍士官たちが反発するのは当然であろう。[37]

海軍士官たちは榎本に反発し、海軍参謀本部を設置し、海軍中将川村純義をその本部長にして、榎本の専横を抑えさせる案を出してきたようである。[38] そのことを示す明治十三年十一月六日付の太政官宛で伊藤雋吉・松村淳藏両海軍大佐の、「海軍参謀本部設立の議」という文書[39]が残っている。陸軍の参謀本部同様に海軍参謀本部を設置することの必要性を説いたものである。その必要意見への反対論として、次のような「海軍参謀本部不用論」が出てきたと、文書の年月の先後から推測できる。

明治十三年十二月二十一日、山縣有朋参議と西郷従道の連名で太政官に宛てて、「海軍参謀本部不用論[40]」が呈上された。これによると、「陸軍は首兵なら海軍は応用支策の兵なり今本議の如く首兵も同じく参謀長を帷幄の中に置き以て機務を画策せしめは軍議二途に分れ」ることを心配しているというのである。

明治五年一月十日制定の「東京鎮台条例」（兵部省第二）の最初の文言にあるように、「草賊姦究を生せさるに鎮圧」が主任務であった陸軍は、「外冦窺窬を兆さゝるに防禦する」ことも任務として掲げてはいたものの、海軍の整備ができていない国軍が、鎮台軍だけでその任務を達成することは無理であった。まして外征については、考慮の外にあった。山縣有朋は明治七年の台湾出兵についての清国との交渉の過程で、「現今清国と干戈を用ゆべき陸軍諸般供給の準備に於ても、有朋の敢て能くする処にあらず」と、意見を述べている。[41] また海軍はこの出兵に「日進」、「孟春」、「筑波」の三艦のほか「高砂丸」以下運送船一三隻の運用にかかわったが、英米船を雇用する手筈が局外中立を主張する英米公使のために中断され、輸送に苦労している。出征人員三六五八名の台湾遠征でこのありさまであり、[42] それ以上のことをする能力はなかった。

二　海軍参謀本部の必要性

「鎮台条例」にあるような、外敵が日本本土に侵攻してくるのに対抗する場合で、軍艦を砲台の延長の感覚で行動させる場合は、海軍の任務についても鎮台と同じように解することができる。しかしこれは国内用の鎮台軍にあてはまるものであっても、外征軍として中国大陸などで行動する場合には、あてはまらないのではないか。海上の輸送補給路を安全にするための、艦隊同士の決戦が行なわれる可能性があるからである。海軍関係者は海軍国であるオランダやイギリスの思想を受け継いでいたと思われるので、このことを理解していたと思われる(43)が、大陸国家であるフランスやプロシアの国境線重視の陸軍思想を受け入れ、かつ下関海峡や鹿児島湾で外国艦隊と砲戦をした経験をもつ山縣有朋、西郷従道など薩長の陸軍関係者は、治安維持と本土での外敵防禦のほうに注意が向いていたであろう。当時の貧弱な日本海軍はいくらか軍艦数を増やしたとしても、実態的にみて艦隊決戦を行なうことは不可能に近く、「海軍参謀本部不用論」が出てくるのは当然であった。

明治十三年六月頃、薩摩出身の黒岡帯刀海軍大尉がイギリスに留学した知見をもとにして述べた「海軍参謀部の事」という意見書(44)がある。その中で黒岡は、欧州諸国では「全海軍の参謀部を置かすと雖とも」艦隊幕僚部に当たるものを置いていると述べ、さらに、「陸軍に於て全軍の参謀本部長を置くは英国独逸国及ひ魯国」であり「仏国も之に準し陸軍卿付属の参謀部を廃し全軍の参謀本部を置けり」としている。このような欧州の現状を説く黒岡の意見は、海軍参謀本部設立主張者にとっては当然好ましくないものであった。もっともこのとき黒岡は太政権少書記官を兼務しており、その立場からの意見であったとも考えられる。ただ、このことから当時海軍および太政官の役所内で、海軍参謀本部についての議論が行なわれていたことは分かるであろう。陸軍と海軍の立場の違いだけでなく、日本と欧州の事情の違いまで考えると、意見百出になるのであり、欧州の事情に通じている榎本海軍卿が、黒岡と同じように考えていたとしても不思議ではない。海軍内でも意見が分かれていたのである。

伊藤雋吉など薩摩系の艦長たちは決められた手続き順序に従って先ず榎本に、海軍省と並立する海軍参謀本部を設置する意見を提出した。しかしそれを榎本が抑えにかかったので、艦長たちは、直接太政官に建白し政治的な問題になった(45)。

このような海軍内部の混乱に対して、薩摩の黒田参議は川村を復職させて、海軍内の混乱を抑えようとしていたようである(46)。しかし榎本の処遇の問題もあり、川村を復職させるよりも長州閥陸軍中将山田顕義を海軍卿にするほうが混乱しないと判断して、その建白に同調する政府首脳もあり、それにまとまりかかったようである(47)。しかしこれには海軍側が反発し混乱した。

なお陸軍中将の山田を海軍卿にという案が出てきたのにはそれなりの背景がある。山田顯義（市之允）は長州では、海軍関係者として人事管理されていた。オランダ海軍による長崎海軍伝習のとき、その教育の一部を受けて海兵隊の地上戦闘を学んだからである。そのため戊辰の役の越後での戦闘で、海軍参謀を務めた(48)ことがある。人あたりが良く薩長の仲立ちをするうえで適任だと思われたので、情勢打開のために海軍卿候補にされたのであろう。海軍卿に全くの不適任というわけではなかったが、本人は海軍卿就任に積極的ではなかった(49)。

「海軍参謀本部不用論」はそのような混乱の中で、薩摩の海軍士官たちが川村を海軍に復帰させるためもあって、「海軍参謀本部設置論」を太政大臣に呈上したため、それへの対抗策として、山縣有朋、西郷従道両参議から太政大臣に呈上されたものであったといえることは前述した。

第三節　軍人の政治活動と陸軍の対応

ここでは、第一節で述べた「陸軍刑法」と「海軍刑法」に「軍人政治に関する事項」を追加せねばならなくなった状況のうち、主として陸軍の状況について細部を述べる。曽我祐準が、この追加は自分たちの上奏事件が契機になったとしていることについては疑念があるので、細部を詰めてみたい。

一　四将軍上奏事件原因説への疑問

明治十四年十二月二十八日制定の「陸軍刑法」（太政官布告第六九号）第一一〇条に、「軍人政治に関する事項を上書建白し又は講談論説し若しくは文書を以て之を広告する者は一月以上三年以下の軽禁錮に処す」とあり、同じときに制定された「海軍刑法」（太政官布告第七〇号）第一二六条は前述のとおり年が明けてからの追加条文ではあるが、「陸軍刑法」第一一〇条と全く同じ条文を掲げている。

松下芳男氏はこれを、明治十四年の北海道開拓使官有物払下問題に関する陸軍の四将軍（鳥尾小弥太、谷干城、三浦梧楼の各中将と曽我祐準少将）のこの問題に関する天皇への上奏事件を契機として、法案審議中の「陸・海軍刑法」に急遽挿入[50]されたものとしている。

前記明治十三年二月二十八日付、三月一日に送付された陸軍卿上申の「陸軍刑法草案」（「陸軍律刑法草案」[51]）には、政治活動参加に関するこのような条文は見られず、その後の太政官陸軍刑法審査局の審査や元老院の審議[52]では字句を中心とする小修正が行なわれただけであり、これが明治十四年十二月に入ってから追加されたのは確かである。

また松下氏の指摘のように、曽我祐準が『曽我祐準翁自叙伝[53]』の中で、「上奏事件が軍人の政治干与として問題になった」自身の体験を語っていることは事実であり、それを否定するものはない。だからといって同調者が多い松下氏の意見のように、「陸軍刑法第一一〇条が、主として四将軍上奏事件への対応処置として生まれた」とするのは、早計ではあるまいか。

二　山縣有朋の意思の影響

第四章で述べた山縣有朋陸軍卿名の「軍人訓誡」は、「朝政を是非し憲法を私議し官省等の布告諸規を拝論する等の挙動は、軍人の本分と相背馳する事」との一条を設けており、山縣は四将軍上奏事件よりも早い時期から、軍人の政治干与を問題にしていた。

明治十一年八月二十三日に発生した竹橋事件からまもない九月二日付で、山縣陸軍卿は、各鎮台長官（除東京）に宛てて事件について、電報により速達したと思われる文書を発出[54]している。

文書はまず、陸軍として近衛砲兵の暴動を鎮圧し暴徒を捕縛したこと、また他の関係者についても取り調べ中であることの事実を述べ、次いで、暴動の理由が西南の役の賞典の要求と政体への不服であったことを述べている。さらに、各鎮台担当地域で軍人に関係する地方の民情があるかどうかを調べるように命令し、最後に、「将校に於ても天皇陛下の命を遵奉し国家の安寧を保護するは固より各自の本分にして他に顧慮することなく一念兵其分を尽くし武臣の名誉を不失様御教示可有」と、注意的ではあるが、精神教育を行なうべきことに触れている。この記述は、「軍人訓誡」で山縣が述べていることと軌を一にしている。

山縣は、四将軍の一人の同郷三浦梧樓陸軍中将が批評[55]しているように、まじめで注意深く、細事に口うるさい人物であったようである。この電報文書にもそのような彼の性格がよく表れている。そのような山縣は、明治十三年に「陸軍刑法草案」が陸軍卿から上申されたときは陸軍卿の地位にはなく参謀本部長に転じていたので、上申の直接の責任者ではなく、上申前の草案に十分に目を通すことはしていなかったのではないか。しかし参議でもあるので、その資格で草案に目を通したときに問題意識をもち、最終的に四将軍上奏事件を契機にして、これに軍人の政治不関与条文を追加させるために動いたのではあるまいか。時間的な前後関係からそのように推測できる。

そのことを示す史料として前述の「陸軍刑法」制定過程を示す文書「陸軍律刑法裁定の件[56]」がある。陸軍省から太政官に上申された草案を審査局で審査修正し、太政大臣から元老院に審議を求める前の段階や元老院で修正決議されたものに参議が回議印を捺印している。それぞれが誰の印であるのかは不明瞭であるがこの段階で参議が制定にかかわっていたことは間違いない。

また「陸軍刑法」制定に関連する「陸軍懲罰令」の改正（明治十四年十二月二十八日陸軍省達乙第七三号）時に、参事院監査のために回議した史料[57]が残っており、参議兼参謀本部長の山縣も、また参議兼海軍卿の川村純義もこれに署名しているので、「陸軍刑法草案」審議の過程でも、参議である山県が同じようにこれに意見を述べ署名または捺印する機会があったはずである[58]。川村も同じように「陸軍刑法」と「海軍刑法」どちらの制定についても意見を述べ、その結果、陸海軍の両刑法に同じような、軍人の政治不関与の条文が入ることになったのであろう。「陸軍刑法」制定過程および「海軍刑法」制定過程を示す文書[59]からみて、軍人の政治不関与の条文が「陸・海軍両刑法」に入れられることが史料上明確に示されているのは、明治十四年十二月になってからである。また参議川村が、榎本に代わって再度海軍卿を兼任[60]していたのは、この年四月からである。

四将軍上奏事件[61]は九月であり天皇が東北御巡幸中であったので、九月十二日に上奏文書を作成してから上奏文が天皇の目に触れるまで、時間がかかったようである。そのため、もしこの上奏事件発生という理由だけで、軍人の政治不関与条文を「軍刑法」に入れたのであれば、実質的検討期間は十一月以降の一ヶ月余だけということになるのではないか。委員が任命された明治九年からでも四年以上かけて慎重に検討してきた「陸軍刑法」に、わずか一ヶ月余の間に新しい条文を入れることができるものかどうか疑問があり、これまで述べてきたとおり、問題点としての指摘は早くからなされていたと考えるべきで、それが四将軍上奏事件で一気に表面に出て、追加されることになったと考えられる。

いずれにしろ山県は「軍人訓誡」にみられるように、軍人の政治関与の是非について早くから関心をもっていたのであり、頒布準備ができていた「陸軍刑法」に、軍人の政治不関与条文を追加することになったのは、四将軍上奏事件が引き金になったとはいえようが、それまでの陸軍軍人の政治活動の動きやこれへの対応準備なしに、「陸軍刑法」に、軍人の政治不関与条文を思いつきのように入れたわけではあるまい。

「海軍刑法」に同じ内容の条文が入れられたのは、第一節二項で述べたとおり翌明治十五年になってからであり、陸軍に追随したものであることは疑いあるまい。参議兼海軍卿の川村純義は、山縣が「陸軍刑法」に軍人の政治不関与条文を追加しようとしたとき、参議への案の回覧等により、早くからそのことを知りうる立場にあった。そのときに「海軍刑法」にも同じ内容の条文を追加する必要があることを、当然認識したであろう。

山縣が陸軍卿であった明治十一年七月に、陸軍の生徒に対して政治的な運動をしないように禁止令を出したことが、教育総監部編『陸軍教育史』の記事にみられる。「諸新聞に投書し又府下に於ける演説会に臨み演説をなすを禁止す」というものである。明治十三年二月十二日に陸軍は、「下士兵卒諸生徒の政談演説会参加禁止」の達（陸軍省達乙第八号）を出し、その中で、「不相成筈に候処」と述べ、以前から禁止していたはずであるが近来参加者が見受けられるので、改めて厳禁することを述べているのである。[62]

明治十三年四月五日には、「集会条例」の制定が布告（太政官布告第一二号）された。その第七条で、陸・海軍人は政治に関する講談論議の集会に参加することが禁止されており、軍人の政治干与禁止は、軍内部での措置から一歩出て国家的な禁止事項になった。

軍人の政治関与を禁止する措置は、山縣陸軍卿の時代から陸軍の思想のひとつになっていたのである。ただし最初は「海陸軍刑律」の罰則を伴わなかったが、これに罰則を伴うようにしたのが、明治十五年から適用された「陸軍刑法」であった。そのような重要な問題を、一ヶ月かそこらの検討で「陸軍刑法」だけでなく「海軍刑法」にも罰則として取り入れるはずがないというのが、筆者の見解である。もし例外的にあったとすると、天皇の勅命によるものでなければならない。当時は世間が、憲法の制定・国会開設・国民への参政権の付与などの問題で騒がしかったことは知られているとおりであり、軍へも影響が及びつつあった。軍人が集会などに参加することの禁止命令があったのは、実際に参加する軍人がいたためである。

いずれにせよそれまで禁止だけのものであった軍人の政治不関与義務を、「軍刑法」に取り入れて罰則を伴うものにすることができたのは、その必要性が早くから軍当局者に認識されていたためと考えるのが適当である。

三　陸軍軍人の政治関与の状況とこれへの対応

やや時期が下るが、四将軍上奏問題があった明治十四年に、大阪鎮台の下士がやはり天皇に請願をしようとして、実行にいたらなかった事件の記録(63)がある。輜重兵伍長（二十歳）が国会開設の請願書を、東北地方から御還幸途中の天皇に捧呈しようと大阪を脱営し東京に到着したが、すでに同年十月十二日に国会開設のお沙汰の発表があったことを知り、陸軍裁判所に自首して出たという内容の口供書、調書ほかが綴じられている。

当該伍長が準備していた請願書には、「昨年国会開設を請願せし愛国者は太政官第五十三号布達に依り涙を拭て郷里に帰し士気を養成し以て政府に請ふあらんと」という文言が見られ、以前から兵営内でそのような動きがあったことを知ることができる。

右調書を収めている同じ史料中に、明治十五年三月、東京鎮台歩兵第一連隊の下士一五名が、麻布の狼谷某寺院で新聞や学術書の研究会を開いたことの調査報告書がある。この研究会が自由主義の研究であるという風説が立ち、陸軍卿官房長児島益謙陸軍大佐からの連絡を受けて、東京鎮台参謀長岡澤精陸軍大佐が調査し報告したものである。当時自由主義は危険思想視されていたのであり、調査の結果、研究会の目的はそうではなく、新聞などの報道についての勉強会であることが判明したようであるが、研究会は解散させられている。

このような事実が出てくる状況を抜きにして、「陸軍刑法」に軍人の政治活動禁止違反への罰則が定められたことを考究することはできないであろう。政府は明治十三年四月五日布告の「集会条例」（太政官布告第一二号）で、「政治に関する事項を講談論議する集会に常備予備後備の陸海軍人警察官学校教員生徒の参加」を禁止したがそれで満足せず、軍人については特に、「陸軍刑法」および「海軍刑法」に軍人の政治不関与について定め罰則を設けたといえよう。

海軍は前述のように、「海軍刑法」の制定そのものに熱心であったとはいえないが、それでも政治不関与の解釈については厳しい態度を示した。「海軍刑法」第一二六条がいう「政治に関する」という意味を当時の通知[64]で、「一般の政治而巳ならす軍政に関するものをも包含し」と解釈している。

陸軍は研究会解散の処置にみられるように、思想活動に厳しい態度を示していた。ただそれ以前の明治十一年十月一日の達書で、中隊毎に官費で新聞を購入して兵営内で閲覧することを許している[65]など、兵卒を社会から隔離する一方だけではなかったことを示している。軍人を社会から無縁の存在にすると、下士兵卒が外出時など幹部の目の届かないところで、自由主義と接触することになることを危惧したためではないか。

このように四将軍上奏問題とは別に、それ以前から軍人の政治活動を禁止すべき軍内の事情があったのであり、「陸・海軍刑法」にそのことを定めたのは一時の思いつきなどからではなく、軍一般の必要性からであったと考えるべきではないか。その必要性を強く感じてそれを推進したのは山縣参議であったと思われる。明治十四年当時の薩長閥が、憲法制定、国会開設をめぐって大隈重信と対立し、山縣は、それに治安維持任務をもつ陸軍を巻き込むことを恐れていたのは、これまで述べてきた陸軍の状態に鑑みて明らかである。軍人の政治的な集会への禁止は、憲法制定や国会開設が一般に議論されるようになった早い時期から、陸軍で行なわれてきた方針であった。

四　海軍の対応

一方の海軍には陸軍のような積極論者がいなかったにしても、最終的には川村純義海軍卿が、陸軍に倣っているようにみえる。四将軍上奏問題の発生は明治十四年九月であり、これがそれ以前の、七月末の開拓使官有物払下事件発覚と当時の薩長閥対大隈の対立に端を発していることはいうまでもないことであるが、事件発生は榎本武揚が明治十四年四月七日に海軍卿をやめ、参議の川村純義が再度海軍卿を兼任[66]して四月十八日に出勤した後のことであり、海軍のこれらの問題に対する態度は、川村の態度を反映しているとみてもよかろう。川村は薩摩派の参議・卿として、同派参議・開拓使黒田清隆が惹き起こした官有物払下事件の収拾にかかわらざるをえなかった[67]のであり、海軍内で、大隈重信参議の佐賀派につながる中牟田倉之助海軍中将以下の有力者たちにも当然気を配らねばならなかった。彼が海軍内を治めるためには、士官たちが政治活動から遠ざかっていることが望ましいのであり、陸軍から求められれば、「海軍刑法」に軍人の政治活動禁止についての第一二六条を入れることに同意したと思われる。川村は海軍卿再任までしばらく、病気を理由に引きこもっていたのであるが、再任後は活発に行動[68]している。そのような川村が、「海軍刑法案」に、第一二六条を加えることを陸軍から働きかけられこれを了承したとすれば、時間的にも政治情勢のうえからもつじつまが合うことになる。「陸軍刑法」に類似する形に「海軍刑法」を修正制定することに反対していた榎本が海軍卿辞任に追いこまれ、川村の再任海軍卿の時代に軍人の政治活動禁止の条を含む「海軍刑法」が定められたこのような事情については、もう少し細部を探ってみる必要があるが、当面、これ以上を詮索する史料に乏しい。

ともかく軍人の精神対策につながる「海軍刑法」の制定に陸軍との関係、薩長閥の関係からくる政治情勢がからんでいたことはこれまでの論述が示すとおりであり、「普通刑法」の制定だけが、明治十五年施行の「海軍刑法」をもたらしたものではないことが分かってきた。

第四節　憲兵制度の発足と指揮官による軍紀取締りの根拠

「軍刑法」の事件にしろ、懲罰事件にしろ、前項で述べたような事件が発生しないように予防措置を講じ、また発生したときは、これを不軍紀事項として処理する担当者が必要である。ここではその担当者に関する制度について述べる。

一　憲兵制度の発足

明治九年十一月十六日付で陸軍は、「憲兵御設置相成度儀伺」(69)を、山縣有朋陸軍卿から太政大臣三條實美に提出している。憲兵は軍紀取締り担当者の一部を構成しているが、この伺文書は、「憲兵の儀者軍紀風紀を維持」するために不可欠のもので、「右設置の儀去る明治七年九月三十日外四回相伺候処最後之伺出に即今難聞届旨」があったが、「陸軍の諸規則追々確定之際独り憲兵の設御許可無之候ては軍隊の欠典なるは勿論軍紀風紀取締向に於不都合不少」として、憲兵の早い時期の設置を求めていた。しかしこれも許可されなかったのであり、明治十一年五月二十七日の陸軍省達乙第七三号で、「軍人服装並に礼式等非違の者監視の儀迄て憲兵設置候迄衛戍の巡察及び羅哨を以て」行なうように、指令がなされていることからも分かる。

そのような軍紀風紀取締り担当者としての軍司法行政警察官つまり憲兵を発足させたことが、明治十四年一月十四日の太政官達第四号で示されている。この達は、「今般陸軍部内に憲兵を設置候」という簡単なものであり、続いて一月二十二日にその関連で陸軍卿から太政大臣に宛てて、とりあえずの処置として憲兵給与を砲兵科に準じて支給したい旨の伺が出されている。憲兵服制の新制定要望も二月四日に上申されていることが同じ史料にあり、憲兵制度制定が事前の準備がほとんどないままに行なわれたことが推測できる。最初の準備要員三間正弘は当時少警視として服務していたようであり、陸軍歩兵少佐でもあったので、明治十四年一月十日に陸軍省六等出仕兼補を命ぜられ、四月七日に陸軍の他の六名（大尉二名、中尉二名、八等出仕二名）とともに憲兵転任を命ぜられている。このとき三間は、特別に昇任して憲兵中佐になった。『大日本第二回統計年鑑』によると明治十四年末の憲兵隊現員は一二八六名になっており、憲兵隊が急速に整備されたことが分かる。

さて明治十四年三月十一日の太政官達第一一号で「憲兵条例」が示され、第一条に「憲兵は陸軍兵科の一部に位し巡按検察の事を掌り軍人の非違を視察し行政警察及ひ司法警察の事を兼ね内務海軍司法の三省に兼隷して国内の安寧を掌る」とあって、ここでようやく憲兵制度の内容が明らかになり、組織の細部も示された。憲兵は陸軍・海軍の軍人の非違事項取締りだけでなく、一般人に対しても限られた範囲で警察官としての行動をすることができた。憲兵は海軍軍人に対しては、「海軍警察概則」（明治十四年十一月二十六日海軍省丙第六五号）に示されているように、海軍の艦船・敷地外で権限を行使できた。このことは後述するように、海軍の管理地内ではそれぞれの海軍の責任者が、海軍軍人の軍紀風紀取締りに責任をもつことを意味している。海軍のこの規則が制定されたのは「憲兵条例」制定後八ヶ月近くが経過してからであり、この面でも海軍は出遅れていた。

「憲兵条例」の前書きには、「現今先つ東京府下に其一隊を実施し」とあるが、中尉から兵卒まで二六五名を大尉が指揮する分隊として編成し、東京府を六個分隊が担当することになっていた。これら全分隊と若干の本部要員を中佐の東京憲兵隊本部長が指揮するように定められていたのである。

この条例下達の前後に組織の一部を構成する要員が指名されたようであり、同年三月二十一日に大山巌陸軍卿から、要員差出の達(76)が東京鎮台司令官ほかに宛てて発せられている。内容は憲兵士官要員として東京鎮台から大尉一名、名古屋、大阪、熊本の各鎮台から中尉または少尉一名を差し出すようにとの要求であったが、これに対し、鎮台側は、それぞれ四月初めまでに要員を指名(77)して届け出ている。各鎮台から差し出されたこの要員のうち氏名が判明している二名は、四月七日発令の前の六名とは別人であり、鎮台からは新しい要員が差し出されたようである。こうして三間中佐を長とする憲兵本部が東京に設置されたのは、明治十四年四月九日(78)であった。中佐の肩書きは憲兵本部長とされたようであり、憲兵隊は当面、東京一ヶ所だけの編成であったので、全国の本部長を兼ねた形で職務を行なっていた(79)のであろう。

三間本部長はその後、明治十八年十二月十一日付、陸軍卿に宛てた文書(80)で、憲兵隊は運用されてはいるものの不十分なところがあるので、憲兵隊将校を欧州に派遣して憲兵の制度方式を調査したいという内容の上申をしている。その中で、「回顧するに本邦憲兵設置以前と雖とも行政司法警察は固より軍紀の検察に於けるも各管掌する所あり其の法完からさるにあらす而も尚憲兵を要する所以のものは抑々何そや」と、憲兵制度の存在意義に疑問をもっているかのような表現もみえる。制度が始まってから四年半が経過しているこの時期に、まだそのような問題を抱えている憲兵制度が、有効に機能していたかどうかは疑わしい。

二　陸海軍指揮系統による不軍紀取締りの概要

それでは三間正弘憲兵本部長の回顧にある憲兵制度設置以前の、軍紀風紀取締りに関する制度には何があったのか。陸軍については明治五年四月九日陸軍省第六〇により、それまでの糺問使に代わって設置された陸軍裁判所が大きな役割を担っていたが、犯罪軍人をそこに送ったのは、鎮台司令官を頂点とする指揮系統であった。軍紀風紀の取締り責任は、直接には聯隊長・大隊長・中隊長にあった。その結果軍人の犯罪者を拘束したときの処置は、明治六年七月十九日太政官布告第二五五号「鎮台条例」第四四条により、東京鎮台の場合は軽重を問わず陸軍裁判所に送致し、その他の鎮台では、そこで編成する軍法会議で事件を処置するようになっていた。

この軍法会議については、明治八年十二月十日の陸軍省達第一四〇号「鎮台営所犯罪処置条例」に規定があり、刑罰に該当する犯罪については軍法会議で処置し、下士卒の死刑に当たる犯罪の判決や尉官の重刑判決、佐官の犯罪は、陸軍省経由で中央の陸軍裁判所に書類送致しその論決と上裁を経て刑を執行することになっていた。この条例により東京鎮台取扱いの犯罪も、錮二八日以上にあたる犯罪を陸軍裁判所が処置することとされている。

前節三項で東京鎮台第一歩兵聯隊の下士一五名が麻布の狼谷某寺院で研究会を開いたことの調査について述べたが、明治十五年四月に提出された調査報告書は東京鎮台参謀長から陸軍卿官房長に宛てられており[81]、取調べは聯隊の中尉が行なったという、取り調べられた下士の陳述もあるので、指揮系統によって処置されていたことが分かる。報告書に「風聞」という用語が使用されていることからみると、憲兵組織は、あるいは風聞調査ぐらいはしたかもしれないが、独立した司法警察としての機能は「憲兵条例」に定めがあるものの、実質的にはまだ不完全なものであったのであろう。

なお陸軍には明治五年十一月九日に初めて示された「歩兵内務書[82]」があった。後には騎兵・砲兵など兵科別の「内務書」が編纂され、さらに明治二十一年に「陸軍内務書」（十月二十一日陸軍省達第一九七号）として統合され、明治二十七年七月十七日陸軍省達第八〇号の統合第二版から、「軍隊内務書」と標題が改められた。明治十三年六月五日改正の「歩兵内務書　第三版」によると、聯隊長の職務第五条に、「軍律に係る罪人は之を所管司令官に申告」とあり、聯隊長の権限で処置できる懲罰事件でない限り、鎮台司令官に報告して鎮台の軍法会議の処置に任せたのである。もちろん憲兵制度がないときであるので、犯人の身柄確保は、聯隊長など指揮官の責任であった。西南の役の軍法会議について実例を第三章第三節一項で述べたが、軍法会議は当時から機能していた。

聯隊長はこの「内務書」に示された職務第一条で、聯隊の「風紀軍紀服装教育会計等」に責任を負うので、日常の風紀軍紀[83]の取締りを行なわなければならない。それについては明治十一年五月二十七日の陸軍省達乙第七三号に、「軍人服装並礼式等非違の者監視の儀追て憲兵設置候迄衛戍の巡察及羅哨を以て[84]」すると示されたことを前に述べたが、それ以前から、「巡察及羅哨」が監視取締りを行なっていたので、このような達が出されたのであろう。衛戍地の司令官は聯隊長である場合が多いので、この「巡察及羅哨」は聯隊長の衛戍司令官としての責任で行なわれることが多い。そうでない場合も聯隊長は、「内務書」の規定により、部下将校に風紀軍紀の取締りを行なわせなければならなかった。「歩兵内務書　第三版」の小隊長の職務を示した中に、「其隊中の定則を保ち教育を掌り軍紀風紀服装及給養等の事に注意し」とあり、「部下の室内の巡視」などの手段により、「部下に犯罪者あるときは其次第を糺し之を中隊長に申告」することとされている。中隊長、大隊長はこれを受けて必要な処置をとるのであり、聯隊長も懲罰や軍法会議への事件の送致などを含む処置を行なった。

海軍も明治五年十月十三日、海軍裁判所を編成しており[85]、また艦船や営でも軍法会議を開くこともできた[86]。海軍裁判所は中央の組織であり、少尉以上の事件はここで裁判する。下士卒の事件は、第二節で述べたように初期には、艦長や営長を頂点とする指揮系統が、陸軍と同じように事件を処置していた。明治九年九月一日に「海軍鎮守府事務章程」が達（海軍省丙第三号）せられてからは、鎮守府司令長官にもこの一部の権限が与えられた。

このような軍紀取締り責任者を、明治五年制定の「海陸軍刑律」は司令官と称している。懲罰事件については第三章第二節二項・三項で触れたように、通常は司令官としての陸軍の各指揮官、海軍の艦長・営長が処置したので、やはり指揮系統内で処置されていた。懲罰処置は「海陸軍刑律」第一一条により司令官に委任されていたからであり、陸軍は明治五年十一月十四日に「懲罰令」（陸軍省第二四三）を定めてこれに拠り、海軍は明治七年七月二十二日通知（海軍省記三套第二八号）の、下士卒を対象にした「懲罰仮規則」または明治八年八月三日付の「将校仮懲罰典」（海軍裁判所秘三第七一七号）を当面の懲罰基準にしていた[87]ようである。

憲兵制度創設以前にあたる時期に適用されていた右の陸軍の「懲罰令」では、下士卒の懲罰は営倉三週間、将校は謹慎三週間が期間的な限度になっていた。それを超える事件は刑罰扱いになる。海軍では同様に下士・卒・準卒で禁錮三週間、将校で謹慎三週間を懲罰の限度としていた。陸海軍とも懲罰としての営倉や禁錮は営内または艦内に監禁されたのであり、そのような施設は軍法会議での処置を必要とするような犯罪人の身柄を一時的に確保する施設としても使用することが可能であった。海軍省への報告がない海軍のこのような犯罪処置事例を発見するのは困難であるが、明治十五年十一月九日に海軍裁判所が通牒普第三八一二号で取り扱った事件の文書[88]がある。事件細部は明確ではないが、海軍兵学校の宴会のために雇い入れたボーイの一人が、業務中に懐中時計を紛失し、生徒がこの事件にかかわって懲戒になったと思われる。事件の報告は海軍兵学校長から海軍卿宛てに行なわれており、それを海軍裁判所が取り扱っている。海軍でも当時は、指揮系統と海軍裁判所がこのような事件の処理を行なっていたのである。

陸海軍ともにこのような制度があったので、前記のように三間憲兵本部長が、憲兵隊がなくても軍紀取締り上、問題がなかったと回顧しているのである。それでも陸海軍の組織が大きくなり複雑になってくると、それまでのように指揮官が全てを処置することが難しくなるのは当然である。そこで、鎮台の指揮系統とは別に存在する陸軍卿直轄の憲兵隊が整備[89]され、また憲兵を組織内にもたない海軍関係では、艦船内や軍港地域外の海軍軍人軍属の事件について陸軍の憲兵隊に依存している部分があった。海軍軍人の軍紀取締りのために、そのための特別の組織を海軍内に設けることについては後述のように検討されはしたものの、海軍ではついに、憲兵と同じ機能をもつ組織はつくられなかった。なお支那事変以後戦地で海軍特別警察隊などと呼ばれた憲兵類似の機能をもつ組織が活動しているが、これは「海軍軍法会議法」（大正十年四月二十六日法律第九一号）に基づく臨時軍法会議関連の、部隊の長の犯罪取締権を実行する機関であり、海軍司法警察官の機能を与えられたその部隊の将校と捜査の補助をする部下たちであった。

なお「憲兵条例」による憲兵制度以前に、憲兵という用語が陸軍で使用されていたが、「憲兵条例」によるものとはやや機能が異なるので説明しておく。

明治六年三月二十日付「陸軍省職制並条例」（陸軍省第八四）が示されており、その中に憲兵担当の第二局第五課が置かれ、課長は少佐と指定されていた。しかし明治初期の憲兵らしいものは、北海道開拓使が管轄した屯田憲兵以外には実体があるものがなかった。この屯田憲兵も北海道開拓使の黒田清隆の発議で置かれたのであり、開拓に従事しながら北海道警備にあたる特殊な存在で、明治七年六月二十五日付で黒田がその指揮官予定者として陸軍中将を兼任したときに始まるといえる(90)。

当時陸軍省の憲兵担当課に実体があったのかどうかは明確な史料に欠けるが、明治十四年二月十八日陸軍省達乙第五号「陸軍省条例」で、陸軍省総務局軍法課の職務の細部が示され、「憲兵の職務に係る警察の事務取調の事」がそれに含まれていることが初めて示されたことから、このとき以降実体が出てきたのではないかと思われる。ただ前にも触れたところであるが、明治七年から九年にかけて山縣有朋陸軍卿から太政大臣に宛てて憲兵設置を求める上申が四回もなされている(91)のであり、そのような上申を担当する程度の機能は与えられていたとも考えられる。

三　軍紀風紀を維持する陸軍指揮官の責任

陸軍の「内務書」に示された聯隊長以下の指揮官の責任について、憲兵制度発足前については前項で述べたが、その後日清戦争の時期までの陸軍の軍紀風紀の維持制度の整備状況について以下で述べる。

明治十九年に陸軍省総務局がまとめた翻訳原稿「独逸軍制梗概(92)」というものがある。この内容の内務に関する部分は構成からみて、ドイツの「陸軍内務書」そのものの要約のようであるが、懲罰についてはひとつにまとめられて記述されている。

「独逸軍制梗概」では懲罰事件は、聯隊内で指定された懲罰委員がその会議で処置案をまとめて聯隊長に報告することになっている。聯隊長は懲罰対象者の平素の行状も考慮して懲罰を決定するのである。また規則違反を防止するための平素の説諭、つまり行状に問題がある下士卒の精神面の教育を行なうことも、委員が担当するようになっている。刑罰・懲罰を問わず下士卒の事件については先ず中隊長が調査し、刑罰に該当するものは段階を経て聯隊長、その中で重いものは師団長が軍法会議で処置させる。少尉以上の刑罰は皇帝に上申する。

刑罰・懲罰についてはこのようにまとめられて取りあげられているので、聯隊長の職務を記してある項では詳しく述べることはしていない。聯隊長の責任の主要なものとして、「戦闘に用可き教育を為し士気を振作せしむ」ることが挙げられており、刑罰・懲罰については、「賞罰の権並に休暇を許可する権」を統率上うまく利用すべきことが述べられているだけである。

前述した明治二十一年制定の日本陸軍の「陸軍内務書」、つまり兵科統合の『軍隊内務書　第一版』にあたるものは、発令の時期からみてこのようなドイツの規則も参照しながら編纂されたことは疑いあるまい。前述明治十三年制定の「歩兵内務書　第三版」では、聯隊長の職務の第五条に、「軍律に係る罪人は之を所管司令官に申告し懲罰にかかる罪人は適当に処断するの権を有し」云々とされていたが、明治二十一年の「陸軍内務書」ではこれが省かれていることが特徴のひとつであり、「独逸軍制梗概」と同様に、刑罰・懲罰については別に規則を定める方向に向かっているようにみえる。新旧「内務書」を比較してみて、「内務書」の内容が完全にドイツ式になったというわけではないようであるが、それまで兵科別になっていたものを陸軍共通のものに整理し直したという点でも、明治二十一年の「陸軍内務書」は「独逸軍制梗概」に通ずるものがある。

明治二十一年五月十二日、「鎮台条例」が廃止されて「師団司令部条例」（明治二十一年勅令第二七号）に置き換えられた。同日新しく「衛戍条例」（明治二十一年勅令第三〇号）も制定された。「徴兵令」も明治二十一年一月二十二日法律第一号で改正され、よく知られているようにフランス式の兵役免除をなくし、国民皆兵を徹底した。(93)

この前後の期間は、それまでのフランス式陸軍の制度が大幅にドイツ式に切り替えられた時期である。明治十八年にドイツから参謀少佐のメッケルが陸軍大学校教官として来日したので、彼を顧問にした臨時陸軍制度審査委員が明治十九年三月から陸軍の制度改革のための活動を始めていたからである。[94]「陸軍内務書」の新編纂もその一環として行なわれたのであろうと推察される。

ドイツ式の野戦師団に対して一地を警衛する衛戍任務をもつ鎮台は、フランス式[95]であった。そのため鎮台時代、明治九年配布の前述「騎兵内務書　第一版」には、「要塞《プラーツ》」(Place)、「衛戍《ガルニソン》」(Garnison)と、フランス語の振り仮名が振ってあった。原語は筆者の註記である。明治二十一年の統合された「陸軍内務書」ではこのような表現は姿を消している。その代わりに、中隊長の職務の節中で教育上の着意を述べる文章の中に、「皇帝陛下の為め」という、「独逸軍制梗概」にみられた表現が出てきている。明治二十七年七月十七日の「軍隊内務書　第二版」になると、皇帝陛下ではなく天皇陛下に表現が変わっており、明治二十一年の「陸軍内務書」が、ドイツ陸軍の「内務書」の影響を受けていることの証拠[96]のひとつになるであろう。

ドイツ式であっても平時の軍隊駐屯地はある。これを衛戍と呼び、明治二十一年五月十二日初定の「衛戍条例」(勅令第三〇号)は、ここに警備のための衛兵を置く規定を設けた。[97]この衛兵の指揮をするのはそこに駐屯している各種部隊指揮官のうちの最先任者、いい換えると最も古参上級の者で衛戍司令官と呼ばれる。衛兵は各部隊が当直の形で差し出す。聯隊が多数駐屯していれば聯隊長の古参上級の者が衛戍司令官になるが、旅団司令部が駐屯していれば旅団長がその地位に就くこともある。警備上は、駐屯地とその周辺(砲台、火薬庫など)の警備について衛戍司令官が責任を負うことになる。同時に地域の軍紀風紀の取締りにもあたることになる。衛兵を指揮して直接この任務を行なうのは、衛兵司令と呼ぶ下級将校か小規模衛戍地では下士である。外征占領地でも、ある地に駐屯しているときは「野外要務令」(明治二十二年九月三十日陸軍省達第一四二号で最初の草案を達)などの規定で同じような形式の服務が行なわれるので、日本本土での衛戍勤務と外征時の師団の行動は矛盾しない。

前に述べたように、衛戍勤務と「内務書」による軍人の服務には密接な関係がある。明治十八年六月二十六日制定の『砲兵内務書　第三版』[98]の第三章に、「風紀衛兵及ひ営倉の定則」があり、風紀衛兵の任務として第一条に、「営中一般の風紀を維持し内外の警戒を掌る」とあって、週番大隊長・週番中隊長の下で下士を司令とし、兵卒数名から十数名で衛兵を編成して営内・営倉・金櫃・弾薬庫の警戒をするとともに、軍紀風紀取締りをすることが記述されている。憲兵制度が制定されたこの時期になっても軍紀風紀取締りは、衛戍地の衛兵や聯隊などの部隊の衛兵が活動の核になっていたのである。もっとも衛戍地の多くは一個聯隊あるいは特別の大隊だけが駐屯している場合が多いので、同じ衛兵が衛戍の衛兵と聯隊の風紀衛兵という、観念的には別の衛兵を兼務して服務していることが多く、あまり多くない員数で幅広い活動を要求された。この状態はやや時代が下ってからも同じであり、大正十年三月十日改定の「軍隊内務書」（軍令陸第二号）にも「風紀衛兵」という独立した第一六章が設けられている。内容的には下士を長とする数名が軍旗・営門・営倉・弾薬庫を警備するのであり、歩兵聯隊の場合で二千名近くが起居する兵営全体の軍紀風紀取締りをするのは、容易ではなかったといえる。

ここで、風紀衛兵の実態が分かる実例史料[99]を示しておこう。

明治十五年四月二十九日、大阪鎮台工兵第二大隊で官金一四七四円の盗難事件が発生した。大隊で捜査した結果、病室掛I工兵伍長の行為であることが判明した。そこで伍長から金員を取り戻すことはできたが、官金保管の責任があるT工兵第二大隊長T工兵少佐は、「工兵内務書」第五編第二章の風紀衛兵に関する第二条違反の罪を問われた。第二条は金櫃に歩哨を配置することを定めている。それを怠ったことが、「陸軍刑法」第九八条の、「軍人擅に哨令を変更し」に当たる[100]というのである。

大阪鎮台軍法会議（議長大佐、議員中佐二名・少佐二名）は、明治十五年十二月二十日に無罪の判決を下した。一時的な擅権によるものであり、「陸軍刑法」には該当条文がないという理由で無罪にしている。これを大阪鎮台司令官が陸軍卿に報告したところ、報告書を審査した東京鎮台軍法会議が再議を要求した。東京鎮台軍法会議は上訴裁判所ではないが特殊の地位[101]を保っていたのである。そこで大阪鎮台軍法会議（前議とは別の、大佐議長と議員少佐四名で構成）が再議して、「当時満期兵の解除に際し兵員寡少なるに依り」「昼間のみ右番兵を付せす」、というこの行為は「工兵内務書」に違反しているが、「内務書」の規定は哨令ではないので、「陸軍刑法」がいうような、ほしいままに哨令を変更したことにはあたらないという理由で、明治十六年四月二十五日に無罪にした。しかし「内務書」に違反しているので、「懲罰令」で処置すべきであるという意見がついていた。判決内容はともかくとして、約一年間をかけて審議しており、比較的慎重な審議が行なわれたことが分かる。また当時、規則どおりに衛兵を配置することが容易ではなかったことも分かる。

明治十四年に憲兵制度が発足し、翌年一月一日から「陸軍刑法」（明治十四年太政官布告第六九号）・「海軍刑法」（同第七〇号）が施行され、新しい「陸軍懲罰令」（明治十四年陸軍省達乙第七三号）も同日施行されたことで、日本の軍紀風紀維持のための制度は基本的なものは整備されたことになる。ただし海軍の懲罰制度はまだ不完全[102]であり、明治十四年十二月二十九日に達せられた「海軍下士以下懲罰則」（海軍省丙第七九号）はあったものの、次項で述べるように士官関係は未整備であった。

前述のとおりその後、陸軍はメッケル少佐の指導を受けながらドイツ式陸軍の制度を取り入れたが、それでも刑罰・懲罰の実体法としての基本部分まで、法律家ではないメッケルの教えを受ける必要はなかったであろう。事実、「陸軍刑法」および「陸軍懲罰令」は、ドイツ式が取り入れられた明治二十一年前後にあっても、条文の小改正が行なわれたにとどまっている。

ただ陸軍軍法会議の手続法に該当する「陸軍治罪法」は、明治十六年八月四日の太政官布告第二四号を全面改正する形で、明治二十一年十月十九日に法律第二号として制定（翌年一月一日施行）されていて、時期的にみて、また、次のような内容からみてもこれは、ドイツ野戦陸軍式の師団編制が採用されたことと無関係ではないと思われる。

明治二十一年制定の「陸軍治罪法」は、条文上は法技術的な改正と法思想的な改正が目につくのでそれから説明すると、たとえば前者では、第五六条「勾引状は憲兵が執行するが憲兵不在の地では衛兵が執行できる」意味の条を入れ、ほかにも軍法会議上の憲兵の責任権限を明確にした条文がみられる。後者では第二〇条「将官を対象とする高等軍法会議」を東京に置き、将官も裁判の対象にすることがあることを明確にしたものがある。この高等軍法会議は「再審の審判」も扱う上級裁判所でもあった。第一三条「軍中若くは臨戦合囲の地」で判士を命ずるとき、その資格をゆるくして容易に任命できるようにしているような、戦地での特殊条件を考慮した条文もあり、憲兵不在の地で衛兵が勾引状を執行できる処置も、「軍中若くは臨戦合囲の地」でそのような状況になることへの配慮が背後にあるのであろう。なおこの「陸軍治罪法」では、常設の陸軍軍法会議は、師管・旅管のものと、東京の高等軍法会議の三種類になった。

この制定直後に発刊された陸軍将校団の機関紙『偕行社記事』に、「陸軍治罪法釈義総論」という記事[103]が掲載され、軍事の裁判は砲煙弾雨の中を軍隊と行動をともにする軍法会議が管轄すべきであり、軍人は将卒を問わず全てその裁判権に服すること、刑罰と懲罰がともに、軍法会議またはそれと関連する指揮官の懲罰権の下で速やかに処置されることで「軍隊の安寧を保護し軍紀を維持する」ために有用であること、徴兵制度の下で軍人が軍法会議という特別の法廷で裁判されることで、軍人に名誉心・誇りをもたせ犯罪人にならないことの大切さを教える手段になること、などを説いており、前述の「独逸軍制梗概」の説くところと共通するものがある。つまり精神面の教育の要素を含んでいるのである。師団が出動する外征の野戦では、時間的にまた状況的に切迫した場面が考えられるので、軍紀違反は直ちに処置されなければならない。そのことを重視した「陸軍治罪法」改正は、メッケルが推奨した、師団制や徹底した徴兵制度などドイツ式を推進していくうえで、必要なものであったといえよう。

このように明治二十一年に改定された「陸軍治罪法」や新制定の「衛戍条例」にみられるように、この前後に陸軍の軍紀維持に関係する制度は一応の形を整えたといってよいのではないか。

四　軍紀風紀を維持する海軍指揮官の責任

ここでは明治十五年の「海軍刑法」施行前後の時期から日清・日露戦争までの時期に整えられた海軍の軍紀風紀を維持するための制度について述べ、その中で海軍の指揮官たちがどのような権限を与えられていたかについて考察する。

海軍は前述したように、軍艦乗組員、それも下士兵卒のことを中心にして軍紀風紀を考えていた。刑罰事件は、明治十五年に「海軍刑法」が施行される以前から軍法会議で処置していた。その根拠は明治十年六月二十二日付の「仮治罪法」（海軍省秘入第三九六号）と、それに続く「裁判事務取扱手続」（明治十四年十二月二十八日海軍省内第七五号）である。明治十七年四月一日から施行された「海軍治罪法」（明治十七年三月二十一日太政官布告第八号）は新しい「海軍刑法」に対応するものとして定められ、軍法会議を東京、鎮守府、艦隊のものに区分し、さらに、臨時に数艦を集めて外国や戦地で行動させるときは、事前の海軍卿の授権の下に先任艦長が艦隊軍法会議を設けることができるようにした。別に「戒厳令」（明治十五年八月五日太政官布告第三六号）で合囲地境という概念が示されたので、この地域で機能する合囲軍法会議も規定された。これらの軍法会議の種類は、「陸軍治罪法」（明治十六年八月四日太政官布告第二四号）で定められている陸軍のものとほぼ対応する。陸軍では軍団・師団・旅団および合囲地に軍法会議が設置された。

海軍の懲罰事件については前述したとおり、明治十四年十二月二十九日に達せられた「海軍下士以下懲罰則」（海軍省丙第七九号）などに拠って、艦長や営長が処置していた。士官については、明治八年八月三日に「将校仮懲罰典」[104]の事実上の制定がなされており、明治十八年一月十日海軍省丙第一号で「海軍懲罰令」が海軍軍人全てに適用されるものとして示され同年二月一日に施行されるまで、これが有効であった。内容は七等に区分する罰の等級など、一〇ヶ条からなる簡単なもので、懲罰権者は大尉以上の司令、司令長官と呼ばれる指揮官であった。

明治十七年十月一日に通達（海軍省丙第一四二号）があった「軍艦職員条例」によると、艦長は第二条で、「其艦の保安を負担し兵備を整ひ艦務を幹理し乗員を統率訓練し軍紀風紀を維持するを任とす」と示されていて、軍紀風紀の取締り責任者であることが明示されている。副長は同じく第四五条で、「艦内警察の事務を担任し」となっていて、「艦内定則を維持する」任務を与えられていた。これは、陸軍の「内務書」が定めている聯隊長などの職務に、相応する内容のものだといえよう。艦長は軍紀風紀の維持に全責任を負い、副長がその実務上の補佐をしていたのである。このことは無線通信が未発達であった時期の航海中の軍紀風紀違反事件を考えると、容易に理解できる。航海中は本国の上級機関に連絡することができないので、艦長が航海中の事件に全ての責任を負っているからである。そのため懲罰権は艦長にあり、前述のように外国などで行動するときは、先任艦長に軍法会議を行なう権限まで与えていたのである。

軍艦の集団である艦隊の司令部には司令長官、司令官が配置されるが、その任務は「艦隊職員条例」（明治十七年十月一日海軍省乙第一一号）に定めてあり、軍紀風紀維持については第三条に、「司令長官司令官は麾下職員をして軍紀風紀を維持し法律規則を遵守せしむ可し」とあるだけである。この「麾下職員」とは、参謀や伝令使など司令部要員を指すのであって、軍艦乗組員は対象外である。

歴史的にみて軍艦乗組員の軍紀風紀の維持は艦長の責任であり、たといある艦に司令長官以下司令部職員が乗っていても、司令長官が、司令部職員ではない乗組員の軍紀上の問題について、乗組員に直接命令することはできなかった。

しかし日清戦争中の明治二十七年十一月十日に「艦隊職員条例」を「艦隊職員勤務令」に改定（海軍省達第一六八号）し、第十条で、司令長官が艦隊の乗組員を軍紀風紀上拘束する「日課内則」、「上陸規則」などを制定するように定められたので、これ以後は艦隊軍法会議の責任者としての艦隊司令長官の立場と艦隊内の軍紀風紀の維持責任者としての司令長官の立場が一致することになった。なお大正十年四月二十六日法律第九一号により「海軍軍法会議法」が制定されて艦隊軍法会議は外航時など必要に応じて置かれるものになり、通常は鎮守府（または要港部）軍法会議がその海軍区内の海軍関係犯罪を管轄処置するようになった。艦隊に所属する軍艦が全て、艦隊司令部と同じ軍港を定繋港にしているとは限らないからであろう。同時に高等軍法会議が、将官の事件や「上告、非常上告」を扱うものとして常設された。

このような細かいことは別にして、海軍軍法会議に関係する海軍の基本的な制度は明治十五年の「海軍刑法」施行後、日清戦争後までにほぼ整備されていたといえる。

艦長が軍紀風紀の維持取締りに大きな責任を負っていたことはこれまでに述べたが、乗組員が上陸しているときには目が行き届かない。そこで軍港を管理しており、陸上に組織を置く鎮守府にも、軍港地域とその周辺での海軍軍人の軍紀風紀の維持取締りを行なわせることが適当であることになる。これについては明治十九年四月二十二日勅令第二五号の「鎮守府官制」に規定がある。その第五六条で、軍港には少将または大佐の軍港司令官を置くことになっており、第五八条には「軍港司令官は軍紀風紀を維持し」とあって、軍港司令官をその担当者に指定している。

この規則は明治二十二年五月二十八日制定の勅令第七二号「鎮守府条例」でもう少し具体的になる。右の鎮守府官制は廃止されて「鎮守府条例」第十四条は、中将の鎮守府司令長官に軍紀風紀の維持取締り責任を負わせることにしたのであり、「司令長官は部下の兵員を以て衛兵を編成し軍港内に於て海軍部内に対し司法警察行政警察を行ふことを得」とした。

しかし明治二十六年五月十九日勅令第三九号で改定された「鎮守府条例」では、第四条で、鎮守府「司令長官は麾下の軍紀風紀を統監す」となっていて、麾下ではない艦隊に所属する者の軍紀風紀事件を処置することはできなくなった。艦隊司令長官との先任後任関係など階級と指揮権のことを考慮したことと、次に述べるように軍港への憲兵配置が実現したためであろう。その後の条例改正でもこの思想に変化はなく、後述のように陸上での統一された取締りが困難になり問題が生じた。

海軍省編『海軍制度沿革』(105)は、「明治二十六年四月二十六日佐世保鎮守府司令長官井上良馨は海軍兵員を以て軍事警察を行はしめざる方海軍の養兵上得策と為すこと並に部下艦団隊に配員すべき兵員に欠乏を告ぐるの実況とに鑑み鎮守府の衛兵を解き憲兵隊をして之に代らしむるの意見を海軍大臣に稟申せり依て海軍大臣は五月二十日及六月二十四日の両回に亘り各軍港に憲兵駐屯の件を陸軍大臣に協議」して、明治二十六年八月十五日に横須賀軍港に初めて憲兵が配置されたことを記している。憲兵は制度発足時から、軍事警察について陸軍大臣にも海軍大臣にも隷属することになっていたので、このようにすることについての法制度上の問題はなかった。

やや時代が下るが、手元に東京憲兵隊の「軍事警察報告書」(106)があるので、横須賀関係の大正七年七月から十二月の間の報告を見てみよう。

駆逐艦乗組のH海軍大尉が、待合の未払借金のために訴訟を提起され、憲兵隊が中に入って借金を返済させたうえで示談にした件がある。士官のものはこの一件だけであるが、このような民事風紀上の問題にも憲兵が介入したのである。

下士卒軍属については、窃盗・逃亡・官給品入質・暴行・無銭飲食など事件の種類が多様であり、横須賀鎮守府軍法会議に送致したものが二二件あり、舞鶴海兵団所属の四等水兵を舞鶴鎮守府軍法会議に送致したものが一件、別に警察からの送致を受けて処置した分などが四件ある。

懲罰処置の範囲の事件で、憲兵隊で取調べのうえ、所属長に身柄を引き渡したり、制止して所属長に告知したりしたものが二九件にのぼる。その内容は娼妓や女中を殴打したり、飲酒のうえ、争闘したりという「刑法」に触れる恐れがあるもののほか、軍服を脱いで私服で行動したために告知されたというものもある。憲兵が説諭して済ませた、飲酒酩酊のうえの服装違反・街路での放尿・喧噪のような、軽い違反行為が六四件ある。

報告されたこれらの事件は、全て横須賀軍港周辺で起こされた事件であり、当時の鎮守府司令長官は明治四十二年十一月二十六日の「鎮守府条例」（軍令海第四号）により、軍紀風紀については、麾下の統監権のみをもっていた。ただし「要塞地帯法及び軍港要港規則」の関係では、所在憲兵を指揮できることになっていた。

註

（1）梅渓昇『お雇い外国人　政治・法制』（昭和四十六年、鹿島研究所出版会）一三六―一三七頁。
（2）朝倉治彦編『陸軍省日誌　第四巻』（昭和六十三年、東京堂出版）一九六頁、一九九頁に、明治九年五月に黒川通軌、小澤武雄、原田一道の各陸軍大佐、矢上義芳陸軍大尉、谷村猪介陸軍中尉が兼勤で軍律取調の委員に任命された記事がある。

（3）防衛研究所蔵『明治九年大日記　宣旨辞令進退諸達伺四月令　陸軍省第一局』。
国立公文書館蔵『明治十四年公文録』陸軍省十二月第一「陸軍律刑法裁定の件」に、明治十三年五月に陸軍刑法審査局が太政官組織の中に設けられ、陸軍少将兼元老院議官の津田出も審査委員を命ぜられたことがみえるので、議官になってからも「陸軍刑法」の起草に関与していたのであろう。

（4）前掲『お雇い外国人　政治・法制』一四二頁。

（5）霞信彦「解題　陸軍律刑法草案」（『法学研究』第五十四巻七号、昭和五十六年七月、慶応大学内法学研究会）七一頁以下。

（6）防衛研究所蔵『明治十一年大日記　参謀監軍内外各局十二月水　陸軍省第一局』の「部へ陸軍刑法草案活版の件」。

（7）防衛研究所蔵『大日記　参謀監軍両本部省内各局近衛局病院軍馬局二月水　陸軍省総務局』「陸軍刑律草案入用云々の事」に、陸軍省で入用として明治十三年二月二十五日付で「陸軍刑律法草案」の活版印刷本一〇〇部の配布を要求したものがある。前掲「解題　陸軍刑律法草案」霞信彦氏論考によると、明治九年に津田真道、原田一道、黒川道軌、小沢武雄ほかが軍律取調に任命されたときから本格的に、新しい「陸軍刑法」の編纂が開始され、明治十一年三月にはほぼ脱稿していたという。『内外兵事新聞』が脱稿について報じているというからほぼ間違いあるまい。
防衛研究所蔵『明治十四年大日記　局部八月水　陸軍省総務局』中の「総より陸軍刑法御布告相成度件伺」に、陸軍省総務局が太政官への上請案として添付したものの中に、「陸軍刑法草按は明治十三年三月中進達仕候」とあり、国立公文書館蔵返還文書旧陸海軍関係『明治十三年三月　送達日記　卿官房』「送」第六三号では、明治十三年三月一日送達になっている。

（8）竹橋事件百周年記念出版編集委員会編『竹橋事件の兵士たち』（一九七九年、徳間書店）一六四頁。

（9）防衛研究所蔵『明治九年大日記　送達の部　十一月土　陸軍省第一局』「正院へ憲兵設置の伺」。

（10）前掲「解題　陸軍律刑法草案」七二頁。

（11）同右。
日本大学編『山田伯爵家文書　一』（平成三年、日本大学）一七五頁に、司法大輔山田顕義に宛てた明治十三年三月二十七日付村田保書簡があり、「普通刑法」制定にあたりフランス刑法を参照したことについて述べている。

松下芳男『明治軍制史論　上』（昭和三十一年、有斐閣）五二五頁では、明治十四年末制定の日本の「陸軍刑法」は「仏国軍事裁判法」の踏襲としている。

（12）国立公文書館蔵『明治十四年公文録』陸軍省十二月第一「陸軍律刑法裁定の件」。上申文書の日付は三月二十八日付になっているが、註（7）にあるとおり、送達は三月一日である。

（13）前掲『明治軍制史論　下』一〇頁以下。
山崎丹照『内閣制度の研究』（昭和十七年、高山書院）二二四頁。フランス式からドイツ式への移行については、筆者も『日本軍の人的制度と問題点の研究』（平成六年、国書刊行会）七〇頁以下で論じている。
（14）防衛研究所蔵『自明治十一年至十二年年報』参謀本部の分。
（15）前掲註（12）『明治十四年公文録』陸軍省十二月第一「陸軍刑法裁定の件」。
（16）同右。明治十四年十二月二十日付で、議決の通知が元老院議長から太政大臣宛になされている。元老院で語句の小修正をした結果が本分掲示の一一〇条である。
（17）前掲『明治軍制史論　上』五三一頁。
（18）曽我祐準『曽我祐準翁自叙伝』（昭和五年、曽我祐準翁自叙伝刊行会）三一九頁。
（19）海軍省編『海軍制度沿革　巻二』（原本昭和十六年。昭和四十六年、原書房復刻）三四四頁。
（20）前掲『明治十四年公文録』海軍省十二月「海軍刑法改正の件」。
（21）同右　陸軍省十二月第一「陸軍律刑法裁定の件」。
（22）榎本は、「陸軍では文官以下を軍属というが、海軍は意見が相違している」としている。明治十四年の武官表（内閣記録局編『明治職官沿革表』別冊付録）によると、海軍の軍医・秘書・主計・機関各科の下級者は卒ではなく準卒扱いされ、これら各科所属の佐・尉官相当官は、武官ではあるものの、乗艦四文官という名称で人事面で兵科よりも格下の扱いがなされていた。また陸軍に比べて員数が多い工廠の工員を軍属扱いすることにも問題があった。
（23）前掲『明治十四年公文録』海軍省十二月「海軍刑法改正の件」。明治十三年九月十八日付で、太政官法制部が、「海軍省上申海軍律刑法草案の義は陸軍律刑法草案と同様総裁及委員を命し審査局を開き審査せしめられ可然哉軍事部へ合議の上仰高裁候也」と太政官に申上している。その結果明治十三年十月十四日に「海軍律刑法」審査委員の発令があったが、総裁の細川潤次郎以下一一名は、「陸軍刑法」審査委員と同一人物である。委員のうち五名が陸軍軍人であり、海軍軍人は入れられていない。委員氏名は本章第一節一項本文参照。
（24）『日本帝国統計年鑑第一回』（昭和三十七年、東京リプリント社復刻版）五二一頁、五四五頁。
（25）国立公文書館蔵『明治十三年太政類典　第四編第三六巻』「第四類兵制　軍律及行刑二」中の「海軍刑法審査局伺」（明治十三年十一月一日）。
（26）海軍省編『海軍制度沿革　巻五』（原本昭和十四年。昭和四十七年、原書房復刻）一三二一頁に、「武官及乗艦四文官写真提

出の件」という、明治八年十月三十一日付で海軍大輔から各庁長官に宛てた文書がある。この四文官は海軍有終会編『近世帝国海軍史要』（原本昭和十三年。昭和四十九年、原書房復刻）一五九頁によると、軍医、秘書、主計、機関に所属する者を指すのであり、註（22）でも述べたとおり官等表上は武官に区分されていたものの、明治八年時点で乗艦四文官と呼ばれることがあったことが分かる。同じ士官が当時の陸軍では、軍医部や会計部の武官で将校相当官であった。主計の「海軍刑法」上の特別扱いについての海軍の要請は、そのようなところからきているものと考えられる。

(27) 前掲『明治十四年公文録』「官吏進退　海軍省」。川村は参議・議定官で海軍卿兼任、榎本は議定官・議官はそのまま。同『明治十四年公文録』「官員　自四月至六月太政官」に川村の「出勤御届」があり、明治十四年四月十八日付で、「下官義病気引籠罷在候処本日より出勤」と、兼任の海軍卿としての職務に就いたことを届けている。川村が海軍卿の職務を重視していたことが、この届書から伝わってくる。

(28) 宮内庁編『明治天皇紀　第五』（昭和四十六年、吉川弘文館）三一六頁。

(29) 同右三一八頁。一八二頁には、「海軍省は薩州人多くして、其の長官たる榎本武揚に心服せざる者少からず」とあるとおり、薩摩士官たちを統べるためには川村純義を起用するほかなかった。

(30) 前掲『明治十四年公文録』「海軍省十二月　海軍刑法改正の件」。

(31) 同右。海軍刑法第一二六条の「政治に関する件」が明治十五年になってから追加されたことは、『法令全書』その他に示されていない。しかし『公文録』の記述は詳細にわたっており、疑う理由はない。

(32) 明治六年七月二十七日に海軍兵学寮英人教師団三四名が来日し、三年契約で教育を行なったことが、海軍兵学校編『海軍兵学校沿革』（原本大正八年。昭和四十三年、原書房復刻）一三三頁以下にある。
　木村浩吉「黎明期の帝国海軍」（昭和八年、海軍兵学校印刷資料。著者は海軍兵学校九期生）六四頁で、「明治十六年頃から吾が海軍は覚醒し始めた」と、イギリス式が根づいたことが述べられていることは、前にも触れた。

(33) 前掲『山田伯爵家文書　二』五二頁の明治十四年十二月二十四日付、山縣参議山田参議宛の海軍卿川村純義書簡に「海軍拡張の義は目下之急務」とあるように、海軍は建軍以来何度も海軍艦艇の急速整備を要求していたが、明治十四年度の海軍費は陸軍費の八二〇万八六〇八円に対して半分以下の三〇一万四七五八円にすぎず、整備が進んでいなかった。
　前掲『明治天皇紀　第五』一八二頁は、明治十三年九月の財政整理案について、「参議川村純義敢へて各省の減額に反対せずと雖も、その率に就きて見解を異にし、又海軍省減額の陸軍省に比して過多なるを難ず」と、している。

(34) 前掲『明治天皇紀　第五』三一六頁。

(35) 同右二六頁。
(36) 東京大学史料編纂所編『保古飛呂比　佐々木高行日記　九』(一九七七年、東京大学出版会) 九一頁。
(37) 前掲『明治天皇紀　第五』、三二八頁。
東京大学史料編纂所編『保古飛呂比　佐々木高行日記　十』(一九七八年、東京大学出版会) 六八頁、一五四頁。「東」艦上で榎本が、箱舘で榎本軍が放った弾痕を確認したり、御用船に愛妓を乗せて乗組士官の反発を受けたという話が『佐々木日記』にある。
(38) 前掲『明治天皇紀　第五』三一六頁。
(39) 国立公文書館蔵『公文別録・上書建言録・明治十一年・十八年第一巻』建議六―一に、「海軍大佐松村淳蔵外一名建白海軍参謀本部設立の議」がある。
(40) 大山梓編『山縣有朋意見書』(昭和四十一年、原書房) 一〇一―一〇二頁。この「海軍参謀本部不用論」の前提になる海軍参謀本部を設置する議の最初の案らしいものとして、梅渓昇氏が「川村伯の海軍職制改正の議」〔梅渓昇『日本近代化の諸相』(昭和五十九年、思文閣出版) 一八三頁。篠原宏『海軍創設史』(一九八六年、リブロポート) 三一六頁に同様の趣旨のものがある〕として提示しているものがある。その内容の一部に、「海軍参謀本部を設けて陸海軍の権衡をとりたい」というものがあり、艦長たちの建議以前の川村純義海軍卿時代に川村が、太政官に「改正の議」を呈上した可能性もあるが、ここで取りあげた不用論は榎本が海軍卿に就任してから九ヶ月後の不用論であり、艦長たちの提議に対する不用論である。そう考えると年月のつじつまが合う。もちろん海軍参謀本部の新設は、榎本の海軍卿就任以前の川村海軍卿の時代に最初の案が出ていたのであろう。そうでなければ提議が唐突すぎる。前述梅渓氏の「川村伯の海軍職制改正の議」では、川村が海軍卿のときに既にこのことを考えていたとしているが、その可能性が強い。陸軍が参謀本部を設置したので海軍も、という発想が出るのは自然であろう。
(41) 徳富猪一郎編『公爵山縣有朋伝　中巻』(昭和八年、山縣有朋公記念事業会) 三三九頁。
(42) 海軍有終会編『近世帝国海軍史要』(原本昭和十三年。昭和四十九年、原書房復刻) 五六〇―五六二頁。
(43) 海軍省編『海軍制度沿革　巻二』(原本昭和十六年。昭和四十六年、原書房) 三七頁。元長州藩の海軍関係者の一人であった前原一誠兵部大輔時代の明治三年五月の建議として「大に海軍を創立すへきの議」があり、陸軍とともに海軍が海外発展の原動力になることを論じている。後世まで海軍のこのような思想は語り継がれている。
(44) 防衛研究所蔵『川村伯爵より還納書類　黒岡少佐書翰報告意見』。黒岡は海軍大尉兼太政権少書記官の肩書きで意見を述べている。少佐昇進が明治十三年八月であることなどから、文書の日付はないものの、その肩書を使える明治十三年五月から八月の間の意見であり、少佐昇進後に書翰報告意見集としてまとめられたと推定できる。
(45) 前掲『明治天皇紀　第五』三一六頁。
(46) 同右三一八頁。
(47) 同右。
(48) 末松謙澄『防長回天史　下巻』(一九六七年、柏書房)一五八五頁。
(49) 前掲『明治天皇紀　第五』三一六頁。
(50) 前掲『明治軍制史論　上』五三一頁。
(51) 前掲「解題　陸軍律刑法草案」が示す「草案」による。
(52) 前掲『明治十四年公文録』陸軍省十二月第一「陸軍律刑法裁定の件」。
(53) 前掲『曽我祐準翁自叙伝』三一九頁。
(54) 防衛研究所蔵『明治十一年密事日記』第二五号。
(55) 三浦梧楼『観樹将軍回顧録』(昭和六十三年、中央公論社)一一三―一一五頁。
(56) 前掲『明治十四年公文録』陸軍省十二月第一「陸軍律刑法裁定の件」。明治十三年四月一日、同年八月二十六日、明治十四年四月二十一日の原議文書に内閣書記官から各参議に回議したものがある。
(57) 同右陸軍省十二月第一「陸軍律刑法裁定の件」。
(58) 内閣制度百年史編纂委員会編『内閣制度百年史　上巻』(昭和六十年、大蔵省印刷局)二二頁によると、明治十三年二月に、それまで参議が各省の卿を兼務することになっていたのを原則として廃止した。これにより、それまで海軍卿であった川村純義は海軍卿の地位を榎本武揚に譲って参議専任になっていた。山縣有朋は参議であるが参謀本部長を兼務していた。参議は国策の審議に専念する。この処置を明治十四年に再改正して、旧のように兼務可能にした。
(59) 前掲「明治十四年公文録」陸軍省十二月第一「陸軍刑法裁定の件」。
同右海軍省十二月「海軍刑法改正の件」。
(60) 同右海軍省十二月「官員　自四月至六月太政官」の「卿川村純義の出勤」で、明治十四年四月七日に海軍卿を兼任した川村が実際に初出勤したのは、四月十八日であったことが分かる。
(61) 前掲『明治軍制史論　上』五二九頁。

(62) 防衛研究所蔵『陸軍教育史　明治別記　第十八巻　陸軍教導団之部』当該年月。『陸軍教育史』は、明治四十五年に教育総監部が編纂した。

(63) 防衛研究所蔵『従明治十四年至十五年　密書編冊』。なお口供書中にある太政官第五三号布達は、明治十三年十月二日太政官達第五二号「陸軍検閲条例」の誤りだと思われる。その第二四条に、「将校より下士卒に至るまで請願訴訟のこと総て其の順序を逐ふて」とある。直訴することは、この第二六条で「相当の刑典に処して」とあり、処罰対象になっていた。四将軍の場合は、直訴ではなく上奏であり上奏が禁止されていなかったので、刑罰対象外と判断される。

(64) 海軍省編『海軍制度沿革　巻十七　1』（原本昭和十九年。昭和四十七年、原書房復刻）五〇頁、海軍省六六九—四。

(65) 朝倉治彦編『陸軍省日誌　第六巻』（昭和六十三年、東京堂出版）七九頁。

(66) 国立公文書館蔵「明治十四年公文録」「官吏進退　海軍省」によると明治十四年四月七日付で参議・議定官の川村純義が海軍卿兼任に発令され榎本武揚は議定官兼任の議官になったが、「同公文録」「官員自四月至六月」によると川村は病気引籠りのため遅れて、四月十八日に出勤の届けが出ているのは、註（60）にあるとおり。

(67) 田村栄太郎『川村純義・中牟田倉之助伝』（昭和十九年、日本軍事図書株式会社）一三二頁。官有物払下の取消しに奔走したという。

(68) 同右一三二頁。

(69) 前掲註（9）『大日記送達の部十一月土　陸軍省第一局』「正院へ憲兵設置の伺」。

(70) 朝倉治彦編『陸軍省日誌　第三巻』（昭和六十三年東京堂出版）四四六頁。

(71) 国立公文書館蔵『明治十四年公文録』「陸軍省　一月」。決裁は同年二月二十四日。

(72) 同右『明治十四年公文録』「官吏進退　陸軍省　自一月至六月」。

(73) 同右。

(74) 統計院『大日本第二回統計年鑑』（明治十六年）五八三頁。原本を使用したのでこの表題を掲げたが、年度により原本表題が少しずつ変わっているのを統一するため、復刻版で『日本帝国第〇〇統計年鑑』や『日本帝国統計年鑑〇〇』に統一しているものもある。本論文では原則として、そのとき使用したものの表題を使用した。ただし明治十五年発行の最初のものは回数表示がないので、「第一回」の文字を付加して他と区別している。

(75) 防衛研究所蔵『明治十四年大日記　諸省十一月月　陸軍省総務局』中の「海より海軍軍紀云々の件」に、「海軍軍紀之警察服務の規則」が裁可になったことを明治十四年十一月二十六日付で川村海軍卿から大山陸軍卿に宛てて通知した文書があり、海軍関係域内で発生した事件の憲兵業務については海軍側が処理したことが分かる。
(76) 防衛研究所蔵『明治十四年従一月密事日記　卿官房』第二三一四〇号。
(77) 同右。選任届が遅いものでも四月六日付で出ている。
(78) 高橋正衛解説『続・現代史資料　6　軍事警察』（一九八二年、みすず書房）解説xiv頁。
(79) 防衛研究所蔵『参大日記　編冊補遺』（明治十一年、陸軍省）「憲兵職務取調之為欧州諸国、憲兵将校差遣之儀に付上申」にある署名押印。
(80) 同右上申書。
(81) 前掲『従明治十四年至明治十五年　密書編冊』「下士演説の風聞取調」。
(82) この「歩兵内務書」の最初に配布されたものを第一版と呼び三年ごとに改正されることになっていたが、次第に改正期間が長くなった。松下芳男氏の『明治軍制史論集』（昭和十三年、育成社）二五二頁以下にあるように、内容からみてフランスのものを基礎にし、ドイツ式、オランダ式を加えたうえで日本的な修正をしていると思われる。
国立公文書館蔵『太政類典』外編二十に、陸軍省の「歩兵内務書　第一版」の起草届があり、陸軍兵学寮で起草し仏国教師に質問して作成したとしてある。第一版本体は、現在は見あたらず、国会図書館蔵の第三版が『歩兵内務書』の現物としては最も古い。明治九年三月二十七日陸軍省達第四八号で『砲兵内務書　第一版』が出され防衛研究所が現物を所蔵している。明治九年五月二十四日陸軍省達第七〇号で「騎兵内務書　第一版」が出され、明治十四年十月二十七日陸軍省達乙第六二号で『憲兵内務書　第一版』、明治十四年十二月二十七日陸軍省達乙第七二号で『工兵内務書　第一版』も出されて、これらは、『法規分類大全　第五十一　兵制門』軍隊　内務二（原本明治二十四年、内閣記録局。一九七七年、原書房復刻）に収められている。各兵科とも基本的な内容は共通している。
(83) 当時、風紀軍紀を明確に定義づけたものは見あたらないが、軍の任務達成に直結する重要な規律を軍紀とし、懲罰事件に該当するもの以下の酩酊・服装違反などを風紀と捉えて規則が構成されているように思われる。
(84) 陸軍の軍隊が駐屯し警備にあたる地域を衛戍地といい、その勤務を衛戍勤務という。衛戍地警備のために歩哨などの警備兵を置くが、移動しながら警備しているのが羅哨であり、警備状態を確認したり、不審者違反者がいないかを巡回視察したりしながら行動するのが巡察である。
(85) 前掲『海軍制度沿革　巻十七　1』九九頁。
(86) 同右一四九頁。

(87) 同右三一四頁。
(88) 防衛研究所蔵『明治十五年公文原書　巻三二』。
(89) 統計局『日本帝国第二十六統計年鑑』二六四頁によると、日露戦争前の明治三十二年末には司令官の将官以下三二一一名の組織になり、その後日露戦争間に減少して明治三十九年末で一五隊（清国駐屯の小規模のものを加えて一六隊）一四一四名になっている。大正二年十二月九日の編制表（田崎治久編『日本の憲兵　正・続』一九七一年、三一書房、六〇五頁）では一二八一名になっており、平時の国内ではこの程度の員数で業務を処理できたのであろう。
(90) 『法規分類大全　第四七　兵制門』陸海軍官制三（原本明治二十四年、内閣記録局。一九七七年、原書房復刻）七六〇頁。陸軍省布告第二四三号で黒田清隆の陸軍中将兼任発令があった後、翌明治七年十月三十日に、黒田上申の「屯田憲兵設置の儀」が認許されている。
(91) 前掲註（9）『大日記送達の部十一月土　陸軍省第一局』「正院へ憲兵設置の伺」。「憲兵条例案」が明治七年十月三十一日に提出されているが、いまだに設置の許可がないことが述べられており、憲兵制度を研究し「憲兵条例案」を起草できる程度の機能はもっていたのかもしれない。
(92) 防衛研究所蔵『陸軍省　雑　明治十九年』。
(93) 松下芳男『明治軍制史論　下』（昭和三十一年、有斐閣）一二二一―一二二四頁。
熊谷光久『日本軍の人的制度と問題点の研究』（平成六年、国書刊行会）七五頁。
(94) 『官報』によると、明治十九年三月十五日付で児玉源太郎歩兵大佐、小坂千尋歩兵少佐が最初の委員として発令され、その他寺内正毅歩兵中佐、井上詳歩兵少佐、長澤太郎歩兵少佐、眞鍋斌歩兵少佐、小池正文陸軍一等監督の計七名が委員に任命された。
徳富猪一郎『公爵桂太郎伝』（大正六年、故桂公爵記念事業会）四三九頁、四四七頁などにメッケルと軍制改革のかかわりについて述べたものがある。

前掲註（11）『明治軍制史論　下』九六頁もメッケルの建策について記している。
(95) 同右『日本軍の人的制度と問題点の研究』六七頁。
(96) 「鎮台条例を改め師団条例を制定せられたるについての解説」（明治二十一年七月『偕行社記事』第一巻第一号）六頁。編制人事に関する部分に、天皇陛下と皇帝陛下を使い分けていると思われる記述があり、翻訳時にプロシア王とドイツ帝国皇帝を使い分けたものと思われるが、皇帝陛下と訳した部分の原語が Kaiser であったかどうかは疑わしい。皇帝陛下の用語は当時の外交文書にもみられ、外交関係では昭和初期まで、天皇陛下ではなく皇帝陛下としていた。

(97)　衛戍という用語はそれ以前から使用されており、『偕行社記事』第二巻第二号（明治二十一年八月）の「衛戍条例の解説」一五五頁によると、明治九年十二月に「衛戍服務概則」を改定し、同十六年五月に再改定したが、これはフランス式であり軍隊の永久駐屯地の守衛のためのものであった。日本ではやや解釈を異にして、主として鎮台と呼ばれる地に適用してきた。そこで今回これを全ての永久軍隊駐屯地に適用するものとし、「衛戍条例」を制定したと解説している。

(98)　『法規分類大全　第五十一　兵制門』軍隊　内務二（原本明治二十四年、内閣記録局。一九七七年、原書房復刻）。

(99)　防衛研究所蔵『明治十七年密事日記　卿官房』。

(100)　判決文の一部に第九七条になっている箇所があるが、他の箇所では第九八条になっているので、示されている条文からみて、第九八条の誤りと判断する。

(101)　明治十五年九月二十二日太政官達第五七号で陸軍裁判所が廃止されその機能を東京鎮台軍法会議が引き継いだ。

(102)　「海軍懲罰令」がそれまでの仮規則から正式のものになったのは、明治十八年一月七日の太政大臣達により、士官と下士卒全てに共通するものとして達せられてからである。

(103)　『偕行社記事』明治二十一年十二月第六巻、八〇九頁および明治二十二年一月第七巻五頁。筆者は後に陸軍省法官部長になった井上義行。

(104)　海軍省編『海軍制度沿革　巻十七　1』（原本昭和十九年。昭和四十七年、原書房復刻）三二二頁。秘三第七一七号で海軍裁判所から海軍省に案として報告したもののようである。註（22）で述べたように軍医官や経理官などは文官扱いされていたのであって、この規則の第五条に「将校相当の軍属」と表現されている。

(105)　海軍省編『海軍制度沿革　巻三　2』（原本昭和十四年。昭和四十六年、原書房復刻）一七二二頁。

(106)　大正八年一月三十一日付憲兵司令官石光眞臣から海軍大臣加藤友三郎宛ての「軍事警察の状況の件報告」、大正七年七月から十二月の間の東京憲兵隊管内海軍関係（横須賀主体）の報告。

第六章　精神面を中心とする軍紀風紀維持策の発展と効果

これまでの各章節で述べてきたように、明治初期の陸軍で、軍人の精神面の問題の対策や軍紀風紀の取締りにもっとも力を入れていたのは山縣有朋であった。おかげで陸軍では明治二十年代初めに、主要な対策は実施済みになっていた。その頃の海軍は、技術を重視していたためか、「軍人勅諭」や憲兵制度への関心が薄かったことは、これまで累述してきた。そのような海軍も、日清戦争の体験を通じて軍人精神の重要さとその涵養のための精神教育の重要性や軍紀風紀の重要性を認識するようになったらしく、日清戦争後、明治三十年九月二十四日の「海軍艦団部将校教育令」（海軍省達第九八号）および「海軍艦団部下士卒教育令」（海軍省達第九九号）を初定し、精神教育に目を向けるようになった。

さらに日露戦争後には、陸海軍とも精神面の教育の重要性を強調するようになり、こうして大正期には、陸海軍とも精神面の教育についての制度や軍紀風紀の維持取締りの制度がほぼ完成したといえるようである。本章では明治末から大正期の、いわゆる精神教育を中心にしたこれらの施策を述べ、さらに軍紀風紀を維持するための刑罰・懲罰という消極的な精神面の手段にも触れながら軍人精神の涵養と軍紀風紀維持策の発展について論じた後に、締めくくりとして軍人軍属犯罪の統計数字に、その施策の結果をみる。

軍人に対する精神施策のうえで、海軍は陸軍に比べると犯罪抑止策には積極性を示したが、「軍人勅諭」による軍人精神の積極的な涵養という面では陸軍の後追いになった面があることを明治二十年代までの施策を論ずる中で述べてきたが、明治末から大正期にかけてもその傾向があったようである。ここではまず陸軍の軍紀風紀の維持・発展策について述べ、次いで、海軍の維持・発展策を述べるが、その中で、陸軍に比べて海軍の対策が後れがちであったことにも触れる。

第一節　陸軍における精神対策・軍紀風紀維持策の発展

陸軍の精神面の教育施策が一応の整備をみていた日露戦争前に、不平等条約の改正問題が進展をみたが、日本が近代国家として国際的な場で活動するにあたり、陸軍は、陸軍軍人が外国人相手に外国から非難されるような問題を、起こすことがないように気を配っていた。さらに日露戦争において、外地でロシア人を相手にして戦うことで起こる捕虜の待遇など、国際法の遵守にも気を配った。一方で、近代戦でありながら最後は肉弾戦になった日露戦争の経験から、忠誠心の涵養、士気の鼓舞などの積極面での精神対策が重要であることを認識し、その方面の対策を特に強調するようになった。同時に陸軍は、日露戦争時に起こった社会主義者たちの反戦・反軍運動の影響を軍人が受けることを警戒し、第一次世界大戦の世界の情勢でそれが変質しながら日本陸軍の徴兵たちに影響を与える虞れが強まったので、このような情勢に対応する精神面の措置をとることも要求された。このようなところからとられた精神対策は大正末を区切りとして、一部は昭和に持ち越したものの一応の完成をみたといってよく、ここでは青年将校の意見を分析しながらその経緯について述べる。

一　日露戦争までの軍紀風紀維持のための特別な方策

明治三十二（一八九九）年五月から七月にわたり、オランダのヘーグで国際平和会議が開催され日本も駐露公使林董、駐白公使本野一郎、陸軍工兵大佐上原勇作、海軍大佐坂本俊篤、法学博士有賀長雄の委員を会議に送った。会議は軍備縮小と戦争関係の国際法が議題になったが、対ロシア戦備を進めつつあった日本にとって、これは重要な会議であり軍縮に応ずるわけにはいかなかった。しかし国際紛争平和的処理条約、陸戦の法規慣例に関する条約など戦争関係の条約には同年七月二十九日に調印した。

また一方で明治三十二年五月三日に日英間で裁判管轄権に関する議定書の調印があり、同年六月十九日には日白間、日仏間の、さらに同年六月二十六日には日伊間の裁判管轄権に関する議定書が調印されるなど、日本が国際的に文明的な独立国として認知されるために重要な、国際交渉が進行しつつあった。そのような外交交渉とのからみから、陸軍内でも軍人が外国人相手の不軍紀な問題を惹起しないように注意が払われていた。

裁判管轄権の問題など欧米各国との不平等条約の改正の関係が一段落した明治三十二年六月三十日に、天皇は、「戒飾の詔勅」(1)を出していた。「開国の国是を恪遵し億兆心を一にして善く遠人に交り国民の品位を保ち帝国の光輝を発揚するに努めんことを庶幾ふ」というものである。これを受けた形でその翌日の明治三十二年七月一日、陸軍大臣桂太郎は、「聖勅に依り訓令の件」[2]を発して、外人との接触にあたり軍人が問題を起こさないように戒飾している。特に団隊長に対して、「軍隊は規律を以て立つものなり我軍隊規律の整粛は本大臣の夙に認むる所なりと雖も条約実施の初期に当り下士卒の輩年少気鋭或は忍耐自ら抑ゆる能はす為に事端を外人との間に生するか如きあらは我軍隊の体面に関する」ので、「団隊長並に軍紀風紀を維持するの職に在る者は能く部下軍人を戒飭し」紀律を維持するように求めている。

この時期になるとこのような対外的な配慮から軍紀の維持を要求することもあったのであり、日露戦争では、観戦武官などの外国人の目を気にして、すでに調印していた「陸戦の法規慣例に関する条約」に反する行為をしないように、出征各軍に国際法の専門家を配置するなど気を遣っていたのである。[3]このことは刑罰・懲罰面からの精神対策のひとつといえよう。

二　日露戦争の体験の中から出てきた陸軍青年将校の意見

明治末から大正期の陸軍は、軍人の精神面の教育では海軍の一歩先を歩いていたようである。陸軍将校団の機関紙、明治三十八年四月の『偕行社記事』に、「兵卒の精神教育」と題した眞流平藏工兵中尉の論文[4]が掲載されている。精神教育という用語は、軍人精神を涵養するための教育を意味している。この論文で眞流中尉は、日露戦争の日本軍勝利の大きな原因として、兵器を扱う軍人の精神が優れていたことを挙げている。下級将校が書いたこの論文は、日露戦争の経験を通じて、精神教育の重要性が陸軍内で認識され始めていたことを、示しているといえよう。

論文はいう。「工兵監事務取扱は曩に『教育に関する注意』なるものを配賦せられて精神訓誡は勉めて隊長之を行ふへき事を明示せられたり」、しかし「精神訓誡なるものは衆多の兵卒を一堂に会せしめて長時間の講話をなすのみを以て完ふし得るものにあらす日常服行せる諸般の勤務及演習に於て機を見る毎に之が涵養を計らさるへからす」と述べ、たとえば「作業完了後器具を洗浄若くは払拭する」とき、丁寧に行なって器具を大切にする心を養わせ、「銃剣術の演習」でも気熱活発を尊重することで勇気を養わせることが、「軍人勅諭」が要求する軍紀や勇気を教育する機会だとしている。このような実務上の教育機会は特に中・少尉には多いのであり、隊長が長時間の講話をすることだけが精神教育ではないと述べている。このような意見が出てくる背景には、精神教育が形骸化し、「長時間の講和」をすることで目的を達成できるとしていた思想が跋扈していた陸軍全体の雰囲気があったことを示しているといえよう。

陸軍の当局者が、そのような雰囲気に問題意識をもち、若手将校の中から改革意見が出てくることが望ましいと考えていたからこそ、この論文が陸軍将校団機関紙に取りあげられたのであろう。そのような精神教育の、現場主義よりも隊長など主要幹部が行なう講話重視の方向は簡単には改まらなかったようであり、その後二〇年を経た大正十四年の『偕行社記事』五月号（第六〇八号）に、この論文との共通性がある、「時代の趨勢に鑑み中隊長としての兵卒に対する精神教育方案」と題した、大石正幸歩兵中尉の懸賞論文が掲載されている。この論文は掲載号の九ヶ月前の第五〇九号で編集部が募集したのであり、題名は指定されていた。大石は論文の書出しに、「軍隊教育の目的は堅確なる軍人精神、厳粛なる軍紀を涵養するを主眼とす。而して周密適切に企画し、整正厳格に実施する教練は実に軍人精神を振作し、軍紀を緊張する要道であって又教育は、諸般の演習、内外の勤務、並行住座臥の間も偸安を許さず諄々薫化して懈らざるを要すと教育令に明示し」としており、これは大正九年十月二十八日改定（軍令陸第一四号）の「軍隊教育令」の最初に掲げられている綱領から精神教育に関係する部分を取りあげて、まとめたものである。この綱領は軍人精神の涵養を強調し、さらに「第二篇　一般教育」第二八で、「精神教育は教育の真髄にして寤寐の間も忽にすへからさるものなり」としたうえで、第二九で、「勅諭及勅語は精神教育の本源」とし、第三一では、「兵器の尊重、馬の愛護及被服其他諸物品の取扱等に就き絶えす指導薫化するは精神教育を裨補すること極めて大なり」としており、精神教育の具体的な方法論に踏み込んでいる。また綱領は、「武技の習熟」が自信と気力を増し、体力の有無が志気（士気）にかかわることも述べており、あらゆる意味での精神力の強化の重要性を強調していた。

精神教育については前記明治三十八年の眞流中尉の論文にみられる方向で、すでに大正二年二月五日初定の「軍隊教育令」（軍令陸第一号）「第二篇　一般教育」の中で、「軍人勅諭」および「読法」を本源とし教育演習のときに限らず毎日の生活の中で「精神教育」を徹底すべきことが強調されていて、中央の陸軍当局者は、精神教育の改革の方向に向かっていたことが示されており、大正九年改定の「軍隊教育令」（軍令陸第一四号）の方向もそれを継承していたことは、大石論文にあるとおりである。それにもかかわらず全体の動きが陸軍中央の動きに追随せず、問題があったので、『偕行社記事』の懸賞論文の課題として取りあげられたのであろう。

大石中尉が論文の中で、「一片の訓話に依り兵卒の思想が善導せられ、或は又訓話の度数を増す事に依ってのみ精神教育行なはれたりと為すものあらばまだ根柢に触れぬものと謂はねばならぬ」としたうえで、「実践的に要求して始めて精神教育の実効あり」とし、機会ある毎にその場で行なう教育や教練・武技・内務の中で行なう精神鍛錬を重視し、賞罰についても「教育上の責罰は悔悟本位とし、教育の目的達成を本位とすべきである。」と、論じていることは、そのようなことが当時不十分な状態にあったからこそ、出てきたことばだと思われる。

大正十四年五月『偕行社記事』のこの大石論文掲載号の巻頭論文として、歩兵大佐原田敬一の、「軍隊教育に関する私見」と題したものが掲載されている。その中で精神教育については、教育する者の「人格力」「被教育者への同情と理解」が大切だとし、「教練上の賞罰」や訓話は、「軍人精神を教へ確固たる信念を保持」させるために必要だとしている点が、大石論文を補う意味で経験を積んだ年配者の立場から述べられたのではないかと思われる。この号に掲載された教育関係の論文論説は、この二点だけであることからの推察である。

兵卒たちを教育する将校・下士や指揮官が、自分の精神修養や自己研鑽を求められていたことは、前記大正九年の「軍隊教育令」（軍令陸第一四号）やその前の大正二年の「軍隊教育令」（軍令陸第一号）の綱領として掲げられているところに示されており、「将校は軍隊の楨幹にして軍人精神及軍紀の本源なり故に居住之か修養に努め其一言一行は部下をして仰いて以て之に則らしむること恰も形影相伴ひ響音相応するか如くならしめ」と、将校については特に強調されていたのであり、下士も教育にあたるときは、「軍隊教育の任に当る者は、固より戦闘を以って本旨と為すへしと雖、其の良兵を養うは即ち良民を造る所以なるを思ひ、国民の模範典型を陶冶するの覚悟」を求められた。そのためにはまず自分自身が模範にならなければならなかった。

このような状況から、大正期の陸軍では軍人の精神面の教育が「軍人勅諭」に基づく基本的なものは確立されており、「軍隊教育令」で方法の基本が示されていたが、それが一部では隊長などの講話の形でマンネリ化していたとみることができるので、方向としてはすでに定着期、反省期にかかっていたことが分かる。若手陸軍将校の「軍隊教育令」の趣旨に沿う精神教育を重視する論文が大正十四年の『偕行社記事』に取りあげられるほどであるから、陸軍中央の対策としては、すでに明治三十八年の眞流中尉の論文にみられるとおり、精神教育について若手陸軍将校に、大正時代はおろかもっと早い日露戦争の頃に、一応の理解をさせることに手がつけられており、大正期の陸軍当局は大正二年に「軍隊教育令」（軍令陸第一号）を定めてその普及を重視していたことが分かる。

精神教育の用語例が陸軍の令達類の中に見られるのは、明治四十一年十二月一日改定「軍隊内務書」（軍令陸第一七号）からのようであるが、明治三十八年の眞流中尉の『偕行社記事』論文「兵卒の精神教育」にもみられるように、肉弾戦を戦った日露戦争を契機としてこのことばが広まり、大正期にはその教育がそれまで以上に重視されるようになったと考えてよいのではあるまいか。大正期にはいわゆる大正デモクラシーの社会風潮への精神面の対策問題も出てきたが、これについては第三節で述べる。

戦闘の中から生まれた精神教育の必要性については、前述した大正十四年の原田大佐の「軍隊教育に関する私見」の中に、日露戦争後第一次世界大戦を経て、「戦闘の方法は直線的より平面的を経て現に立体的に推移し又嘗て集団的威力を以てせし戦法は散開的戦法を経ていまや個別的全能力発揮の協同一致的総和に依りて戦勝の獲得を期する分散的戦法に変転せり」とあるところにみられるように、兵卒が分散して戦うため個々の判断で行動せねばならない場面が多くなり、個人の精神力を高める精神教育が重要になったことも、考慮に入れるべきであろう。このことについては再度第三節三項で詳説する。

『偕行社記事』については、これまでに挙げたほかにも明治四十二年一月の第三九〇号には、「兵卒精神教育の実施方法」という論文がみえ、大正六年五月の第五一四号には、「精神修養と精神教育の方法」、翌月の第五一五号には「精神力と物質力の現今の戦争に及ぼす関係」と、精神力や精神教育についての論文、論説が明治末から大正期にかけて目立つようになっている。このことは、大正中期の陸軍ではこの経過にみられるように精神教育の用語が定着し、その教育が大正二年初定の「軍隊教育令」（軍令陸第一号）に依拠して行なわれていたことを示しているといえよう。しかしその後、大正九年の「軍隊教育令」改定（軍令陸第一四号）後も、制度としての精神教育法の確立方向と教育の実情の間には落差があったようであり、それがこのような精神教育の現場主義の強調になって現れたという半面を読みとることもできる。そのために大正十四年になって、二〇年前の眞流中尉の「兵卒の精神教育」と似たような論調の、大石中尉の「時代の趨勢に鑑み中隊長としての兵卒に対する精神教育方案」が『偕行社記事』に掲載されることになったのではあるまいか。

第二節　海軍における精神対策・軍紀風紀維持策の発展

海軍でも日露戦争の体験から精神教育に意を用いる傾向が強まり、明治四十二年に改定された「艦団隊教育規則」は、精神教育をやや強調するものになった。さらに大正九年に制定された「軍隊教育規則」では精神教育を独立した教育として扱い、陸軍と同じような意味で重視するようになった。社会主義思想への対抗策も出てきたが、陸軍に比べると施策は後れていた。ここではまず海軍の精神教育の状況を示す若手海軍士官の論文の分析から始め、次いで精神対策全体に及ぶ。

一　大正期海軍の軍紀風紀上の問題点

大正七年に軍艦「朝日」の艦長大角岑生海軍大佐が「艦団隊教育規則」（明治四十二年十一月十六日海軍省達第一二四号）に基づいて艦乗組員の将校・機関官に課した論文中から優秀作を選び、海軍大臣に進達した「下士卒軍紀風紀の改善を論じて艦団隊下士卒上陸規則並に日課週課施行規則に及ぶ」という論文[5]がある。この論文中で寺田榮之丞海軍大尉は、軍紀厳正でなければ戦争の目的を達成できないことを述べ、風紀維持も軍紀を支えるものとして重要であるとしている。そのうえで下士卒の現状、特に上陸外出時の軍紀風紀上の問題点を述べ、具体的な改善対策として、軍紀風紀違反者の取締り体制を強め、上陸外出時の行動についての規則を厳しくすべきことを論じている。

彼が指摘した問題の中で、第五章第四節四項で述べた大正七年の東京憲兵隊の横須賀関係（東京憲兵隊管内）の「軍事警察報告書」にあるような、海軍関係者が酩酊のうえ、争闘・口論・殴打といった類の軍紀違反事件を多く起こすのは、海軍が陸軍に比べて上陸外出の制限が緩やかであるためとしていることが重要である。彼は、軍紀風紀違反事件が「夜間に惹起するものが多い」とし、夜間の飲酒や夜更かしが帰艦後の服務にも影響しているので、陸軍に倣って下士卒の夜間の外出を制限することを主張している。また海軍軍人を陸軍の憲兵が取り締まる制度にも問題があるとして、軍港地陸上で警察権をもたせる海軍軍港衛兵制度を設けることも主張している。当時の海軍に、このような軍紀風紀上の状態が存在することを問題視する空気が少しずつ生じていたことを窺わせる記述でもある。

前記憲兵隊の報告書は規定どおり憲兵司令官から海軍大臣に宛てて報告されており、海軍大臣は問題点を認識できる立場にあったので、各地からのそのような報告の結果が海軍大臣の軍紀風紀の対策重視の態度になり、軍紀風紀に関する寺田大尉の優秀論文の進達もそのような雰囲気の中で行なわれたとみてよかろう。以下述べるように大正九年十二月一日に「軍隊教育規則」（海軍省達第二二八号）が制定されているが、この規則では精神教育が重視されているのであり、精神面対策の問題点が認識された結果だといえる。

海軍の「軍隊教育規則」の始まりは、明治三十年九月二十四日に制定された「海軍艦団部将校教育令」（海軍省達第九八号、明治三十四年海軍省達一一九号で標題と内容に機関官追加）および同日制定の「海軍艦団部下士卒教育令」（海軍省達第九九号）である。この両者がその後の改正を経て、明治四十二年十一月十六日海軍省達第一二四号で統合されて「艦団隊教育規則」に発展した。同規則は大正九年十二月一日に「軍隊教育規則」に改められたが、その総則第一節は「精神教育」となっている。明治四十二年に将校等と下士卒の「教育規則」が「軍隊教育規則」に一本化されたときはまだ、「精神教育」はこの規則上、「基本教練」と「応用教練」とに並立されている全体の三分の一の比重をもつ存在であったが、大正九年の規則では、第二節の「技能教育」に対比される二分の一の地位に置かれている。その中で軍紀風紀に関する諸法規を説明しその事例を分隊長などが講話をすることも示されていて、精神教育や軍紀風紀の維持への関心が、海軍でも高まってきていたことが分かる。

　海軍では明治三十年代にすでに、乗組将校に対して軍事的な課題を課すことが行なわれていた。前記明治三十年の「海軍艦団部将校教育令」では毎年、艦長などが部下将校に軍務研究のための課題作業を課すことになっていたが、日露戦争後の明治四十二年十一月十六日制定の「艦団隊教育規則」（海軍省達第一二四号）にもその規定（四一条）があり、明治四十三年の報告書[6]に、練習艦隊所属の軍艦「宗谷」で、少尉候補生の教育にあたった高野五十六海軍大尉（筆者註、後の山本五十六）の作業が編綴されている。内容は少尉候補生の実務練習に関して状況や問題点、改善意見などを述べたものである。その中に、「艦団隊教育規則」の「教育要旨」に示されているとおりに、「将校は軍人精神の儀表として軍隊活動の中心となり」「重大な職責を遂行」できるように、「軍務の考究と精神の修養」をすべきことが述べられているが、いわゆる精神教育的なものの実行については、具体的に触れられていない。実務練習の方法論が主であり、「実地的訓練」が、「精神修養の一端」になるという態度である。このことは海軍の伝統的な航海・運用・砲術などの実務技術の重視の流れに沿うものであり、結びとして「聖諭五条を奉戴し誠心以て之を貫く」ことが、教育の大本だとしているが、とってつけた感は否めない。同じ報告書の綴りには他にも論文作業が綴られているが、精神的な問題を中心課題として取りあげているものはみられない。

　しかし大正期になるとやはりその面で問題が生じていたからであろうが、大正七年には、前記寺田大尉の優秀論文にみられるようなものも出てきていたのである。もっともこの論題は、寺田大尉が海兵団での衛兵司令の服務を通じて抱いていた問題意識を施策の形にするために自分で論題にしたものであり、上から与えられた論題ではない。寺田は論文の中で、「軍紀は軍の命脈なり」という陸軍の「歩兵操典」から得た表現を引用したり、やはり陸軍の「野外要務令」から引用した同じような表現を使い、また陸軍の曽我祐準中将の軍紀観を引用したりしているが、海軍のものからの引用は、明治四十三年三月制定（海令軍機第一四一号）の「海戦要務令」から得たという「軍紀は軍隊の命脈なり（以下略）」だけに留まっている。海軍でも軍紀の重要性への認識が高まりつつあったとはいっても、引用できるものが陸軍に比べて少なかったことを、このことが示しているといえよう。

下士卒に対しては明治三十年の「海軍艦団部下士卒教育令」（九月二十四日海軍省達第九九号）のときから、勅諭奉読などの「精神的教育」が行なわれていた。ただし綱領の中で、「精神的以外に於ける軍務の教育を軽視」せず階級相当の技量を身につけさせること、を強調しているのであって、海軍が下士卒教育では、陸軍と比べて軍人精神体得よりも軍務能力練成を重視し、海軍専門の技術を身につけさせることを重視していたことは、日清戦争後も変わらなかった。ただ士官は別にして下士卒については、明治三十四年制定の「海軍艦団隊下士卒教育規則」（二月十八日海軍省達第九号）で、それまでの明治三十年制定分が精神教育について一ヶ条だけを置いていたのに対して、四ヶ条からなる精神教育の項を独立して設けており、やや精神面の教育に力を入れるようになっていた。それでも技術の教育訓練が細部にわたり規定されているのに比べると、まだ精神面の教育は具体性が十分ではなかった。

新兵の教育は海兵団で行なわれていたが、明治三十二年七月二十八日に改正された「五等卒教育規則」（海軍省達第一四九号）の中に五等卒教育要旨が付加され、新入営兵に敬礼や衣服の整理法について教育するのと同時に、「勅諭奉読及講話」を教育するように、初めて示されている。これが日露戦争後の明治三十九年六月三十日の「海軍五等卒教育規則」（海軍省達第五号）第二条では、海兵団入団時に、「海兵団長勅諭を奉読して其の大旨を訓諭し軍人の本分を会得」させること、になっていて、やや具体的になっている。こうして海軍では、「軍人勅諭」を中心とする下級の海軍軍人に対する軍人精神育成教育が、少しずつ形を整えていった。しかしこれは不十分なものであり、次の例にみられるように日露戦争時に問題を生じていた。

日露戦争中の明治三十八年四月二十一日に村尾履吉海軍大機関士（大尉相当）が、「機関兵及機関兵曹の教育」と題して、所属の元山防備隊司令を経由して海軍教育本部長に提出した意見書がある。[7] これによると機関兵および機関兵曹は責任観念が薄く、精神面も幼稚で卑屈になりやすいので、新兵の時期にそのようなものを育てる精神教育を十分に行なうべきで、艦隊でも鎮守府ごとに集合させて「有益な講話」を聞かせたり、参考書を刊行し教養を高めさせたりするようなことをすることが必要だとしている。もちろんいっぽうでは、実技教育と実地練習により、機関技術を体得させるべきことを強調している。日露戦争中の機関兵は、明治三十年に「下士卒教育令」により勅諭奉読などの「精神的教育」が行なわれるようになった時期に海兵団に入団して新兵教育を受けたはずである。その彼らの精神状態に問題があるというのであるから、この時期の海軍の下士卒に対する精神面の教育は、実施されているとはいいながら不十分であったといえよう。

二　日露戦争の教訓による海軍教育本部の精神対策

日露戦争終了直後の明治三十八年十月一日に、海軍教育本部は日露戦争の教訓を、将校機関官の課題作業の形で提出することを海軍内に求め、[8] 教育に反映させようとしていた。それ以前から提出されていた前記「機関兵及機関兵曹の教育」のようなものを含めて、提出されたものが『明治三十八年公文備考　文書学事巻八』[9]に編綴されているが、精神教育に関する意見もそれぞれの提出文書の内容に包含されている。前記機関関係の意見と対比するため、兵科将校である駆逐艦「潮」艦長海軍少佐増田忠吉郎の、日露戦争時の体験に基づく意見から精神対策に関係する部分を取りあげてみよう。この意見は明治三十八年十月十日に第六駆逐隊司令から第三艦隊司令長官を経由して報告されたものである。

意見は駆逐艦の戦術・戦技に関するものと魚雷についての技術的なものであるが、その中で、旅順港襲撃その他の襲撃時に魚雷の爆発尖（筆者註　当時は魚形水雷を水雷と称した。爆発尖は信管のことであろう）の故障が多かったのは、多くの原因の中のひとつに、平時から取扱いに慣熟するための訓練ができていなかったことがあるとし、訓練用の特殊爆発尖を製作し発射訓練をすることの必要性を説いている。これは戦場で、心理的に平静を保つことが容易ではないことを示しているとも思われ、これとは別の場面の日本海海戦のときの報告には、砲声や爆発音、機関の音で戦闘指揮の命令が伝わり難いうえに、敵艦を撃沈したいという焦りもあいまって、「人間精神の冷静を欠くは実にやむを得さる所なり」と記してある。

そのような精神面の反省点が日露戦争の教訓として海軍本部で収集され、教育面に反映されたようである。明治三十九年三月十二日から十五日の間、海軍教育本部の主催で教育諮問会が開催され、同年三月二十四日付でその意見を集約した報告書[10]を坂本俊篤教育本部長から斎藤實海軍大臣に提出している。その中で、まず全般について「教育科目は適当なりと認むるも其方法に至っては監督の行き届かさると材料の不備」があることを述べた後、新兵教育を行なう下士は、起居進退に関し模範的な人物を精選する必要性を述べ、さらに精神教育について、「精神態度の修練上他の時間を割くも之を本科として重きを置くを可とす」としている。

明治四十二年十一月十六日に下達された「艦団隊教育規則」（海軍省達第一二四号）が、それまでの「海軍艦団隊将校及び機関官教育規則」（明治三十四年九月十九日、海軍省達第一一九号）および「海軍艦団隊下士卒教育規則」（明治三十六年三月十二日、海軍省達第二二号）を統合したものになり、そのなかで精神教育についての条が下士卒だけでなく将校・機関官にも適用される形になっているとともに、内容もやや精密になっているのは、このような検討結果によるものであろう。戦闘中に精神が冷静でなくなるのは、下士卒に限らない。そのためか、「軍人勅諭の奉読」のような具体的な精神教育の手段が、将校・機関官（筆者註　主計官、軍医官は準用）に対して行なわれるようになっている。

この明治四十二年の「艦団隊教育規則」の「頒布に付訓示」として同日付で斎藤實海軍大臣から発出された訓示（海軍大臣官房第二八四九号）(11)に、「軍備の価値は其の数に非すして寧ろ其の精にあり故に人に於ては将帥より一兵卒に至るまで物に於ては一艦一艇の単位に至るまで各其の全能を発揮し」、システムとして大きな力を発揮することを期待していることを示すくだりがある。人については精神力とともに技術力が優れていることが必要なことを強調し、物である軍艦や兵器を、海軍軍人が個人としても組織としても、十分に使いこなせるようになることが大切であり、それを教育によって達成しようというのであった。

なお増田少佐の前記魚雷爆発尖についての、物にかかわる意見は取り入れられたようであり、大正二年五月八日付の内令兵第一七号(12)で、「魚形水雷実用頭部、演習用頭部及実用爆発尖の識別」区分が定められている。同じように精神面についての多くの将校・機関官の意見も取り入れられた結果が、斎藤海相の訓示にあるとおり、海軍軍人個人とその集団について、海軍運用の技術力の発達とともに精神面の強化を重視する、明治四十二年の「艦団隊教育規則」の制定になったといえよう。

斎藤實は、日露戦争中は山本権兵衛海軍大臣の下で海軍次官としての地位にあり、同時に、海軍軍務局長と海軍教育本部長とを兼務していた。そのような立場で収集した日露戦争の教訓を、明治三十九年一月七日に海軍大臣に就任してからの戦後施策に生かすことに努めたといえよう。

そのような施策はすぐに効果があったわけではなかったようで、対象がやや偏りすぎた史料ではあるが、効果を知るための手がかりを提供してくれるものがある。明治三十九年九月十五日に、海軍次官（加藤友三郎）から各鎮守府参謀長に宛てて発付[13]された在監者の精神教育に関する文書であるが、明治三十四年に「在監下士卒の教育に関し訓令相成居候処近来在監下士卒に対する精神教育施行の件往々従前の如く重視せられさる向も之れあるやに見受けられ候も右は緊要の事項に属するを以て屢将校をして在監下士卒に対する精神教育を施行せしめ」るように指令している。この指令があった明治三十九年九月には、精神教育について注意を喚起せねばならない状態が海軍に存在したのである。もし海軍全体の精神教育についての関心が高ければ、収監者への訓戒は一般軍人に対する以上に行なわれ、訓戒があまり行なわれないという状態は起こらなかったであろう。

時期的に、日露戦争の教訓をとり入れ、精神面重視についても反映された施策とみられるが、大正三年十月二十八日に、「海軍機関学校練習科教育綱領」が制定（官房機密第一一九二号[14]）されている。この第一一条で、「校長は練習生に対し前諸条に掲くるものの外尚軍人たるの性格志操を堅実ならしむるを目的とし艦団隊教育規則の要旨に留意し十分に精神教育を施し」と、練習生としての下士卒に対する精神教育の実施上の注意を与えている。制度上は、この時期に精神教育が強調されるようになっていたのである。

それでは実行はどうであったかというと、大正五年一月二十七日付、舞鶴鎮守府参謀長から海軍省人事局・軍務局の両局長と海軍教育本部長に宛てて、管下の「三笠」艦でまとめた「新兵の教育其の他に関する意見」を送付した文書[15]が参考になる。この文書によると、新兵の海兵団での教育期間が、明治三十四年十一月二十八日海軍省達第一六一号では水兵、機関兵ともに六ヶ月以内になっており、これが明治四十三年一月二十八日海軍省達第五号で約五ヶ月に短縮され、また日露戦争中に三ヶ月半の短縮教育を受けた者もいたことが分かる。この意見は教育期間の長短の影響を含む、新兵教育についての効果を述べた意見とみることができるが、意見は一ヶ月以内の期間の長短は結果にあまり差が出ないというもののようであり、別に、期間短縮のために欠けているとみられる教育についての意見も含まれている。しかしここでは、精神教育は欠けたものとして扱われてはいない。

それでは実行されていた精神教育についての評価はどうかというと、「精神教育は一般に普及徹底せるを認む　今後も一入此点に関して深甚の注意を払ひ引証実例事蹟を挙け以て人格の修養を第一とし道徳の重んすへきを知らしめ屢々艦内に於て発覚する窃盗犯の如き卑屈根性を有するものなき様訓戒し又不撓不屈の克己心を涵養し以て難事業に際し能く職務を遂行し得る兵員たらしむるを要す」と、一定の効果があったことを述べるとともに今後のあるべき方向についても述べている。

大正五年初めに報告された教育についてのこのような意見を受けるようにして、前述の大正三年制定、「海軍機関学校練習科教育綱領」が大正七年八月十五日に改定（官房機密一二五一―三号）[16]されたのであるが、下士卒の精神教育の規定が前の第十一条の位置から第二条に繰りあげられただけでなく、「艦団隊教育規則に準し学生練習生に対して精神教育を実施すへし」と、精神教育がそれまでのような付加的な実施ではなく、「軍人勅諭」の奉読・解説、忠君愛国の至誠の涵養、任務や戦史その他軍紀風紀についての講話など、「艦団隊教育規則」（明治四十二年海軍省達第一二四号）の精神教育の項に示されている内容の教育をすることが義務づけられることになった。「艦団隊教育規則」そのものも大正九年十二月一日に「軍隊教育規則」（海軍省達第二二八号）に改められ、新しく冒頭に綱領が示されて、「堅実なる軍人精神並厳粛なる軍紀は軍隊成立の根本なり軍隊教育は此の根本を涵養するを以最緊要とす」と、精神教育の重要性が示されたのであり、この規則がその後一部改正はあったものの大東亜戦争にいたるまでの時期の、海軍の精神教育の基本を示していたのである。

なお海軍将校を養成する海軍兵学校の生徒教育や海軍機関将校（機関官）を養成する海軍機関学校の生徒教育については、明治三十八年二月二十六日制定の「海軍兵学校教育綱領」や明治三十六年十二月十二日制定の「海軍機関学校教育綱領」に、第二条「軍人精神の涵養は軍事教育の主要なるもの」とあることから分かるように、早くから精神教育が行なわれていたが[17]、特に強調するようになったのは、大正期に入ってからではないかと思われる。海軍兵学校の記録である『海軍兵学校沿革』に、関係記事が頻繁に現れるようになるのは[18]、大正期に入ってからだからである。

ただ日露戦争後に強調されるようになったこのような精神教育が、軍紀風紀を完全に立て直したわけではないことは、前掲大正五年の「三笠」艦の「新兵の教育其の他に関する意見」文書が、窃盗が多発していることを述べていることからも明らかである。前項で示した大正七年の寺田大尉の論文が下士卒の上陸時に発生する軍紀風紀上の問題に触れていることや、第五章第四節四項で大正七年に東京憲兵隊が扱った横須賀地区主体の海軍の軍紀風紀違反事件について述べたときに示したように、憲兵が多くの不軍紀不風紀事件を報告していることからも、大正中期の海軍内に、軍紀風紀の問題が存在していたことが分かるのであり、そのような状況への対策のひとつが、大正七年の「海軍機関学校練習科教育綱領」の改定であり、さらに大正九年「軍隊教育規則」の制定に発展していったといえよう。

三　社会主義思想への海軍の対策

海軍においては大正九年十二月一日の「軍隊教育規則」の制定（海軍省達第二二八号）で初めて、教育全般についての綱領が定められた。それまでの「艦団隊教育規則」（明治四十二年十一月十六日海軍省達第一二四号）には、綱領に該当するものがなかったのである。

その綱領第一条で、「戦闘の要求に適応」する軍人、軍隊をつくるのが軍隊教育の目的と規定され、第二条で、軍人精神と軍紀を涵養するのが最緊要と、示された。

同じような陸軍の綱領が大正二年の「軍隊教育令」で示されていたことは、既述のとおりであり、海軍では全体に、陸軍に比べて精神対策が、伝統的な「軍人勅諭」中心の軍人精神涵養教育についても社会主義などの思想対策の面でも後れがちであったことが、ここに示されている。

大正九年制定の「軍隊教育規則」（海軍省達第一二八号）の「第二章　基礎教育」の第一節は「精神教育」となり、中心になる第二節「技能教育」に並び立つものとされた。精神教育の比重が大きくなったのであり、前述のとおり新しく冒頭に置かれた綱領の中にも、「堅実なる軍人精神並厳粛なる軍紀は軍隊成立の根本なり」という一項が置かれ、さらに、「軍隊の教育の適否は延て社会の風尚を左右し国民の精神に影響する」ので、教育の責にあたるものはそのことを自覚していなければならない、という意味の一項も綱領に置かれた。

このような精神教育重視の処置をした時期の海軍大臣は、前項、在監者の精神教育について注意を促した当時の海軍次官で、日本海海戦のときの聯合艦隊参謀長加藤友三郎であって、東郷平八郎司令長官とともに敵弾を浴びながら平然と旗艦「三笠」の最上甲板に立ち続け、戦闘時の精神作用の重要性を体験した人物であった[19]。彼は前項で述べたように斎藤海相の下でも精神教育重視の施策に関係していたのであって[20]、海軍で本格的に精神教育や軍紀についての関心が高くなったのは、そのような加藤海相の時期であり、大正九年の「軍隊教育規則」以後のように思われる。もちろん加藤海相一人の力でそのようになったというわけではなく、これまで述べてきたように、日露戦争で戦った人々が戦場で精神作用の重要性を認識し、そのような人々が海軍の中枢部で政策を左右した大正期に入ってから海軍内にそのような共通認識が生まれたのであろう。また後述のように、現在大正デモクラシーと呼ばれている当時の社会のなかで、軍が社会主義思想に対抗するために別に、軍人に平時の精神面の強化を必要とさせる時代が到来して、その面からの精神教育の施策が望まれた(21)のと、さらに第三節五項で述べるとおり社会全体の教育程度が向上していたので、新兵の精神状態に変化が生じたというような複数要因がからみ合ってのことであったろう。

主義思想対策に関する海軍史料の残されたものは乏しいが、石光眞臣陸軍中将が、大正九年八月十日に憲兵司令官から馬政長官に転出する直前に、「憲兵司令官として在職中の所感」として記したものを田中義一陸軍大臣に提出(22)したものが残っている。その中で労働問題を取りあげ、「労働問題は思想問題と密接なる関係を有す」としたうえで、「陸海軍の工廠当局者（特に海軍工廠を然りとす）は一に憲兵の努力に期待する所なるに依り憲兵としては尚一段の努力を要するものあり」としたものがあり、海軍では職工などの軍属数が多い工廠に問題があるとしている。軍人の思想問題については、海軍軍人と特定された記述はないが、「社会主義者の入営及青年将校等の新思想に感染する者あるの傾向」に注意が必要だとしており、陸海軍の区別はしていないので、海軍の新兵や海軍士官も対象になっていると思われる。

第一次世界大戦の後に大正八年七月から翌九年六月にかけて加藤寛治海軍少将は、山本英輔海軍大佐、原敢二郎海軍中佐、その他機関・主計・造船・造兵・軍医の大佐・中佐たちとともに、欧米の戦争状況資料収集に出かけた。加藤は、「欧米視察談(23)」と題した報告のなかで、ドイツについて、「内より擾乱を生し社会党の陰謀に乗せられて革命となりさしも強大なりし陸海軍も国家も土崩瓦壊」と述べ、フランスについて、兵士が「敵と対抗するに当りて顕したる忠勇義烈の精神」が世界を驚嘆させたと述べて、「軍隊の士気を緊張し忠実軍務に服し責任を以て大小の事を処理し真の愛国心を生ぜし」め、さらに「国民の自覚を促し軍隊と国民とを協同一致せし」めたことが勝利につながったとする論を展開している。

もうひとつ、ドイツの項で加藤寛治は、「講和後伯林の旧露国大使館は過激派の公使ヨッフルなるもの公然たる共産主義宣伝の巣窟たりし周知の事実あり」として、共産主義の膨張を問題視し、イギリスがドイツを瓦解せしめた結果、「過激化したる露独の連合となり中欧は云ふに俟たず英国自身の赤化となる一大恐怖を抱て居る」と、共産主義に対する警戒感をあらわにして表現している。海軍の共産主義の膨張への警戒感は、加藤帰国後の大正九年後半以後になって現れてきているのである。海軍はこの時期に、海軍士官が思想問題について部下を指導できる能力をもっていないのに気づき、[24]海軍兵学校などの教育にそれに関係がある科目を追加しようとしている。

さらに米国についても加藤は、米国の社会運動や労働運動を指導しているのは、ロシア人、ポーランド人、イタリア人など外国人であり、「真の米国人の間では社会運動は甚だ不人望」と述べていて、このような公式訪問で得た彼の見方、情報が、海軍のその後に影響をしなかったとはいえまい。

メンバーの顔ぶれから分かるようにこの収集旅行は、技術的な資料収集に重点が置かれていたが、加藤寛治は精神面に着目し、戦勝のためには軍人の精神教育と国民にも自覚を求めることが必要だと認識したもののようである。報告されたそのような彼の認識は、報告を受けた加藤友三郎海相にも何らかの影響を与えないわけがない。それが大正九年十二月一日の「軍隊教育規則」の制定（海軍省達第二二八号）前の時期であった。

大正十五年十二月に海軍経理学校選科学生桑原憲主計少佐がまとめた研究報告に、「労働問題に関する研究報告」と題したものがある。[25]さらに昭和二年三月十七日に海軍大臣財部彪が憲兵隊長会議で行なった訓示のなかに、「軍隊に対する過激思想の伝播防遏に就いて」ということばがあり、海軍内にもそのような思想に「感染せる者にして入隊せる者亦無きに非す」とも述べている。大正九年から海軍でも、「軍隊教育規則」で精神教育重視を正面に出すとともに、思想問題にも少しずつ注意を払うようになったことが、このような経過から分かってくる。

第三節　大正デモクラシー時代の思想対応措置としての精神対策

明治四十三年の幸徳秋水たちの大逆事件や、大正二年の民衆デモと暴動を伴う護憲運動がからんだ大正の政変にみられるように、日露戦争後から大正後期に及ぶ大正デモクラシーと呼ばれる時代は、自由主義や社会主義の思想に裏打ちされた社会運動が激化した時代であり、軍もその圏外に超然としていることが難しい時代であった。軍は治安維持の責任の一翼を担う立場から後述するように、そのような思想をもつ分子を軍内に抱え込むことを嫌い、徴兵制度の下でやむをえずそのような分子を抱え込む場合は、警察や憲兵と受け入れ先の指揮官が連絡をとりながら問題の発生を未然に防止する対策を実施せねばならなかった。陸軍では、このような対策は日露戦争時に始まっており、明治三十八年二月二十四日付で寺内正毅陸軍大臣が留守師団長に宛てて発した「社会主義に関する内訓」（内訓満密発第三一七号）[26]は、非戦論を展開している社会主義者の存在に注意し、彼らは新聞・雑誌の寄贈や慰問を通じてその思想を軍内にも広げようとしているのであって、さらにまた、召集された在郷軍人や未教育兵を通じて問題思想を軍隊内にもち込むことも考えられるので対策をとるようにと、要望している。それとは別に明治三十八年二月十四日付で大本営陸軍参謀次長長岡外史から陸軍次官石本新六に宛てた「露国に於て同盟罷工其他騒動に関する件」[27]では、ロシアの兵器工場での労働騒動がロシア戦力に影響する可能性の情報が伝えられており、このような状況の存在とそれについての情報が、軍現場での社会主義者への警戒感を醸成したものと思われる。

一方で軍当局は新兵の教育にあたる将校たちに、そのような危険分子に対応できるだけの知識としての思想教育を、陸海軍ともに実施せねばならなくなった。

このような軍の側の対応施策について論じた先行研究には、特に意識してはいないにしても、軍の施策を民衆運動を抑圧する好ましくない施策としてみる、よくある見方から脱却できていないと思わせられるものが目立つ。しかし治安維持の任務をもつ軍の立場について考慮したうえで分析を進めると、軍の対応施策は頭から否定されるべきものではないとの結論が出てきてもおかしくないと思われる。以下そのような目で大正デモクラシー時代と呼ばれることがある時期の、軍の思想的な問題に対する施策について分析を進める。[28]

一　精神対策としての在郷軍人会制度

陸軍の機関紙的な性格をもつ『偕行社記事』の内容分析[29]は、多くの人が手がけてきている。筆者自身も前に触れたとおりこの雑誌記事の分析[30]を試みており、日露戦争後から大正期にかけて精神教育関連の記事が、この雑誌に多くみられることを認めている。同じような性格の海軍の機関紙『水交社記事』には、同じ時期に精神教育的な記事がほとんどみられず、軍艦運用上の技術的な記事が多い。しかし『偕行社記事』のそれぞれの記事の内容を観察すると、軍中央部の思想だけを表しているわけではなく、それに反対する意見や将校の反応を探るような記事もみられる。[31]これは大正三年三月の『偕行社記事』第四七五号の記事冒頭に、「成る可く多くの研究資料を呈供して社員各位の講学に便益を与ふる」とある編集態度からくるものであろう。

従って有力者の意見が載せられているからといって、それが軍全体の見解だと早合点をすると判断を誤ることがある。しかし陸軍省や教育総監部の名で改正法令の解説を掲載することがある[32]が、これは当局の考えを述べているのであり、ひいては軍としての考えを表していると考えて間違いあるまい。

そこで、『偕行社記事』の内容が重視され引用されることが多い在郷軍人会について、精神対策を中心にこのことを念頭に置きながら分析するが、先ずその制度の意義を簡単に述べておきたい。明治四十三年に陸軍で創出され、大正三年に陸海軍共同の組織とされた在郷軍人会の意義は、精神教育とも関係があるので、簡単に眺めておく必要があるからである。

在郷軍人会の制度の創設に寺内正毅陸軍大臣が着手したのは、明治三十九年であったといわれている[33]。明治四十三年十一月三日の在郷軍人会制度発足当時[34]に組織創設に関与した陸軍省の担当者は、編制・動員計画を担当する陸軍省軍事課長の田中義一大佐と、兵役や召集業務を担当する歩兵課長の河合操大佐であった。田中はその月末に第二歩兵旅団長に転出したが、転出後の講演「地方と軍隊との関係に就いて」が、『偕行社記事』に掲載[35]され、その内容が在郷軍人会の意義として研究に利用されること[36]が多い。田中は、国家総力戦の時代には「日本の軍隊といふものは、平素は少ないが、戦時になると多くなるといふ様にしなければならぬ」と、元動員計画担当者らしく在郷軍人の予備兵力としての意義を強調したため、この観点からその意義を捉えている研究者の論調[37]が目立つが、在郷軍人会はもともと日露戦争の大量動員の後に、市町村役場の兵事掛と協調しながら、在郷軍人個々と軍の中継ぎ役的な存在になることに意義があったと思われるのであり、徴兵業務の推進役のほか戦傷者との連絡・叙勲・恩給処理などについて援護連絡的な業務[38]を行なうことが多かったようである。在郷軍人会の発足時は計画担当の軍事課長の田中大佐が関わった[39]

にしても、その後の陸軍省の実務上の担当者は召集業務を行なう歩兵課長[40]であり、田中の主張を全面的に受け入れることには問題がある。

ただし、在郷軍人が有事に召集される可能性が強まった国家総力戦の時代に、陸軍が、在郷軍人の精神的な自覚を在郷軍人会という組織を通じて促し、在郷軍人がいつでも召集に応じることができる態勢をとるように仕向けることは、大切なことだといえよう。その意味での、予備兵力としての管理を容易にするための在郷軍人の組織化ということであれば、田中の主張はうなずける点がある。しかし現役を終了した多くの在郷軍人が、予備役・後備役として服役し、現役兵と同数以上がいわば待機の要員として予備役に服役することは、明治六年の最初の「徴兵令」のときから行なわれていたことであり、国家総力戦の時代になったからといって、それまでに比べて待機要員の割合が、現役兵の三倍、四倍もの員数に膨れあがったわけではない。現役と予備役の通算兵役期間に大きな変動はなかったからである。予備役の後に後備役もあるが、これは、第一次的な動員対象ではない。

国家総動員体制を考慮し、急激に膨張した予備兵力をすぐにも戦力化できるように平時から訓練し管理するための組織が在郷軍人会であったと捉えるのは問題であり、予備兵力としての予備・後備役の軍人に対する日常の訓練は、ほとんど行なわれていないに等しかった。予備役期間にせいぜい二年に一度、後備役になると四年に一度、三週間の勤務演習（註　服役上の用語で階級に応じた勤務要領の訓練や復習）に参加[41]するだけであった。

陸軍省軍事課が明治四十四年に、「下士兵卒の教育指導上注意すへき件[42]」として起案した陸軍大臣の訓令案に、「勤務演習召集中の下士兵卒にして」勤務態度が不良という理由でこれを殴打する将校がいることは問題であり、「予後備役者に対し短少時日間に幾多軍事の復習を実施するは頗る難事」ではあるが、社会の風潮に鑑み彼らに悪感情をもたせないように、教官は寛厳宜しく教育にあたるように、という意味のものがある。陸軍は、勤務演習をしないよりはましといった程度の認識で、予・後備役者の短期の勤務演習を行なっていたといえよう。多数の勤務演習を行なうには宿舎や演習のための予算が必要になる。秋の師団などの演習に参加する場合もあるが、そうではない時期に兵卒の側の事情も計算に入れるなどして計画的に勤務演習を実施しなければならないことが多く、実施は容易ではなかった。[43]

実際の施策としては現役兵徴集の員数を可能な限り増加し、その代わりに明治四十年十月十五日の指示[44]（陸軍省普第一五二号）で陸軍、歩兵の現役期間をそれまでの三年間は変えずに、そのうちの一年間を自宅帰休に短縮した形にして兵営数を増やすことなく延収容兵員数を増加して経費を節約した。また現役三年と予備役四年四ヶ月を合わせた期間七年四ヶ月を実質の拘束期間とすることで、現役兵数よりもやや多い員数を予備役として確保するとともに、前述したとおり可能最小限度の勤務演習を実施することで経費を節約する方策をとった。さらに日露戦争を契機にして常備師団数が一九個師団になったので、明治三十二年末の一三個師団体制あるいはそれ以前のもっと少ない師団の時代に比べてその面からも毎年の現役徴集数がいくらか増えた結果[45]、当然に予備役の員数が増えたので、陸軍としてもそれを管理する組織をもつことが望ましかった。田中義一が予備兵力増加と在郷軍人会組織の関係について前述のとおり述べているのはそのことなのであろう。

しかし「帝国在郷軍人会設立の趣旨」[46]によると、在郷軍人会の目的は、「軍人精神の鍛錬と、軍事知識の増進とを図り、併せて会員の相互扶助慰謝の方法を構せしめむとす」となっていて、表向きは田中がいうように在郷軍人の教育・訓練が主目的になっているようにみえるが、軍人精神の鍛錬と軍事知識の増進は、会員のためというよりは入営前の青年に予備教育を施したり、一般への軍事知識の普及のために講演会を計画したりという方向[47]に向かった。地方の慰霊祭や出征行事に会員が駆り出された形で出席する場合[48]は別にして、講演会や中央の行事に出席する会員は役員が多く、一般会員は、陸軍省や連隊区司令部などから組織を通じて行なわれる連絡や配布される出版物により会とつながっていたといえる面があった(49)と解釈できる。

在郷軍人担当の陸軍省歩兵課としては、会員相互の扶助と慰謝という言葉で表現されている組織化による連絡の便を図ることで、陸軍省の意思が会員に円滑に徹底されることを重視したのは当然であろう。後述するように在郷軍人と歩兵課の連絡事項として文書に残されているものは、勤務演習関係よりも恩給などの福祉的なものや精神教育関連の内容のものが多い。日露戦争時の大量動員後、恩給などの福祉的な業務が増えたからであろう(50)。その事務を円滑に行なう必要があったのと、演習召集、簡閲点呼など召集関係業務の陸軍省指示を在郷軍人に迅速円滑に徹底させるためには、在郷軍人組織は有用であったと考えられる(51)。

帝国在郷軍人会発行の大正八年六月改訂『在郷軍人須知』(52)という小冊子が手元にあるが、その中にある「帝国在郷軍人会規約」（大正六年五月二十五日制定）第一五条は、在郷軍人会が行なう事業として会の式典や機関誌の発行、研修会、会員の慶弔のような親睦団体に一般的なもののほか、戦没者等の祭典および遺族の世話、新入営予定者の準備教育や徴兵検査・入退営時の世話、会員の召集準備・簡閲点呼の際の実施機関への協力、恩給・叙勲関係の連絡など、一九項目を掲げている。また『在郷軍人須知』は、在郷軍人会の業務を担当していた陸軍省歩兵課が編纂していて、召集・恩給・叙勲関係の手続きが内容の多くを占めていることから、在郷軍人会の目的の大きな部分にこれらの業務の補助としての業務があったことが推察される。在郷軍人会がこのような関係業務の一部でも担当してくれれば、陸軍としてはありがたいであろう。

志願兵主体の海軍は予備役員数が少ないのでその必要に迫られることなく、大正三年十月二十七日に帝国在郷軍人会が陸海軍共同の組織として新発足するまで、積極的にこの会に加わる動きを見せなかった(53)。明治四十三年の組織発足前に海軍の共同を求めて寺内正毅陸軍大臣から斎藤實海軍大臣へ共同発足の働きかけは行なわれたものの、斎藤は「時期尚早」として断わっている。[54]

前述『偕行社記事』の田中義一の講演にみられる在郷軍人会組織と予備兵力確保を関連づけた論は、その他の面からの必要性には触れずに、予備兵力に力点を置きすぎた嫌いがあるといえる。田中は在郷軍人会の発起人といわれているが、[55]明治四十三年のこの制度発足当時の陸軍省軍事課長というポストは、制度担当ではあったが在郷軍人会の直接の責任ポストではなく、徴兵関係担当の歩兵課長（河合操）が直接の責任者であった。そのため田中の発起人としての考えはともかくとして、現実の制度運用のうえでは、歩兵課長が責任を負っている召集などの手続き面が重視されることになるのはやむをえまい。在郷軍人会の意義を田中の主張どおりのものとして捉えると問題がある。

大正三年十月二十七日に陸海軍共同の帝国在郷軍人会の発足にいたったとき、これについての勅語が同年十一月三日に出されていることが史料[56]で確認できる。このときは陸軍だけでなく海軍も部内に勅語を伝達[57]し、精神教育に利用するための処置をしている。さらに岡市之助陸軍大臣から大隈重信内務大臣（総理大臣の兼務）に依頼して、勅語について地方長官が、「部下の諸僚並郡市区町村長等を督して今後一層之助力に努め」るように訓示[58]してもらっている。その訓示は、「顧ふに同会の振否如何は帝国の将来に関係する所特に大なるものあり而して之か発達を期する固より官民の援助に俟つへきもの多し」というものであり、陸軍主導で表向き、国家的な見地から在郷軍人会を結成することが企図されたことはまちがいない。しかし「帝国在郷軍人会規約」が示している事業内容に表れているように、在郷軍人会と地方長官や郡市区町村長との連携は、徴兵や在郷軍人の扱いに関する事務的なもの、あるいは軍事関連の行事に向かいやすい面があったというべきであろう。

その大正三年の勅語の内容は、現役の帰休兵・予備役兵・後備役兵など在郷軍人と呼ばれている陸海軍人を対象[59]にしたものであり、「軍人精神を鍛錬し軍事能力を増進し郷にありては忠良なる臣民と為り」と、在郷軍人のあり方が示されている。しかし軍が予備役・後備役の軍人に定期的に課す訓練は、前述のとおり陸軍予備役兵卒で二年に一回の三週間の演習召集、(60)および多くても年一回一日だけの陸海軍別に行なわれる簡閲点呼であり、簡閲点呼のときに軍事能力を増進させるための訓練を行なうことは思いもよらず、精神教育のための訓示や講話を行なうのがせいぜい(61)であった。建前は勅語のとおりであっても、実態はそれに伴っていなかったのである。大正八年七月二十八日に陸軍次官から各師団長等に、特命検閲使の通牒の内容が伝達(62)されているが、召集された「在郷軍人の心得に関する教育」が不十分・不熱心であり、大正三年の在郷軍人への勅語の趣旨が徹底していないと通牒されているところに、予備役・後備役の軍人への勤務演習や簡閲点呼がおざなりになっていたことが示されている。

右の大正三年の在郷軍人への勅語に説かれている「軍人精神」は、明治十五年の「軍人勅諭」いらいのものであったが、前記史料『在郷軍人須知』にある、大正五年九月二十五日に加藤友三郎海軍大臣と大島健一陸軍大臣連名で発した在郷軍人に対する訓示では、「欧州の戦乱は国民皆兵の事実を証し軍人精神の益々民心に洽く軍事思想の愈々郷閭に漲るの必要を明にす」といい、同じ日に帝国在郷軍人会長寺内正毅は、「国民漸く浮華軽佻の風に趨り軍隊教育の精神と相反するの傾向」にあるので、会員は「率先他を誘導し郷党の信頼を厚くし」「軍隊教育令と軍隊内務書との精神に合致し良兵良民の趣旨を徹底」することを要望するなど、前記「帝国在郷軍人会設立の趣旨」と比較して、「浮華軽佻」の社会風潮に対抗する方向を示すように、在郷軍人会の方針も変わってきている。

一方ではそれが行きすぎたためか、在郷軍人会員が大正十三年の衆議院議員選挙で軍服を着用して政治演説をする問題が起こり、師団長を通じてその違法性を徹底する通牒を陸軍大臣が発すること(63)もしている。やはり同じ年四月に米国で成立した「排日移民法」に反対するため、在郷軍人分会が主催して抗議集会を開くなど、(64)在郷軍人が陸軍当局の思惑外の動きをみせるようになったため、陸軍大臣が大正十三年六月二十三日に師団長を通じて自制を促すことも[65]している。在郷軍人や在郷軍人会が、一部とはいえこのような動きをするようになったのは、明治四十三年の発会当時に比べて、変化した社会風潮に陸軍が精神対策を必要とするようになり、陸軍内に精神対策が行なわれるようになったので、それが在郷軍人会の活動にも反映されるようになったからと、考えてよいのではないか。

大正十三年六月に陸軍省歩兵課が主導して印刷し、「簡閲点呼の参考資料」の名目で一〇〇〇部以上を陸軍内に配布した『国家と力』と題した小冊子[66]がある。この中に「在郷軍人、青年団員の責任」という表題の節があり、在郷軍人三三〇万人に在郷軍人ではない青年団員を加えた五〇〇余万人は国家興隆の最重要素因であるとしたくだりがある。さらにそのことを敷衍して、第一次世界大戦後のイタリアのムッソリーニ政権が共産党の排除に成功したのも、トルコが第一次世界大戦後にギリシャの影響を排除したのも皆在郷軍人と青年団員の働きであるとして、アメリカ合衆国との間に移民問題などで紛議を生じていた状況の打開のために、交渉の後盾になる力としての在郷軍人の活躍が重要であることを説いている。このことからいうと、在郷軍人分会による大正十三年の「排日移民法」への抗議集会は、もともとは陸軍省が火をつけたものではないかと疑われる。在郷軍人会は、軍の施策を後押しする役割も担うようになったといえよう。

二　兵営の家族主義と対社会主義施策の関係

陸軍の「軍隊内務書」は日露戦争後の明治四十一年十二月一日に改定（軍令陸第一七号）された。大きな特徴は冒頭に綱領が置かれたことであり、その最初に、「兵営は艱苦を共にし生死を同ふする軍人の家庭にして其起居の間に於て軍紀に慣熟せしめ軍人精神を鍛錬せしむるを以て主要なる目的とす」とある。ただし聯隊長以下の任務として軍紀風紀の維持が掲げられ風紀衛兵についての記述があるなど、軍紀風紀の維持策については具体的な条項があるものの、家族主義をいかにして実現するかの具体的な方策は示されていない。聯隊長に対して、むやみに兵卒を縛ることになるような細かい規則を定めないように第一章総則第四に示してあるところが、規則に頼らずに親身な指導でということを示しているといえないことはないが、これでは兵営現場のほうが戸惑うことになる。

もうひとつ、大正二年二月五日に制定された「軍隊教育令」（軍令陸第一号）は明治三十二年十二月一日に制定されていた「軍隊教育順次教令」（陸軍省達第一四四号）に代わったのであり、冒頭に新しく綱領を置いたところに特徴があった。こちらも明治四十一年改定の「軍隊内務書」（軍令陸第一七号）と同じように最初に、「戦争の為緊要欠くへからさる要素は堅確なる軍人精神並に軍紀たり」とあるが、教育訓練科目として精神教育的なものの科目細部が示されたわけではない。

それでも精神教育の実施内容についてはこれまで述べてきた多くのものに示されているとおりであり、「軍人勅諭」や「陸軍読法」を中心にして行なわれていたことは疑いない。しかし新しい方法が示されたわけではないので、それまでどおりの方法以上のことを実施するのは難しかったであろう。また将校による講話も相変わらず行なわれていたが、それだけでは不十分なので、日常の訓練のときに軍人に必要とされる精神を涵養する指導をすべきだとする、前述第一節二項で述べた『偕行社記事』掲載の若手将校の大正十四年の論文が出てきたのであろう。しかし陸軍では形式はともかくとして、大正期に日常的に精神教育が行なわれるようになっていたことは、同じ第一節二項で述べた『偕行社記事』掲載のその他の論文論説として示したものなどからみて明らかである。

ここにいう「軍隊内務書」の家族主義についても精神教育と同じように、日常の生活指導の中で雰囲気を醸成すべきだと考えていた面があるようであり、初年兵教育経験がある某将校が大正十五年に著した『（教官助教のため）初年兵教育細部の着眼[67]』という軍事参考書にその要領が、次の例のように記されている。

入営予定の壮丁名簿を受領したら、まず二年兵に依頼して葉書で連絡し、安心させてやる。戸籍謄本や面接を通じて本人の家庭の状況を知る。兵営生活に慣れていない最初の一ヶ月は病気にならないよう、上等兵や下士が無理を要求しないよう気をつける。中隊で野外の会食をする。二年兵による初年兵の指導は、極端な私的制裁にならない程度まで認める。

これよりももっと早い時期の、大正三年三月の『偕行社記事』（第四七五号）に、ＫＯ生の名前で発表された「軍隊教育に関する一部の意見」というものが載っている。兵営での内務生活については右のような細かい注意まではいたっていないものの、精神教育については、「憂ふ可き社会一部の思潮に打勝つ丈けの堅実な良民を作るに努力せねばなりません」と、対社会主義施策としての軍隊教育を行なうべきことを述べていることに、当時の雰囲気の一部が感じられる。精神教育の手段としては、「精神講話」を重視し、教育者の態度による感化力を強調するいっぽうで、講話の技法についても細かく述べている。家族主義については、「聯隊は一家で中隊は其の一家族であるから教育上を始め万般のことか一家の為には犠牲になると云ふ観念かなくてはなりません」といった、聯隊としての団結を重視する内容であり、古くから行なわれてきていた「軍人勅諭」の精神による「団結」の枠を超えるものではない。

このような家族主義が明治四十一年の「軍隊内務書」に取りあげられた理由として、ロシア革命において、下士卒の軍隊待遇が冷酷であったため彼らが上官に反抗したことが革命に結びついたと捉え、日本陸軍はそうならないように家族主義により反抗気分の醸成を妨げ、軍隊から革命が起こることを予防しようとしたとする説(68)があるが、前記の『（教官助教のため）初年兵教育細部の着眼』が書かれたロシア革命発生後の大正末期の時期なら、あるいはその可能性がないとはいえないにしても、大正三年に書かれた「軍隊教育に関する一部の意見」が、明治四十一年改定の「軍隊内務書」の起草当時の日本陸軍の状態や雰囲気に、革命機運が存在したとみたり、あるいはその可能性があったとしているのは行きすぎではあるまいか。

明治四十一年の「軍隊内務書」改定時には前述のとおり、明治三十八年二月十四日付で大本営陸軍参謀次長長岡外史から陸軍次官石本新六に宛てた「露国に於て同盟罷工其他騒動に関する件(69)」という文書があることからみて、ロシアの兵器工場での労働騒動がロシア戦力に影響する可能性の情報が伝達されていたことは明らかである。しかしロシア革命についての予見は日本陸軍にいくらかあったにしても、ロシアの帝政が崩壊した一九一七（大正六）年にはまだ間があり、明治末期の日本陸軍が、同じような反乱事件が日本国内で起こる可能性を認識していたとは思われない。前記「軍隊教育に関する一部の意見」にも、社会思潮への対抗の必要性は述べられているが、日本国内で革命が起こることまでを心配している論調にはなっていない。前述のとおり大正前期までは、社会主義者の活動を日露戦争時の国内の反戦運動と結びつけて警戒するのがせいぜいであったろうと考えられ、そのことを示す陸軍の書類は、たとえば明治四十四年末に「社会主義者に関する件」として、陸軍省副官から第一六師団参謀長に宛ててＨ歩兵軍曹が社会主義者と接触したことについての調査を依頼した文書(70)ほかいくらでも発見できるが、その程度を超えて、社会主義革命が切迫していると政府や陸軍が認識していた証拠を見つけることはできないからである。

参謀本部の明治四十五年刊の情報資料「列国陸軍の現況」は、ロシアでは将校はもちろん下士にも、給与・恩給・

待遇等に「多大の特典を付与」していると記して[71]おり、下士に昇進すれば一応の未来が開けているロシアの兵卒たちが、そのような面に不服で大反乱を起こすとは、日本の参謀本部が考えていなかったであろうことを示している。この特典は日本陸軍についても同じであり、当時の、妻帯していて兵営外で生活している軍曹の月俸二一円前後という額は、男子の小学校教員とほぼ同じで[72]あり、大きな不服をもつような待遇ではなかった。

また兵営の家族主義については、実情は別にして研究面では、ロシア軍のほうが先行していたのではないかと思われる次のような史料があり、ロシア軍が厳格一方であったため、反乱が起こったとする解釈も適当ではあるまい。明治三十七年十二月の『偕行社記事』に、山下五三郎歩兵大尉が「露国軍隊の教育」という記事を投稿している。ロシア軍のドラゴミロフ大将が著した『露国軍人必携』に、軍隊を「家族と思へ長官を父と思へ友兵を兄弟と思へ下級者を弟と思へ」としていることを紹介したものであり、これを好意的に捉えて紹介している。

ただ『列国陸軍の現況』にもあるとおり、徴兵主体の陸軍は精神教育を厳しくし、貴族出身が多い将校と下士以下の間に待遇の格差があるので[73]、それが不満につながるという面はあった[74]ようであり、そのことを問題視したドラゴミロフ大将が家族主義を説いたとも考えられるが、当時の日本軍当局者が、ロシア軍がそのような問題を抱えていると認識していたことを示す史料は発見できない。

そのようなことを考えると、社会主義革命が生起することを予防する意味で、明治四十一年の「軍隊内務書」に家族主義が取り入れられたとする説は成り立たないと思うのである。

三　陸軍の大正デモクラシー対策とされている対策の意味

大正期に陸軍がとった精神教育に関係する対策、特に「軍隊内務書」の改定は大正デモクラシーへの適応を考慮したためと解釈されることがある。[75]しかし大正デモクラシーの内容の解釈に一定したものがなく、政治的な民主主義に限定するものから、大正期の自由奔放な、あるいは利己的で怠惰な社会現象全てを包含するものまで幅が広く、軍事上の施策をこの用語により説明すると、誤解を生ずることがある。ここでは大正デモクラシーを、幅が広い漠然としたものとして捉えて、陸軍の精神面の対策との関係についてこれを取りあげ、「軍隊内務書」および「歩兵操典」の改定、学校教練の開始を材料にして細部を論述していきたい。

大正末期における陸軍内の社会主義者に対する警戒は、明治末期と比べて極端に大きくなったとは考えられない。大正十四年三月に参謀本部がまとめた『海外諸国の近況』[76]と題した情報資料でも、労農露国の民兵制度など軍事的な注意事項は強調されているが、社会主義革命の輸出についての記述はまだない。その情報はあったにしても、陸軍全体が軍内で社会主義革命が発生する可能性を考えていたとは、思えないのである。

また大正十五年に偕行社から発行された『各国軍制要綱』は、「労農露国」の注目すべき軍制として民兵制度を取りあげている。[77]民兵制度は「軍事及政治上偉大なる実力の根源」ではあるが、経済的な問題から民兵を重視しすぎると「弱点の起源をなす」虞があるといったソ連内部の意見についても取りあげたうえで、ソ連軍の精神教育の出発点は、露国並世界勤労民擁護の為反革命諸邦の侵襲圧迫を防ぐことにあるとみているのである。[78]日本陸軍は客観的冷静に、革命ソ連の状況を軍事的な観点から分析し、ソ連が社会主義革命を輸出することは能力的に不可能だと判断しており、日本軍の中でも社会主義革命が発生する可能性があるので対応策をとる必要があるといった方向に結論づけることはしていなかった。

前項で述べてきたことも含めてこのようなことから、陸軍の大正デモクラシー対策とみられることがある実行された施策は、社会主義者の活動により軍が任務達成を妨げられるのを予防するための対策ではあっても、それ以上のものではなかったといえるのではないか。その他の精神対策は、一見、大正デモクラシーと呼ばれる社会現象対策のようにみえても特別のものではなく、旧来の軍人精神涵養策(79)にすぎないのではないか。

一項で在郷軍人会の創立関係者として名前を挙げた田中義一は、陸軍省軍事課長に就任する直前の、明治四十二年一月二十七日までの配置は東京の歩兵第三聯隊長であり、兵営生活を家庭化することに努めた(80)という。一例を挙げると日曜日に営内で兵卒に講談を聞かせたり、家庭菜園のようなものを作らせたりしたという。これが大正デモクラシー対策と評価されることがあるが、時期的にみて、これなどは「軍人勅諭」の「信義」の条からくる伝統的な団結融和策として捉えることは可能であっても、社会主義革命の予防を意識したものとするには早計すぎると思われる。田中は第三聯隊長の時期に、実質的な主務者の立場で「軍隊内務書」の改正審査委員(81)を務めているので、明治四十一年改定の「軍隊内務書」の兵営内での家族主義の綱領に、彼の意見が反映された可能性は強いが、彼が主張した家族主義は、時期的にみて大正デモクラシー対策というよりは、「軍人勅諭」による精神教育の延長線上のものと考えるべきであろう。彼の兵営生活の家庭化は彼独特の方策と考えられる。

前項で述べた大正十五年の某将校の著作物『(教官助教のため)初年兵教育細部の着眼』は、大正デモクラシーと呼ばれるような社会風潮が目立ち始めた大正十年三月十日に改定された「軍隊内務書」(軍令陸第二号)の下での著作である。そのため内容は、家族主義的ではあるが、躾にある程度の暴力を認めるなど、規律を維持しながら兵営内である程度の個人の自由を認めることで兵卒たちの不満を抑えていこうとする、大正デモクラシー対策とみることも可能な施策になっている。しかし田中の「家庭菜園を作らせる」ことに象徴されるような施策は、徴兵されてきた兵卒たちに家庭的雰囲気を味わわせたいというものである。『(教官助教のため)初年兵教育細部の着眼』はそれとはやや距離があるのであって、同じ家族主義でも田中の兵営の家庭化とはやや趣を異にしている。団結融和策という観点から考えると、どちらも家族主義という表現でくくられるかもしれないが、大正デモクラシー対策という観点からは、『(教官助教のため)初年兵教育細部の着眼』は、田中の兵営の家庭化とは異なり、大正デモクラシーと呼ばれるような時勢の変化に対応しようとする要素を含んでいるとみることができるのではあるまいか。しかしそれが軍内左翼革命の勃発を抑えるための施策から出たものと解釈するのは、前項で述べたとおり行きすぎだといわざるをえない。陸軍中央の当局者は、前述したように、そのような切迫した認識はもっていなかったと思われるからである。

寺内正毅陸軍大臣は陸相在職末期の明治四十四年八月二十六日に、「下士兵卒の教育指導上注意すへき件」として大臣訓示(陸軍省訓第一五号)[82]を出している。これは将校に対して部下指導上の注意を与えるものであり、次項で述べるような将校・将校相当官の不品行や部下への暴行が多発[83]していたための訓戒であったと思われる。その訓示は、「感情に駆られ」将校が下士兵卒を「殴打」することは不満の原因となり、その将校の失態についての「誇大の流説を為し」、欧州某国にみられるように逆に「下士卒の歓心を迎ふるに汲々」ということにもなりかねないので注意するように述べているからである。さらに簡閲点呼など在郷者の召集訓練にあたっては、「社会一般の風潮に鑑み厳格の指導と適切の教育」とを実施するよう注意を与えており、厳しさを嫌う社会風潮の中で、軍紀維持のための厳しさが必要である反面、行きすぎて部下の反感を買うことがないよう、さりとて部下のご機嫌とりにならないよう、そのバランスに苦心しているさまが窺える文面になっている。兵営内の家族主義は、厳しさを嫌い安易に流れる経済発展期の社会で育った人々を従来の精神教育の手法を使いながら軍人として養成していくうえでとられた手段のひとつではあったろうが、社会主義革命予防に直結するものとはいえない。強いてこの文面からいうと、社会主義者などに将校の暴行事件などを利用されて、兵営嫌悪・兵役忌避の風潮を生じさせないための施策のひとつであったと解釈されるのであり、軍隊内に革命の芽生えがあったがためにとられた対策であったとはいい難い。「下士卒の歓心を迎ふるに汲々」している欧州某国はロシアを指すと考える向きもあるかもしれないが、前掲明治四十五年七月に参謀本部から出された『列国陸軍の現況』[84]は、「露国の軍隊は精神教育に力を用ふること甚大にして」「教育せられたる兵卒は朴直にして服従心厚く」と述べているのであり、当時の日本陸軍がロシア軍を、革命寸前の状態にある不軍紀な存在だと認識していた事実はない。明治末年から大正初年にとられた日本陸軍の軍隊内務や精神教育関係の施策は、社会主義思想への対策というよりは、「軍人勅諭」によって行なわれてきた旧来の、そのような関係施策の延長線上のものと捉えるべきであろう。

さらに田中義一は、原敬内閣の陸軍大臣を大正七年九月二十九日から大正十年六月八日まで務めた間に、「軍隊内務書」を改定（大正十年三月十日軍令陸第二号）し、自分流の、家族主義というよりは家庭主義を、陸軍兵営に広めたと考えられる。

前項で触れた『（教官助教のため）初年兵教育細部の着眼』に述べられている将校と下士卒の会食については、内部からの要望もあったらしく、大正十年五月に朝鮮軍の軍人の意見を憲兵が調査しまとめて報告[85]したものに、「軍隊内務書」が「軍隊は一大家庭の如くなるへしと要求しあるも」現状では上下が話し合う機会がないので、「月に二三回位は中隊長以下会食を為す等上下意思の疎通を謀るの要あり」としたものがある。

明治四十一年改定の「軍隊内務書」で初めて取りあげられ大正十年の改定でさらに発展させられた陸軍兵営での家族主義ないしは家庭主義は、具体的に何をすべきかに現場の戸惑いがあったことを、この報告書に述べられている状況からみてとることができる。第一節二項で大正九年十月二十八日改定（軍令陸第一四号）の「軍隊教育令」が、教育上、兵器被服の手入れのような日常の行動を副次的に精神教育に役立てるべきことを述べていることについて論述したが、そのような場面で、指導者が手空きの兵に他人の作業を助けさせるなど、家族的な一体感を養う着意をもっていれば、家族一体感の醸成に効果が出たかもしれない。同じ「軍隊教育令」二篇一般教育第三十には、わが国の歴史や部隊の戦績・勲功などについて訓話をすることも精神教育の手段として示されているのであり、そのような講話を通じて家族的な一体感を育成するといった着意も、家族主義のためには必要であろう。

そのように「軍隊内務書」に欠けているものを、他の令達や実際の行動で補うことは、いくらかはあったであろう。しかし法式が成文化されていないだけにそれが形式的になると、家族主義の名目で、古年次兵の身の回りの世話を新兵がするといった昭和期の陸軍兵の回想記(86)によくみられる悪しき形に発展し、兵器の手入れが悪いといって、古兵による新兵いじめが行なわれたりすることになるのであろう。

大正十年改定の「軍隊内務書」の改定理由書(87)は、内務班で「必要以外の厳格を要求するは」教練勤務に好ましくない影響を及ぼすので、内務班を「各自の人格を尊重して自主的観念を向上せしめ且神身に慰安を与え」る場所にすることが、家族主義の所以であると説いていると解釈できるが、やはりそれでも、具体的にどのような施策をすべきかについては細部の説明がなく、内務の現場では迷いがあったであろう。「必要以外の厳格」という表現は内務の現場では、『(教官助教のため）初年兵教育細部の着眼』が述べているとおり極端でなければ私的制裁も認める方向を認めることを意味するであろうし、「軍隊内務書」改定理由書の、瑣末なことは形式を強要しないが「服従は軍隊成立の根本義にして之か厳格を要すること古往近来断して変すへきにあらす」という方針は、現場では何が瑣末なことなのかどうかの判別が十分につかないままに、一般の家族内で行なわれていた程度の暴力による躾が容認されることになることは、自然の流れといってよかろう。

大正二年一月の兵営内での殴打事件について、「兵卒不当取扱に関する件」として一連の調査報告書が綴じられた陸軍文書(88)がある。この中の陸軍省副官から第一二師団参謀長に宛てられた照会文中に、某二等卒が官物紛失のため下士官に殴打され逃亡した事件について、「懇切に教戒を施すことなく殴打叱責を加え之が為同人をして逃走せしめ」た「不当取扱に関しては従来一再ならす訓示せられたる処なるに拘はらす軍隊内務書の精神未た充分徹底せさるものと」考えるとしたものがある。陸軍省ではそのような兵卒に対する不当取扱禁止の考え方が一般的であったにしても、実際はそのとおりに行なわれなかった状況が、この事件に表れているのであり、『(教官助教のため) 初年兵教育細部の着眼』の記述が内務の現場での一般的な考えであったと思ってよいのではないか。

大正十年の「軍隊内務書」改定は、明治四十一年の改定以来の本格的な改定である。軍隊内務書改正審査委員(89)は、陸軍省軍務局長菅野尚一を委員長とし陸軍省・参謀本部・教育総監部の課長や課員、それに近衛・第一師団の中隊長以上の人々である。陸軍大臣から菅野委員長に与えられた改定の方針を示す訓令の案文(90)では、「欧州戦乱以来社会状態及国民思潮の変遷頗る著しきものあり」、それゆえこれに対応するために改定するとある。さらに「兵営生活の主要なる目的は軍人をして軍紀に慣熟せしめ軍人精神を鍛錬」するのであり、「厳格なる軍紀服従を要求するの半面に於ては努めて温情を以て兵卒を遇し」「和気藹然たる家庭的団楽の裡に軍隊生活の目的を達成せしむる」ことを、方針として示していた。「社会状態及国民思潮の変遷」への対応の中には社会主義思想への対応も含まれるであろうが、それだけを強調しているわけではない。もちろん田中一人の考えではなく、起案文書には主務の軍務局関係者の印と他局の局・課長の印も押捺されているが、最終的に陸軍大臣としての田中義一も閲覧して確認している。

この方針の下に委員たちの手で成文化された「新軍隊内務書」の綱領第一条は、「兵営は苦楽を共にし死生を同うする軍人の家庭にして兵営生活の要は起居の間軍人精神を涵養し軍紀に慣熟せしめ鞏固なる団結を完成するに在り」と、軍人精神の涵養を第一に掲げ、それまで第一の地位にあった軍紀慣熟を次等[91]にし、さらに団結を加えたところが、それまでのものと違う特徴であるが、軍人精神の涵養と軍紀慣熟は山縣有朋陸軍卿の「軍人訓誡」の時代からのものであり、団結は「軍人勅諭」の「信義」の条と関係があり家族主義と結びつくものであって、新しいものとはいい難い。第二条以下では、第一条の目的を達成するためおよび軍紀その他の面からも、上官が率先垂範して部下の精神に働きかけることを各条で強調している。

さらに綱領第二条の最初では、「軍人精神は戦勝の最大要素にして」と述べており、このような、国家総力戦では軍人の精神的な要素が最後の勝利につながるとする考えは、後に示すように、日露戦争を戦った軍人の回想記に多くみられる。

第一次世界大戦中の大正四年十二月二十七日に陸軍の臨時軍事調査委員会が設置[92]されて、戦争の資料収集を行なっている。戦争中に『参戦諸国の陸軍に就て』という冊子[93]を第五版まで出すことで、情報の陸軍内での共有も図っている。陸軍は第一次世界大戦への参加は小規模にとどまったが、欧州での大戦の状況調査は比較的熱心に行なった。その調査がほぼ終っていた大正八年から「軍隊内務書」改正作業を行なったのであるが、発令された文書（明治四十一年軍令陸第一七号）内容をみると、第一次世界大戦の戦場で戦うことがなかった田中を始めとする「軍隊内務書」改正作業関係者の脳裏には、第一次世界大戦の教訓よりは、日露戦争の体験のほうが焼きついていたのではないかと思われてくる。大正九年八月に草案がまとまっていた「改正理由書」[94]に、幹部は「多年の因襲と日露戦役の余波を受け教育及指揮に長ずるも内務上の知識之に伴はす」とあることからも、これを窺い知ることができる。

委員のうち主務の陸軍省歩兵課長小泉六一は、第一次世界大戦の対独戦で占領後の青島守備に参加したが、戦闘はせず、日露戦争時には中隊長として戦闘を経験している。もうひとりの重要委員である陸軍省軍事課長畑英太郎は、兵站参謀として日露戦争で苦労したが、第一次世界大戦に参加する機会はなかった。陸相の田中義一はもちろん日露戦争で、満州軍参謀として戦場の苦労を体験している。菅野尚一委員長は短期間であるが、日露戦争時の第三軍参謀を務めている。彼らにとっては、文書で報告されたものを読んだだけの第一次世界大戦の状況の理解よりも、次に示すような自分で体験した日露戦争の教訓のほうが重要であったであろう。それがそのまま「軍隊内務書」の検討のときに意見として表れるのは当然であろう。

雑誌『日露戦争実記』の東鶏冠山の戦闘記[95]に、工兵が爆薬を敵壕内に投入したのを機に歩兵が突入して長時間の格闘戦を行ない占領したときの状況が詳しく書かれているが、日露戦争の陸戦は肉弾戦そのものであったものが多く、日本軍の攻撃戦では、砲撃をしないわけではなかったが最後は肉弾戦になることが多かったのである。後の昭和三年の発行であるが、回想記『戦陣叢話』で朝久野勘十郎陸軍中将は、日露戦争で体験した肉弾戦について述べた後、『戦争論』の著者モルトケ（Graf von Helmuth Moltke）の言を引用して、大切なのは、「義務を死守するの精神なるべし」と、兵士たちが悲惨な状況にありながら最後まで奮戦していた日露戦争参戦日本兵の状況を評価[96]している。

そのような戦闘教訓が明治四十二年十一月八日に制定（軍令第七号）された「歩兵操典」にも結実したのであり、原剛氏の論文「歩兵中心の白兵主義の形成」は、その制定経過を述べた後、「歩兵中心主義・白兵主義・攻撃第一主義[97]」が、それまでの火力重視にとって代わったとしている。この戦闘方針は大正九年九月十七日に示された（陸軍省普第三八三八号）第一次世界大戦後の「歩兵操典」改正要旨でも不変であり、その中で第一番に掲げられていたのが、「精神上の訓練に付いては一層力を用ひて記述す[98]」であった。この方針で作成された「歩兵操典」草案が、最終的に昭和三年一月二十五日軍令陸第一号で正式化されたが、その綱領は、「軍紀」と「忠君愛国の至誠」から生ずる「攻撃精神」を強調するものになった。

第一次世界大戦後の新しい「歩兵操典」は、第一次世界大戦が航空機や戦車の出現に代表される科学兵器による戦争であったことや、兵器・弾薬などの消費量が膨大な国家総力戦になったことを含む、新しい戦闘法への配慮をしなかったわけではない。たとえば「戦車に対する戦闘」のような項目が新設されていたが、白兵主義に必要な精神要素を重視することでは、日露戦争後の「歩兵中心の白兵主義」の範囲を出なかった。

第一次世界大戦中に設けられた臨時陸軍調査委員が、『参戦諸国の陸軍に就て』という冊子を第五版まで出したことは前述したが、その中やその他当時の陸軍部内冊子にも科学戦・国家総力戦の現状への記述があるのであり[99]、陸軍は世界の軍事の現況についての認識に欠けていたわけではない。大正十三年十二月には陸軍省が、『陸軍の新施設に就て』といういわゆる宇垣軍縮の方向を示していると思われる冊子[100]を出しているが、その中でも、欧米列強の状況に鑑み航空部隊の充実や戦車隊の新設を行ない、大正十四年から学校教練を開始することを述べている。宇垣軍縮の内容は、予算の制約や軍事を嫌う世相に牽制されて軍備の改善が十分とはいえないものになってはいたが、それでも一応は第一次世界大戦の教訓を日本陸軍に反映させるものになっていたのである。

学校教練は、米国が第一次世界大戦中に、「編成兵力中最も多数を占むる編成予備軍」の将校養成が必要であったことを、日本陸軍が知ったことが、制度の契機になっている。現に米国が「野戦軍所要将校の約八〇％は予備将校団より供給」する体制をとっていることを知り、動員上は高学歴者に学校教練のような訓練を在学中から行なうROTC

（Reserve Officer's Training Corps 予備将校養成団）と呼ばれる制度が有用であると認めた。そこで、それを参考にして日本でも中学校以上での学校教練（正式には教練）を開始したことが当時の多くの史料にある。参謀本部の大正十四年三月発行の『海外諸国の近況』[101]は、予備将校養成団の紹介に多くの頁を割いている。陸軍省も大正十四年十一月に、『欧米諸国青少年訓練の状況』[102]を部内に配布して、大学の予備将校養成団について詳しく説明しており、宇垣の頭にある学校教練の目的は、予備役将校の養成であったといえそうである。

学校教練については次節三項で詳しく述べるが、一般的には学校教練の意義は、制度開始時の大正十四年三月十六日に陸軍大臣（宇垣一成）が学校配属将校に対して行なった演説[103]がよく引用され、「国民精神作興の大詔煥発[104]」の関係もあって「民心の弛廃を緊張」するために青少年の精神鍛錬を行なうのであり、欧米でも国民訓練が行なわれていることから「一般青少年訓練の第一段として先つ中等以上の学校に於ける教練の振作」からこの訓練を始めるとされている。

しかし宇垣陸相たち陸軍省当局者の本音は、軍縮の中で、第一次世界大戦の中から得た教訓として将来予想される国家総力戦に対応できるだけの予備員を確保することの重要性を認識し、それに必要な予備将校を確保することに主眼があったのであり、大正デモクラシーといわれる世相の中で、文部省が主張していた精神面で「弛緩」している青少年の精神対策としての教練[105]は、二の次であったのではないか。前述した宇垣陸相の時代に陸軍省から出された小冊子『陸軍の新施設について』は、「青少年訓練一部の実施」の項で、「戦時所要の有為なる幹部を養成する為先づ之を中等学校以上の在学者より始めることとした[106]」としていることに本音が表れている。

この時期の陸軍の精神面の教育の重点は、「軍隊内務書」にも「歩兵操典」にもあるように、日露戦争の教訓として得られた白兵主義の中で、そのような戦闘に耐えうる精神力を涵養することにあった。将来に予想される国家総力戦の中でも、家族主義の中で養成された団結心や服従心ひいては天皇への忠誠心が、戦闘精神を旺盛にして戦闘力を強化するものと捉え、そのために積極的な精神対策が行なわれたのである。文部省が主張する精神対策とはやや趣が異なっていたといえよう。

もちろん精神面で弛緩していない青年を兵卒として採用することは軍にとっても望ましい。しかし陸軍省としては、とりあえずは大量動員を可能にするだけの兵員多数を確保し、多数を採用することで兵卒の質が低下することも予想されるので、そのような兵卒をどのように教育訓練して、陸軍の要求水準を満たすことができるかが関心事であったろう。すでに説明したように「軍隊内務書」や「歩兵操典」の改定は、その方向で行なわれて精神面の教育を重視するものになっている。その際に重視すべきは、動員時に不足することが予想される予備役将校の大量確保とその教育訓練であった。

宇垣一成陸軍大臣は大正十四年三月七日の第五〇回帝国議会貴族院委員会で、坂本俊篤（退役海軍中将、男爵）議員の「青少年訓練」についての質問に答えて、「青少年訓練は所謂健全なる国民を作ると云ふのが目的」としているものの、「徴兵の在営期間の短縮はその結果であり、中等教育を受けている者のみが徴兵期間が短縮されるのでは不平が生ずるので、一般の青少年訓練も実現したい」と述べているが、[107]ここに、陸軍の本音が表れている。「まず中等教育を受けている予備役将校要員ありき」であって、小学校卒の一般青少年訓練は、陸軍にとってはそれほど重視せねばならないものではなかった。

青少年の精神面の弛緩対策として、文部省が積極的に、中等教育以上に進学しない一般青少年に対して行なおうとしていた「青少年訓練」については、右の宇垣の答弁のほか、陸軍次官が大正十五年十二月二十一日に師団以上の参謀長に対してした次の連絡[108]に本音が表れている。

「政府に於ては明年度より愈々一般青少年訓練を実施することに決定相成候所仍財政の緊縮を要する今日之か実施に充分なる経費を支出し難き状態にして予算も少額に有之」のであり、教練は文部省主管であって陸軍が協力するが、それも在郷軍人会の努力に期待するという態度であって、正面からこれに取り組むことを避けようとしていた。

これと同じで陸軍の大正デモクラシー対策といわれることがある対応施策は、社会主義者の取締りと、それが兵営内に入ってきたときの対処、その思想が兵士に伝染しないようにする教育に尽きていたと考える。陸軍としての施策の幅は狭いと思われるのである。大正デモクラシーと呼ばれる社会全体の動きに対抗しようとする、陸軍独自の施策を見出すことは難しい。

大正デモクラシー対策とも解釈されることがある兵営の家族主義は、社会風潮に対応するための付随的な対策ではあったかもしれないが、田中義一が最初からそのことを意図して明治四十一年改定の「軍隊内務書」に取り入れたとするのは、やや考えすぎだと思う。前述のようにその時期にはまだ、弛緩した社会風潮に対応する柔軟な施策という考えすら十分には存在しなかった。

大正二年の文書「兵卒不当取扱に関する件」(109)について前にも取りあげたが、砲兵二等卒が官品の亡失により分隊の伍長から殴打されたために脱営し憲兵に逮捕されて、陸軍大臣から「軍隊内務書の精神未だ充分徹底せさるもの」として聯隊長に調査が命じられた事実がある。家族主義に害がある殴打が表向き禁止されていたことは、この文書が、「不当取扱に関しては従来一再ならす訓示」しと、禁止について述べていることから明らかである。しかし伍長は懲罰としての重営倉五日に処されただけであり、調査を命ずる文書担当の陸軍省高級副官奈良武次も、「処置方一応承知致度」と、やわらかい表現をしているのであって、何が何でも禁止するという強い態度は示していない。大正初期はもちろん、明治十五年以来適用され明治四十一年四月十日に改定されていた「陸軍刑法」（法律第四六号）でも、第七一条に「職権を濫用して陵虐の行為を為したる者」が犯罪として規定されているところから、殴打が不当であることは明らかである。しかし「軍隊内務書」が改定された明治四十一年以後にも、その不当な行為が一般に行なわれていたために、「不当取扱に関しては従来一再ならす訓示」されていたのであろう。しかしその理由として大正デモクラシーという社会風潮への対応策を感じさせるものは、この文書からは窺えない。殴打禁止は社会風潮への対応策としてにわかに浮上したものではなかったといえるのではないか。

田中の家族主義ないしは家庭主義の意図は、兵卒たちの精神を戦闘に適したものとして養成することにあり、「軍人勅諭」が求めている信義に基づく協同団結の精神を育てることに眼目があったと考えるべきではないか。田中は歩兵第一聯隊に配置されていた少尉時代に、兵卒たちと接触する機会が多い兵営内での起居を自ら望んで行なったという(110)。これは当時としては異例のことであり、それだけ兵卒の教育に熱心であったといえる。明治四十一年の「軍隊内務書」に表れた田中義一大佐の、兵営の家族主義ないしは家庭主義の思想の萌芽は、その頃にさかのぼるのである。

大正十年に田中陸軍大臣の下で行なわれた「軍隊内務書」の改定も、大正デモクラシー対策というよりは、田中個人が日露戦争の中で得た経験的な精神重視と団結重視をいっそう展開しただけではないかと思われるのである。もちろん文言としては、「社会状態及国民思潮の変遷」に対応するためという改定意図が田中から菅野委員長に示されていたことは、前述のとおりである。しかし改正審査委員の検討を経て、軍事参議官や部隊代表の多くの人々の意見を(111)加えてまとめられた大正十年改定の「軍隊内務書」は、家族主義、思想面を含む良民主義、さらに自主性が綱領に示されてはいるものの、旧来の軍人精神の涵養や軍紀の維持が綱領でいっそう強調され、本文内容は、旧来のものから大きく変わるものではなかった。綱領は九項目からなるが、忠君愛国の精神・軍紀重視・兵卒の服従心・責任感といった項目は、それまでの精神と変わるものではない。つまり、以前から行なわれていた任務達成のための武士道に基づく軍人精神の涵養方策を、戦場での体験によりいくらかの方向修正をしただけであり、田中が重視した明治四十一年の「軍隊内務書」の家族主義の方向については、これを確定的にしただけといってよいのではあるまいか。もちろん前述のとおり多数の委員が改正審査委員を務めているので、田中の意見で全てが決まったわけではあるまいが、それだけに綱領は盛り沢山になってしまったのであろう。

そのような事情を考えると、よく引き合いに出される陸軍士官学校成年生徒に一時ではあったが喫煙が許されたり、野球など多くのスポーツが取り入れられたりした大正末期の施策[112]まで、無理に大正デモクラシーに結びつけて解釈する必要はあるまい。単に田中陸軍大臣の施策に従い、中隊長など若い委員の意見も取り入れて世間で行なわれているものを導入しただけと解釈すればそれで十分であろう。世相の小さな変化を教育に反映させることは現代でも一般に行なわれている普通の施策であり、それと同じ程度のものと考えればよかろう。

またその頃の『偕行社記事』にも自由主義とか社会主義の用語がよく表れるようになるが、それが大正デモクラシーと呼ばれている広範な社会現象全てを意味しているわけではなさそう[113]で、これも世間の雰囲気がいくらか軍隊に持ち込まれただけではないか。

確かに世間では労働争議が頻々と起こり、大正八年十月には陸軍の大阪砲兵工廠でも争議が起こっていた。社会主義者の運動に対する警戒感から、大正十二年の関東大震災の中で憲兵分隊長甘粕正彦憲兵大尉による社会主義者大杉栄の殺害事件も起こっていた。しかしそのような事件と一般の軍人の関係は薄かった。兵営の内務や教育の場では、任務達成のための武士道に基づく軍人精神の涵養方策を中心にすえ、それを世相に合わせていくらか修正するだけでよく、社会主義の侵入を警戒する施策は行なったものの、大正デモクラシーの中での特別の対策が行なわれたと解釈すべきではないのではないか。前述の士官学校の運動のスポーツ化は、昭和に入り時勢に合わせて変化して次第に軍事色を強め、運動科目は、最終的には武道色を強めたことからも[114]、そのように解釈するほうが分かりやすい。筆者自身は以前に大正デモクラシーの影響を強調したことがある[115]が、ここで解釈を変えたい。

四　陸軍の主義思想流入への対策

大正デモクラシーの影響であったかどうかは別にして、大正期に軍、特に陸軍の精神面の教育に、社会主義的なものが軍に影響することを防止しようとするためのものがあったことは確かである。日露戦争中のロシアで労働争議が起こりロシアの戦争遂行に影響したことは、前述したとおり日本陸軍も認識していた。また日本国内の反戦運動が、日本の戦争遂行を妨げる方向で作用していたことも陸軍は認識していた。本節冒頭で述べたとおり明治三十八年二月二十四日付で寺内正毅陸軍大臣が留守師団長に対して発した「社会主義に関する内訓[116]」は、社会主義を唱導する者が軍備を非難し非戦論を鼓吹する等のため、現勢力は微弱なものの、軍に対して自分たちの新聞・雑誌を寄贈したり、慰問や送別の名で軍隊の不道理を説くなどして勢力拡大と軍への働きかけを強めていることに対して対策をとるよう注意を喚起している。この処置はもともと、内務省の警保局担当の新聞・雑誌の取締り活動から始まったらしい[117]が、同じ史料に、内訓を受けて明治三十八年四月六日付で留守第五師団長真鍋斌が、「社会主義防遏方法及目下の景況」を報告し、「該主義に感染せさるよう精神教育を励行せしむ」ことも、対策のひとつとして示されている。社会主義浸透対策としての精神対策も精神教育と表現されていたことが、この史料から分かる。忠君愛国の精神教育を強調し、一方で社会主義思想から兵士たちを遠ざけるのが真鍋の対策であった。

このような日露戦争中の事件がその後の陸軍の精神教育に社会主義対策を付け加えることになったと思われるので

あり、大正デモクラシー対策という漠然としたものからこのような動きが始まったのではなかったと考えられる。もちろんそれまでの伝統的な精神教育も行なわれていたことは、これまでに述べたとおりであり、怠惰といわれている社会風潮に染まっている入営兵士を教育するうえでは有用であったろう。そのような伝統的な精神教育に加えて大正期には、一般の兵士を社会主義から遠ざけ、社会主義的な傾向をもつ兵士の行動を監視し、できればその思想を変えさせることを、社会主義対策として実施するようにもなったのである。兵士一般への社会主義浸透対策として、精神教育が特に強調されるようになったわけではあるまい。

日露戦争直後の明治三十八年九月二十九日、教育総監部参謀長中村覺の名前で、「今回戦役間の実験に基き典、範、令及其他教育に関する事項にして後来改良進歩の資に供す」るため、留守部隊を含む各部団隊長の意見収集を始めているが[118]、その収集項目のひとつに、「精神教育及体力養成等に関し教育上将来の参考となるへき件」が挙げられている。こうして集められた意見は当然、明治四十一年の「軍隊内務書」の改定作業を行なうときにも用いられたであろう。社会主義対策としての精神面の教育は、前述留守第五師団長真鍋斌の報告書にみられるようにすでに行なわれていたのであり、このような意見も当然、収集対象になる。

そのような戦争中の対策に引き続いて軍内社会主義者の取締りや教導は、明治末期から熱心に行なわれるようになったのであり、防衛研究所蔵『密大日記』の明治四十一年、明治四十四年の綴りの中に陸軍内社会主義者またはその疑いがある者の行動に関する文書[119]が多くみられる。

明治四十四年十月になると清国で辛亥革命が起こり、日本でもこの革命の行方に関心がもたれた。同年十一月二十九日付で陸軍次官から陸軍内の各部隊・官衙・学校に、「清国革命擾乱に関し注意の件」という文書[120]が、「青年将校にして往々所謂支那通なる者に接近し革命の渦中に投せんことを企図」する者がいるので注意するようにとの意をもって通牒されている。反戦とは異なる思想問題も起こっていたのである。

こうして社会主義に限らず思想問題は、明治末年以後から大正期の陸軍の要対策事項になった。単なる大正デモクラシー対策ではない。同時に史料『密大日記』の明治四十四年綴りには、西南の役後と同様に、日露戦争後の軍紀の弛緩を示すと思われる事件が多数示されており、これへの対策も必要であった。尉官の女性問題や不品行、部下の殴打事件が目立つ。なかには師団の法官部長という佐官待遇の者が、列車の三等切符で二等車に乗車して車掌に摘発されるという不面目な事件もあった。[121] 陸軍大臣は「下士兵卒の指導上注意すへき件」[122]と題した訓示を発し、将校の軍紀を厳格にすべきことを指令している。日露戦争前、明治三十五年の陸軍尉官の犯罪が七件、翌年で九件であったのに対して明治三十九年の陸軍尉官の犯罪が一四件[123]というのは、確かに戦後の増加を示している。これは旧来の精神対策を必要とする問題であり、思想問題とは無関係である。そのように新旧両様の対策を必要としたのが、明治末から大正期の精神対策であった。

大正十年の『密大日記』に、新入営の無政府主義者等に関する調査文書[124]が多数見られる。入営前から警察や憲兵の調査により無政府主義者として追及されていた者の入営後の状況を報告するものが多い。該当者は入営後、外部との郵便の往復は監視されており、本人が軍内での郵便物の開封調査を知った後に弁護士に相談した内容の書簡も、開封されている。軍の側では聯隊長以下が該当者に注意を払い、温情主義家族主義で思想を改めさせることに努めていた[125]が、あまり効果がない一方で、該当者は兵営内で監視され軍紀風紀取締り制度の下にあったので、思想的な活動をすることは不可能であった。

次に示す陸軍史料は右の一連の調査文書にある無政府主義者の入営後の状況を示すもので、入営してきた思想問題がある分子についての対策を具体的に示している。

大正九年に、入営前から無政府主義者として警察から監視され、憲兵を通じて入営部隊にその事実が報告されていた某兵卒の入営時陸軍内での状況を、師団参謀長が陸軍省副官に通知した書類[126]がある。「砲兵第〇〇聯隊へ入隊したる左記無政府主義者の入隊後の景況別紙の通及通牒候也追て本人に対しては徹底的訓戒を加へ尚将来は要視察者たる事を告知して其取締を厳ならしむる方針に付申添候」というもので、別紙には入営後の行動が詳しく記されている。その中に、「将来彼か軍隊の事情に通すると共に軍隊間に彼らの思想を宣伝し害毒を流布するに至るへきこと推察するに難からす彼は従来特別の監視下にあるを感知せさりしものの如くなりしも十二月二十二日新聞記事封入書簡開封押収の件ありてより以来始めて監視下にあることを感知せるものの如し」とあって、営内でもこのような分子を監視するとともに、思想を改めさせようと教育したことが分かる。

陸軍のこのような問題について、もうひとつ大正五年度の陸軍幼年学校長会議の史料[127]を見てみよう。その中に、

「生徒は校外に於て新聞雑誌其他の媒介によりて予想以上に社会思潮に接触するものなり徒に防遏手段を執りて社会と隔離せんとするは不可能の事に属す且つ生徒は将校生徒として兵卒教育の任に当る者なれは社会と全く絶縁して人物を養成するは不可なり但し社会風潮に関しては悉く之を知得せしむる必要なし生徒の学力資質境遇等より打算して社会風潮を紹介し其可なるものは之を防かさるへからす」

という記述があり、陸軍が当時の風潮に対してある程度柔軟に対処しようとしていたことが分かる。精神教育といっても、大正期の時代の変化の中で反軍的な思想が軍隊に影響を及ぼすことへの対策を考慮せねばならない時期の軍内教育のあり方は単純ではなく、それまでとは違う工夫が必要であった。

このような報告や対策が大正九年以後に頻繁に行なわれたのは、日本のシベリア出兵でロシア（ソビエトロシア）の思想宣伝が激しくなったことが、関係しているのであろう。大正九年の『密大日記』には、「危険思想予防に関する軍司令官の訓示」（大正九年三月四日関参軍第六五号）が綴じられており、シベリア出兵と関係が深い関東軍司令官立花小一郎が指揮下の部隊に対して発したもので、「露国過激派政府は赤色列車に多数の過激主義扇動者を載せ東洋各国語の宣伝書」を配布しようとしており、「上海の一教会に於て邦人（筆者註　原文は後の修正あるもママ）約百名集合し日本全土に亘りて危険思想の宣伝を行はんことを決議せりと云ふ」としている。さらに、これに対抗するためには「堅確なる軍人精神の涵養と鞏固なる軍隊団結の完備」が必要だとしている。

このような対応策から判断して、思想問題については軍内無政府主義者の取締りは行なうものの、下士卒一般への関連する精神対策としては、伝統的な旧来の方法をとり、主義者本人に対しては家族主義温情主義と訓戒で、いくらかでも反省する機会を与えるのが、陸軍の対策であったとみることができる。

大正十一年六月の『偕行社記事』（第五七六号）に、「思想問題に関する一部の研究――労働問題及小作人問題の概説――」と題し、「軍隊教育上青年将校の参考に資」するとして、教育総監部がまとめたものが掲載されている。思想問題の知識は新兵教育にあたる青年将校にとって必要であり、軍内社会主義者の教育にも重要であるが、このような参考資料の傾向からみて陸軍では、将校に対するものを除く下士卒一般に対する精神教育は、「堅確なる軍人精神の涵養と鞏固なる軍隊団結の完備」で十分だと考えられていたと思われる。ただ次項で述べるように、下士卒の教育にあたる将校に、思想的な一応の武装をさせておけばそれでよしとする態度が、このような資料の記述から窺えるのである。

五　思想問題の背景および軍学校の対応

ここで、下士卒の精神面の問題として大正期に入ってからの陸軍史料に表れることが多い、思想問題の根源について、付随的に考察しておこう。日露戦争中の社会主義者などによる反戦運動やその後の第一次世界大戦中の西欧の左傾化、大正デモクラシーと呼ばれた社会風潮についてはすでに述べたので、これには深くは触れない。

日露戦争前年の明治三十六年と第一次世界大戦前年の大正二年の実質国民総所得を比べると、二五パーセント増[128]になっている。また公私立中学校の同じ年度の入学者数が二三パーセント増えて三万七六九六人になっている[129]。これらのことに端的に示されているように、経済環境や教育環境の向上が毎年の新入兵卒の意識を変えていたと思われるのであり、世間では社会主義や労働運動が盛んになっていたこともあって、特に、徴兵が多い陸軍では、軍の立場からみて好ましくない社会風潮に染まった精神傾向をもつ青年が、徴兵として入営してくるのを警戒[130]していた。

陸軍では、社会風潮対策については、日露戦争の戦場体験とは別の観点からの精神教育を必要とすると考えていたようである。陸軍は極力、このような社会風潮が軍内に浸透してくるのを避けようとし、そのような問題がある新入営兵の行動を入営前から憲兵に調査させ、入営先の指揮官に通報し、入営後は行動を監視しながら、できれば思想を変えさせようと思想教育にも努めていたことは本節の四項で詳述した。

思想問題の関係で兵卒を教育する場合は、教育する側もその思想を理解していなければならない。教育の直接担当者は少尉・中尉の若い将校たちであり、そのため陸軍士官学校の教科に、大正十一年から思想教育に関係がある法制経済や心理学、教育学などの科目[131]が取り入れられた。ロシアやドイツが第一次世界大戦中に、そのような社会風潮と関係が深い社会主義革命によって崩壊したことをみていた軍人たちにとって、そのような施策をとることは当然のことであった。前項で述べたように第一次世界大戦の終了の頃、つまりシベリア出兵が議論されるようになった頃から思想対策は陸軍でいっそう重視されるようになったのであり、やがてその一環としての科目が陸軍士官学校の教育に取り入れられることになったとみることができる。海軍でも大正九年十一月に、そのような科目の教育を海軍兵学校などの生徒教育に取り入れようと検討を始めたことは、第二節三項で触れた。

このことを他方から見ると、そのような思想問題についての教育を将校が部隊で行なうにあたり、教育程度が高まってきた兵卒に対して将校は、盲目的な服従を要求するのではなく、自発的な自覚をもった服従を要求せざるをえなくなり[132]、そのために心理学や教育学の知識を必要とするようになっていたといえよう。

同じように憲兵練習所でも大正九年に、士官学生・准士官下士上等兵学生の学科に経済学が加えられている。「時勢の進歩に伴ひ憲兵に経済財政の概念を会得」させたいというのが追加の理由[133]であり、社会主義思想の取締りのためであったことは疑いあるまい。

社会全体の教育程度が高まったため世間で経済・財政などが議論される機会が増え、当然将校も思想的に、大正デモクラシー的なものの影響を受けやすくなっている。特に陸軍士官学校は、大正十年四月一日の予科入校者は、陸軍幼年学校卒業者が二六三名、中学校からの入校者が一〇八名であり[134]、これ以後しばらく、入校者の三分の一から半数が中学校四年修了または五年卒業からの入校者で占められたのであって、教育環境の変化が著しかった。明治二十五年前後に、陸軍士官学校の予備校的な成城学校出身者が陸軍幼年学校以外からの一般採用者の半数を占めていた[135]時代とは違ってきていたのである。これは、公立中学校が整備されたため、成城学校のような軍予備校的な学校は私立中学校に衣替えしただけでなく、軍学校の受験競争から脱落していたからである。

海軍は幼年学校を保有していなかったので、海軍兵学校などの士官養成校に入校してくる生徒のほとんどが中学校四年修了以上の学歴の者になり、やはり明治二十年代まで海軍予備校的な存在であった攻玉社などからの入校者は影を潜めた。[136]そのような教育環境の変化に対応する意味でも軍学校は教育内容の変更を必要としており、能力不足の理数系科目の補修（当時の用語）的な教育時間の増加に併せて、教育学や心理学のような、精神対策関係の新しい科目時間を追加したのである。海軍兵学校の教育期間が実際に八ヶ月間延長されて三年八ヶ月になり、精神科学（心理学・論理学・哲学概論・倫理学・軍隊教育学・統率学理）、法制経済が科目として追加[137]されたのは、昭和二年入校生からである。

ただ海軍兵学校・海軍機関学校の教育科目に法制経済と心理学を追加することは、前に触れたとおり大正九年に議論が開始[138]されていた。海軍教育本部が大正十一年七月二十九日に海軍省軍務局に宛てて発簡した、海軍兵学校等の教育に関する「生徒教程延長の件」という文書[139]がある。この中に海軍兵学校など将来の士官である生徒を教育するにあたり教育上、精神教育や思想問題に関する教育が不十分であるとの指摘があり、教育期間延長の理由のひとつになった。これについて同年十一月九日に海軍教育本部担当で起案された文書が海軍次官の下まで提出[140]されたことははっきりしている。

しかし軍備計画担当の軍務局との調整で、教官の増員と時間のやりくりが容易に決着しなかった。さらに、大正七年に高等学校生徒を中学校四年修了で採用できるように文部省が制度を改めたこととの関係で、大正九年度から海軍兵学校ほか同等の海軍の学校（海軍機関学校・海軍経理学校）でも中学校四年修了者を採用するようになり、そのため生徒の学力が低下した。そこで以前からの教育期間延長問題とのからみで、容易に決着がつかず、教育期間を八ヶ月延長して対処することになったのである。

また陸軍幼年学校と違って中学校では一般社会の思想問題に触れる機会が多くあるので、ほとんどの生徒が中学校卒または四年修了である海軍兵学校はもちろんのこと、中学校卒または四年修了者からも一部の生徒を採用した陸軍士官学校でも、生徒の思想面の精神教育に注意を払う必要があった。そのため学力低下問題への対応と精神教育の両面からの教育内容の改正が必要になったのであり、海軍兵学校等海軍の教育期間の延長を伴う教育科目の改正には、このような意味があった。陸軍の学校については、これまで陸軍について述べたとおりであり、細部は省略する。

海軍が陸軍と同じような形で特に精神教育を強調し始めたのは、第二節三項で述べたとおり大正九年改定の「軍隊教育規則」からであり、陸軍にやや後れていたが、それでも軍紀風紀の問題を含めて精神面の教育に関心をもち始めたのであり、それにはやはり大正時代の社会風潮が影響していたと思われる節がある。これを大正デモクラシー対策という表現でくくることは難しいにしても、海軍もまた精神教育を行なううえで、思想問題と無縁でいるわけにはいかなかった。

前記「生徒教程延長の件」は、精神教育や思想問題について次のように述べている。

毎年提出せらるる年度教育報告を通覧して其重要切実なる意見を総合し又各種の対策を調査し士官一般の要望を考察するときは概ね左の諸点に帰着するものと断定す

一　生徒教育にありては精神教育並に軍隊教育学に関する基礎的教養の不足

二　士官教育にありては以上基礎的教養に基く常識的教育の欠乏而して教育者たり統率者たるへき士官の現状を考究すれは一般に左の状況にある事を否む能はす

（一）　確固たる信念を以て軍隊教育規則に示されたる精神教育を実施するに十分なる素養を有すると自信するもの尠し

（二）必要に応し思想問題に対する適当の判断を下し部下に対して深切なる指導を行ふ上に遺憾を感すること多し

思想問題も含めて、士官が部下の精神対策を行なうことができる能力を身につけることを、海軍は期待するようになっていたのである。その結果、昭和二年採用生徒から科目が増やされている。

この時期になると陸海軍とも軍紀風紀の取締りや過去の方法の精神教育だけでは軍紀を維持したり社会の変化に対応することができなくなっていたのであり、下士卒の教育にあたる下級将校たちに先ず必要最小限度の知識を与え、新しい精神対策を行ない軍紀風紀の維持に役立たせようとしていたことが、以上のことから分かるであろう。

第四節　兵式体操の振興による国民を含む精神振興策

大正十四年四月十一日に「陸軍現役将校学校配属令」（勅令第一三五号）が制定され、同月十三日に公布されたのと同時に、「文部省訓令」第六号で「教練教授要目」が示されて、官公立の師範学校、同中学校・実業学校以上の学校（大学は予科のみ）で、陸軍現役将校による男子生徒の教練開始の基礎がすえられた。この処置は一般に、陸軍が積極的に制度の創設を主張して教練の開始にこぎつけたと捉えられることが多い(14)。しかしこれには誤解があると考える。日露戦争の体験と第一次世界大戦の状況資料から、国民の精神を高揚し学校教練のような制度で予備役将校要員を養成する必要性について陸軍が認識していたことは確かである。しかし陸軍では予算上の制約や社会情勢の関係から、大正中期にはそうすることが許されず、一方で文部省は現在、大正デモクラシーと呼ばれているような世相に危機感をもっていた。そのため対策手段として、学校教練のようなものを実施することを考えていた。

そのようなときに、たまたま大正末の陸軍軍縮で将校の剰員が出たために、文部省の主張と陸軍の要求が合致して、青少年指導のためという文部省が掲げた目的に陸軍が同調した。陸軍側は、前節三項で述べたように、動員時に備える予備役将校要員の確保というもう一つの裏の目的のために現役陸軍将校による学校教練を実施する運びになった。さらには不公平感を生じないように青年訓練所などでの教練を修了した者にも、兵役期間の短縮という特典を与えたと解釈すべきであろう。

以下、軍内の精神対策との関係が深いこの問題について細説する。

一　学校教練開始までの兵式体操

明治十九年四月九日に、「師範学校令」（勅令第一三号）、「小学校令」（勅令第一四号）、「中学校令」（勅令第一五号）、「諸学校通則」（勅令第一六号）が制定された。これらは明治十八年末に発足した内閣制度の下で、初代文部大臣になった森有禮の文教政策を実現するための規則である。

森は明治十七年五月七日に伊藤博文参議の推挙により参事院議官兼文部省御用掛に就任していらい文教行政に腕を振るっていた(142)。森は文部大臣就任の三日前、明治十八年十二月十九日に埼玉県師範学校で演説(143)し、教員には「従順、友情、威儀」の気質が必要なのでそのための教育を重視すべきことを述べ、その道具として兵式体操を用いるのが有用だとしている。これにより軍人のように「従順の習慣を養ひ」、軍人が「伍を組み其伍には伍長を置」くように、師範学校にも軍隊組織を導入してその方式を通じて友情を育て、交互に指揮官を務めることで「統督し其威儀を保つ」修練をさせようというのである。

これは「師範学校令」第一条に、師範学校は教員養成の学校であり「生徒をして順良信愛威重の気質を備へしむ」とあるのと同じ意義であり、また『文部省第十二年報』に、明治十八年五月、東京師範学校体操科に「仮に兵式体操を加ふ」とあることから、兵式体操は、森の発案により行なわれたとするのが普通である。しかし森の関与が大きかったことは否定できないにせよ、全面的に森が計画し実行に移したかどうかには疑問がある。木下秀明氏によると、明治十七年二月二十五日に「体操伝習所規則」が定められて兵式体操の教員を教育養成することになり、最初の募集（文部省達第一三号）対象者は、「常備現役」期間満了後一年以内の歩兵下士であったといい、卒業後は文部省所轄の学校で、週二時間以上の教育にあたることになっていた。[144] [145]

森が駐英公使から帰国して文部省に入ったのは明治十七年五月であり、それ以前に体操伝習所で兵式体操の学校教育への導入が準備されていたのである。森はその路線に乗って、兵式体操を学校教育の中にとり入れたというべきであろう。

いずれにしろ森の前述の演説にみられるように、森が兵式体操に期待したのは、気質の養成、つまり精神鍛錬のために兵式体操を道具として使うことであった。ただ「師範学校令」により明治十九年五月二十六日に公示された「尋常師範学校の学科及其程度」（文部省令第九号）によると、体操は普通体操（徒手、亜鈴、棍棒、球竿等）と兵式体操に区分されていて、兵式体操の時間は週あたり三時間程度と推測され、内容は、生兵学、中隊学、行軍演習、兵学大意、測図等の科目から見当がつくように歩兵の行動そのものであるため、戦闘そのものを学ぶと誤解されやすいが、意図は精神鍛錬であり、軍事目的のものではなかった。尋常中学校の兵式体操も規則上は同じようなもの[146]であるが、体操の総時間数などからみて配当時間はやや少ないと思われる。

明治十九年の「師範学校令」は尋常師範学校の全面的公費負担制を定め、男子生徒の全寮制と兵式体操の教員兼務の下士出身の舎監の配置を伴ったので、生徒の側からは、兵営的な学校と受けとられるように[147]なった。いっぽう六週間現役兵として師範学校卒業者を受け入れて教育にあたった軍人の目から見る[148]と兵式体操の成果は、「軍事上の知識一般に頗る幼稚」で、「術科の一般は教育せられあるも頗る粗雑」で、軍隊で使い物になるものではなかったにもかかわらず、生徒側からは軍隊訓練と同じように受けとられていたのである。ただ軍人の目から見ても、「協同一致の精神」は一般兵卒より優れているとしてあり、森が意図した信愛の精神は、寄宿舎生活の中で育まれていたようである。

尋常中学校は全寮制ではなく学費を必要とするためか、生徒の手記などからは、尋常師範学校ほどの厳しさは感じられない。それでも尋常中学校卒業者は、明治二十二年一月二十一日の改定「徴兵令」（法律第一号）により、食費・被服装具自弁と引き換えに一年志願兵として通常よりも短い現役服役の後に、予備役将校になる道が開かれた。尋常師範学校生徒は、卒業後は教育現場に入り、六週間現役兵として短期間の兵営での服役をした後は、国民兵役の下士官として実質的には兵役を免除されていたのであり、兵式体操の教育を受けた者は、兵役上特別扱いされていた。

二　兵式体操の振興

大正六年十二月五日、臨時教育会議の第八回総会が内閣総理大臣官邸で行なわれ、「兵式体操振興に関する建議案」

が、主査委員長江木千之から説明されて満場一致で決議(149)され、十二月十五日に内閣総理大臣に建議された。この会議は当時の内閣総理大臣寺内正毅の下で、総理大臣の諮問機関として設置されたのであり、文部大臣経験がある枢密顧問官二人を始めとして、内務、大蔵、文部の各次官、陸海軍の教育関係の本部長、各帝国大学総長、高等師範学校長、慶応・早稲田など私立大学の代表者、銀行の取締役などを含む三六名から構成されていた。

諮問事項は師範教育、実業教育を中心にして、小学校教育から大学教育にまでわたっていた。兵式体操の振興はその中で、建議事項として出てきたのである。趣旨として示された「学校に於ける兵式教練を振作し以て大に其徳育を裨補し併せて体育に資する」という内容は、森有禮の明治十八年末の埼玉師範学校での演説に通ずるものがある。

江木は明治十九年の兵式体操推進時に森文部大臣の下で参事官を務めていたのであり、臨時教育会議でも兵式体操の振興に熱心であった。後の大正十三年十二月十日の文政審議会総会の席で、彼はやはり委員として、「兵式教練を学校に実施することに就ては、嘗て森文部大臣が非常に熱心に此事を唱へられ、其当時も私は其片腕になったと自分では考へて居る」ことを述べて(150)いることからも分かるように、大正期に兵式体操の振興に努め、その中心になったのが江木千之であった。

江木は文政審議会でのこの発言に続いて、明治十九年当時は文部省が陸軍に対して主導権をとり、学校に兵式体操を導入したのであり、「精神は決して軍事の為にやるのであると云ふことを考へたことはない」「兵式教練で勇敢の気を起こし、道義の精神を養ふ、質実剛健の気風を振作する」ために行なったのであると述べて(151)いる。

そのような目的で始められた学校での兵式体操が、「森子爵の薨去と共に漸次衰へて行って、遂に五六年前に至っては兵式体操の兵式の字まで削去って単に教練と唱へることになった」ことを、江木は嘆いて(152)いて、森の意図どおりの兵式体操を復興することが、大正六年の「兵式体操振興に関する建議」の目的であったといえる。

森有禮は欧米駐在の経験が長く、欧米諸国民が愛国心の下に団結し、国家の危難に敢然と立ちあがる士気を有しているのを羨み、兵式体操を学んだ教員を通じて小学校児童にその心を植えつけようとしたのは、諸先学の研究にもある[153]とおりであろう。それを継承した江木の考えも同じであったといって差し支えあるまい。特に江木の建議は、第一次世界大戦でそのような欧米人の愛国心の実例が示された後であったのであり、単なる大正デモクラシーの風潮対策だけではなかったであろう。

兵式体操同様に精神の鍛錬に役立つと思われる剣術と柔術が学校の正課として認められたのは、明治四十四年七月三十一日の「文部省令」第二六号によってである。それまでは教科外に任意に行なうことができるだけであり、さかのぼるとそれさえも禁止[154]されていた時期がある。陸軍の精神対策と併行するように、文部省でも精神面での大正デモクラシー的な風潮への対策が明治末から大正期にかけて行なわれていたのである。

ただし「兵式体操振興に関する建議」案には反対の委員もおり、元文部次官で自由主義教育で知られる澤柳政太郎の、その効果に疑問をもつ反対意見[155]もあった。そのような反対意見もあるなかで、それまでも文部省の精神面の教育の強化策がすんなり行なわれてきたわけではない。明治四十三年五月三十一日の「文部省訓令」第一三号「師範学校教授要目」には、「体操」について示されたものがなかった。大正二年一月二十八日の「文部省訓令」第一号でようやく「学校体操教授要目」が示されたが、この訓令は、体操科が学校によって「授くる所区々に亘り」統一され難かったことを述べている。このとき兵式体操は教練と名称改正され、小学校や高等女学校の隊列運動という簡単な整列や行進も、教練に含まれることになった。前述の、「兵式体操の兵式の字まで削去って単に教練と唱へること」に不服の江木の論述は、このときの名称改正についてのものであった。

「兵式体操振興に関する建議」案に、陸軍は賛成しそうなものであるが、そうはいかなかった。陸軍の委員で教育総監部本部長山梨半造陸軍中将は、「今直ぐ五百人の将校を提供せよと云っても出来ない(156)」と、学校の兵式体操を下士ではなく現役将校により実施することに乗り気ではなかった。また山梨が、教練をするのであれば「軍人精神の充実を計り、軍紀の厳粛なる人間を作」るべきだと述べたのに対して、澤柳政太郎は、「徳育に於て、諸徳育を実践窮行を必せしむるには一つの誠心が大切である」と述べ、「歩兵操典」によって教練を行なうのであれば、その点が不完全になるのではないかと追及している。山梨は陸軍の立場から発言しているのに対して、澤柳は徳育主義である。

ただ江木主査委員が説明しているように、「近頃頽廃した所の青年の士気、思潮体力」の回復を図るために兵式体操を活用することには陸軍も賛成(157)していたのであり、新入営兵の思想問題に頭を痛めている陸軍としては、予算面や人的な面で陸軍側の痛みを伴うものでなければ賛成であった。

こうして「兵式体操振興に関する建議」は決議され建議されはしたものの、現役将校による実施は陸軍の反対のために実行に移されることなく、大正十四年の宇垣軍縮のときにもち越された。

三　学校教練開始の議論

大正十三年に清浦奎吾内閣の下で発足した文政審議会は、前の臨時教育会議の後継機関のような形で内閣総理大臣の諮問に応じた。発足当時の文部大臣は江木千之であった。江木はこの審議会の性格について、「国民精神の作興については勿論のこと」「あらゆる文政上の重大事項は皆この会で審議されねばならない」と説明しており（大正十三年四月二十三日官報）、前節三項でも述べたとおり関東大震災後の混乱の中で出された「国民精神作興に関する詔書」の趣旨を実現するための、審議機関であることを明らかにしたのである。

大正六年の兵式体操振興に関する建議のときはあまり積極性を示さなかった陸軍も今度の文政審議会の学校に於ける教練の振作に関する件の審議では、やや積極姿勢に転じた。「国民精神作興に関する詔書」が出された二日後の大正十二年十一月十二日に、田中義一陸軍大臣の訓示（陸訓第三三号）が出され、「常に聖訓を奉体して其の本文を尽くし」てきた陸軍は、「国民精神の更張」のために「率先国民精神振作の中堅」となるべきことを主張し、教練の振作にも協力する方向に向かった。折からの陸軍軍備整理、いわゆる軍縮の進行の中で現役将校に剰員が生じて、現役将校を学校配属将校として配属できる見通しになったことが、その背後にあることはいうまでもあるまい。大正六年の兵式体操振興のときは、陸軍は現役将校不足のために熱意を示さなかったのであり、必要性は認めていたのであるから、人手不足の事情が変わったことで態度を変えたとしてもおかしくない。しかしそれが、陸軍が積極的になってきた全ての理由であると考えると誤りといえよう。江木はそのことを、審議会の席ではっきりと述べている。

江木は、世間では今回の現役将校による学校教練の計画を、「軍縮の為に士官の置場がない、それで学校に兵式教練を」導入するのだという誤解をして、陸軍が主導権をもって進めているという新聞論調[158]などがみられることを批判して、目的はあくまで士気振興であるとし、「文部から起って斯う云ふ事をするのであると云ふ事実を示」すのでなければ、世間の信用を得られず計画は失敗すると述べて[159]いる。

江木はまもなく政変で文部大臣を辞めるが、すぐに文教審議会の委員になり大正十三年十二月十日の総会で次のように述べている。

「兵式体操振興に関する建議」いらい、世情の変化などがあったので自分は文部省で、現役将校による兵式教練の施策を推進することは控えていたが、軍備縮小の声が大きくなってきた今、この施策を推進することは世間の反発もあり「軍部から文部が引摺られて遂に之を実施する」ようにみえるので、今はやめるのが得策ではないかとも主張[160]し始めている。

これに対して文部次官の松浦鎮次郎は、世間にはそのようにいう向きもあるが、大正六年の臨時教育会議の建議もあったので今回も、「文部省に於て必要を認めて陸軍の方と熱議を遂げまして此案を立てた訳」であると述べ、従来の兵式教練とはいくらか趣を変えて、「銃器等を陸軍から学校へ貸渡し若くは払下」げてもらって、「指揮法と云ふようなことなり或は陣中勤務」、「射撃」なども実施することにしていると答えている。(161)

このやりとりは、学校教練反対をいい立てている新聞などの論調(162)に対して、委員たちに教練実施の必要性を認識させ、文部省主導の立場をはっきりさせることを意図した、いわば八百長質問であったとも考えられるが、松浦の回答には、陸軍が以前よりも積極的であることを窺わせられる内容が含まれている。たとえば銃器払下げは、大正十五年末までに、師範学校は各自一挺、その他の学校は二名につき一挺の割合で約五万四〇〇〇挺が無償で払い下げられる(163)のである。払い下げは、かつては陸軍が容易に認めようとしなかったのであり、江木が栃木県知事であった明治三十年に、江木知事が、陸軍省に旧式のスナイドル銃二五挺の払下げを申し出て断わられたことがあった。(164)その時代に比べて陸軍は熱意を示していたのであり、単に国民精神作興の一環としてだけでなく、大正十四年三月の前掲宇垣陸軍大臣の口演(165)にあるとおり、「国防上違算なきを期せん」とするもので、欧米列強の国民訓練に倣い、訓練の結果として徴兵の在営期間の短縮要求にも応じようとする意味をもつものであった。大正十三年十二月に陸軍省がまとめた『陸軍の新施設に就て』という小冊子(166)には、在営短縮期間が「中学校卒業者　一年」のように具体的に示され、中学校卒業以上のものは予備役の幹部要員にすることも記されている。

こうして大正十四年度から現役将校による学校教練（教練が正式名称）が開始されたが、軍縮の形で将校を整理して予備役にすることをせずに学校教練の教官として現役のまま残すと、その分だけ俸給等の経費が必要になる。文政審議会の大正十三年十二月十三日の総会の席上で陸軍委員が、配属将校の大正十四年度の経費として二〇〇万円の予算を計上したことを述べているが、[167]これは陸軍経常予算額一億七〇〇〇万円の一パーセント以上にあたり、少ない額ではない。このことからみても、「国防上違算なきを期せん」という宇垣の言は、当時の陸軍にとって学校教練は、軍縮の中での現役将校の整理対策というよりは、動員時の予備役初級将校源の確保のほうに重点があることを意味していたというべきであろう。大正十四年末の学校配属将校は一一六七名であり、毎年採用された予備役将校要員の幹部候補生はそれよりも多い[168]からである。後の支那事変の動員のとき、平時毎年の採用数が四〇〇〇名程度であった甲種幹部候補生採用数を昭和十三年に五六〇一名、昭和十四年に一〇九九五名に増員[169]して予備役少尉を養成することができたのは、学校教練の制度があったおかげであった。

だが文部省は国民の精神面の改善施策として、小学校卒業後進学をしていない一般青少年にも軍事訓練を施すことにこだわっており、大正十四年三月七日の第五〇回帝国議会で宇垣陸軍大臣は、そのような青少年に対する軍事訓練を「成るたけ早く実施したいと云ふ希望は有している」と、答弁し、[170]訓練の結果として、被訓練者の在営期間を短縮することについても触れている。政府は大正十六年度に青年訓練所を設けて、[171]在営年限を短縮する方向で動き始めていたのである。このことは文部省主導で始まった国民の精神面の改善施策が陸軍の軍事的な要求とも合致し、経済産業界の徴兵の在営期間短縮要望とも合致[172]したので、そのような施策を進めているうちに、次第に陸軍が主導性を発揮するようになっていったことを示しているというべきではないか。

過去の研究者一般の論調としては、文部省の最初の動きには触れず、陸軍主導で、軍縮で剰員になった現役将校温存のために学校教練を始めた[173]と説くものが多い。しかしそれでは不十分であることが、以上の論述から分かるであろう。

現実には、当時の日本は世界の国家総動員の流れの中で、政府として非常時の国民総動員の方向に向かって施策を始めようとしていたのである。また社会主義傾向が強まった明治末から大正期の世情の中で、国民の精神面対策として文部省も軍も教練の強化の必要性を認め、たまたま軍縮の機運の中で将校の剰員が出たので現役将校による学校教練を始めることができただけでなく、その関連もあって予備役・後備役の将校・下士による青年訓練所での教練も始めたのである。一般の青少年訓練の実施は、初年兵の教育期間を短縮すれば陸軍経費を節約することができ、また青少年訓練などによる予備的な軍事教育訓練を行ない、陸軍での教育訓練の期間を短くして回転を早くすることで、非常時の動員可能兵力をそれまでよりも多く確保できるようになる。そのような陸軍と、在営期間の短縮で青年の兵役による仕事上のブランク期間を短縮できる利益がある産業界の利害関係が、一致したために行なわれた処置でもあった。ただ陸軍省の担当者はともかくとして、一般の将校の間では在営期間の短縮は教育訓練に不備を生ずるとして必ずしも賛成者ばかりではなかったと思われ、『偕行社記事』にもその論調が表れていることに実行上の問題が隠れている。[174]

陸軍の制度改正と軍備整理の中心人物の宇垣一成陸軍大臣は大正十四年十月二十七日の日記[175]に、「今次の軍備整理を以て単に人馬に代ふるに器械力を以てしたる物質的整理なりと考ふるは、皮相の観である。軍民必勝の確信も軍民意志の融和一致も志気の振興も人事上に於ける幹部地位の安定も、此の整理によりて発現し得るのである。換言すれば精神的の整理である。」と、記している。だが団結や士気といった旧来の精神面の問題の強調はしているが、社会主義などの思想的な対策面には及んでいない。宇垣の考えの裏には、一般兵に対する精神対策は、旧来の精神対策を行なっていればそれで十分だという考えがあったからではあるまいか。それも、大正十一年に亡くなった山縣有朋が考えていて田中義一も重視していた積極的に忠義・愛国心を育てる施策を重視する方向ではなく、田中の考えの他面にあった家族主義にみられるように、下士卒の待遇面での不満を排除し、兵士を精神的に安定させる方向に向かっているように解される。別の見方をすればそれが、個人を尊重する当時の思想を反映していると見ることもできる。

以上で述べてきたような兵式体操や教練の問題は、国民の精神面対策に結びつき、軍内の精神面の教育対策とも結びついているので、ここに節を設けて論じておいた。

第五節　精神教育・軍紀風紀維持策の効果の一検証

「軍人勅諭」を核心にした精神教育、および「軍刑法」・「懲罰規則」を背景にした陸海軍の軍紀風紀の維持策は、日清・日露の戦争体験を通じて少しずつ必要性が認められて強化され、大正デモクラシー時代とも呼ばれている第一次世界大戦期からそれに続く時代に、社会主義などに対する思想対策が加えられた。さらには教練の問題を通じて国民一般の精神対策にまで幅を広げて利用されるようになったことを、これまで述べてきた。これについては各章節で小まとめをしてきた。

西南の役前から存在した軍紀風紀の問題については、山縣有朋を始めとする陸軍指導者たちの認識があり、それが西南の役戦場での不軍紀問題の発生や竹橋事件のようなその後の不軍紀事件の発生の中で、「陸軍刑法」・「海軍刑法」の制定（改定）、「軍人勅諭」による軍人精神の涵養さらに憲兵制度の整備といった軍紀風紀対策になり、それを発展させた陸軍の児玉源太郎や田中義一の施策、海軍では山本権兵衛や加藤友三郎の施策になったことについても触れてきた。それぞれの関係記述の中で分析やまとめをしてきたので、ここではまとめのための再度の論述をすることはしない。

それに代えて、その施策の効果を検証する手がかりを得るために、残存資料の不足のため完全とはいえないことを承知のうえで、軍内行刑状況の数字の分析を行ない、締めくくりとしたい。精神教育や軍紀風紀の維持策として行なわれた施策は、軍人軍属の違法行為の減少をもたらすことが期待されていたであろうし、そうでなければ施策の意味がないからである。もっとも残存資料の少なさによって分析の制約を受けるので、大まかな傾向をつかむことしかできないが、過去にそのような分析が試みられていないという点で、何がしかの意味があると思う。

一　行刑の変化にみる施策の効果

「軍人勅諭」が下賜された後、次に示す第4表にみられるように陸軍の犯罪は急減した。日清戦争の前年である明治二十六年の軍人軍属一人当たり行刑数は、明治十五年の半分以下になっている。

逃亡は兵営生活特有の犯罪であるが、これが実数で一〇六六名から五五五名と半分近くに減り、兵員一人当たりでも〇・〇二二から〇・〇〇八と四割に減少したのであって、改善されている。上官暴行と窃盗は数字のうえでは増えているが、総員数が増えているからで、窃盗も比率では減少している。上官暴行は比率のうえではいくらか上昇しているが、もともと犯罪件数が少ないので増えたというほどではない。統計上の有意性がほとんどないといえよう。

陸軍の一人当たりの行刑数は明治二十一年の時点で早くも減少しているので、「陸軍刑法」制定と憲兵制度発足に象徴される軍紀風紀の取締りの強化、「軍人勅諭」の下賜とそれに伴う精神教育処置、そのほか当時とられた施策が

第4表　陸軍行刑状況の変化

機関	服務軍人軍属数（期末）	行刑員数（内訳は代表的なもののみ）						1人当り行刑数
		総計	逃亡	抗命	上官暴行	窃盗	詐欺	
明治15年7月～16年6月	現役 47,040	2,439	1,066	12	5	308	175	0.052
明治21年中	現役 61,774	1,501	588	2	6	331	106	0.024
明治26年中	現役 68,377	1,634	555	1	9	361	124	0.024
明治39年中	推定235,000（現役7割強）	3,371						0.014
大正 8年中	271,177（殆ど現役）	2,435						0.009
昭和 4年中	推定235,000（殆ど現役）	879	68	16	5	234	53	0.004
昭和12年中	562,886（現役約半数）	428	30	3	2	110	21	0.001

註：①行刑員数には召集中の予備兵を含むが、明治26年までは割合的には無視できる少数である。
②明治39年以後の総計は内訳に示した以外の犯罪を含むが、明治39年と大正8年は詳細資料欠。

資料源：防衛研究所蔵『陸軍省年報』の数字。明治39年と大正8年の総計は『日本帝国統計年鑑』の数字。推定値は前後の年代資料からの推定。軍属には文官、雇員、傭人を含むのであり大略軍人軍属総数の4～10%。

全体の空気を軍紀風紀の維持の方向に変えていったとみてよいのではあるまいか。

明治三十九年以後も陸軍の一人当たりの行刑の数字は減少を続けており、日露戦争後の精神面での施策や兵営の家族主義、さらには世間の自由主義や社会主義に対応するための施策など陸軍当局の施策がこの数字に表れているとみてよいのではないか。いわゆる大正デモクラシーの社会の雰囲気が陸軍にとって好ましいものではなかったにもかかわらず、このような結果が出ていることに注目する必要があろう。ただ明治四十一年四月十日法律第四六号により「陸軍刑法」が改定され、統計方法もそれ以前といくらか異なってきているようなので、統計数字のうえで行刑数の段差が出ているのではないかと思われるが、それでも全体的にみて、大正期から支那事変開始までの陸軍の犯罪が、統計上減少傾向にあっ

第５表　海軍行刑状況の変化

機関	服務軍人軍属数（期末）	行刑員数（内訳は代表的なもののみ）						１人当り行刑数
		総計	逃亡	抗命	上官暴行	窃盗	詐欺	
明治17年中	7,484	307						0.041
明治22年中	13,510	399	267	1	3	47	36	0.029
明治39年中	46,676	613						0.013
大正９年中	83,668	389						0.005
昭和15年	軍人 223,173 軍属　53,178	653						0.002
昭和16年中	軍人 311,359 軍属推定6万	1566						0.004

註：①行刑員数の総計は内訳に示した以外の犯罪を含む。昭和15年の行刑員数総計は昭和16年に比べて極端に少ないが、16年に出師準備で総員数が急増したからと思われる。
②昭和15・16年の行刑員数は軍法会議での裁判数であり、行刑員数そのものではない。
③軍属には文官、雇員、傭人を含むのであり大略平時は軍人・軍属総数の10%前後。
資料源：防衛研究所蔵『海軍省年報』の数字。推定値は前後の年代資料からの推定。明治39年、大正９年分総計の数値は『日本帝国統計年鑑』。

たことは確かである。

海軍については第三章第二節三項で述べたような海軍省への報告統計上の問題があるのと、特に明治初期はそうであるが、その後も統計そのものが残存しているものが少ないため、陸軍と比べて分析がやや困難である。その制約の中でまとめた第5表を示す。第5表には示していないが、第三章第二節一項の第3表で、明治十三年の海軍軍人軍属総員八八三八名のときの犯罪者総数は二七四名になっているので、これから陸軍と同じように、一人当たり犯罪数計算を一応してみると、〇・〇三になる。

この明治十三年の一人当たり行刑数〇・〇三に比べて明治二十二年の行刑数は改善されているとはいい難いようであり、何度も述べたように海軍の精神対策が陸軍に比べて後れ気味であり、そのために海軍の軍人軍属の服務態度が改善されなかった事実の一端が、この数字に示されていると考えられる。日露戦争後の明治三十九年以後大東亜戦争出師準備に入る昭和十五年までは、全体としてこの数字は減少傾向を示しており、陸軍の場合と同じように日露戦争後の精神施策や社会風潮への対応施策が効果を発揮した結果が、この減少に表れているといってよいのではあるまいか。なお「海軍刑法」は、「陸軍刑法」の明治四十一年の改定時に（四月十日法律第四八号）同じ方向で改定されている。

次に、海軍の明治二十二年の行刑内訳数値では逃亡が目立つほか窃盗が陸軍に比べて一人当たり七割程度の行刑数と、少ないのが目につく。これは第三章第二節三項で述べたように、軍人の外出行動など軍隊生活のうえで陸海軍に相違があるからであろう。窃盗に関連があるが、いわゆる「員数をつける」という表現で語られている陸軍兵営での兵士の行為で、装具被服類の亡失時の埋め合わせとして、他の兵士のものを失敬する行為は、元海軍兵の手記にはあまり見られない[176]。これは陸軍が「軍用物損壊」を「陸軍刑法」上の問題として厳しく追及したのに対して、海軍ではそうではなかったからと解釈することもでき、その面からみると海軍は「軍刑法」上の軍紀の維持に消極的であったといえないこともないが、やはりこれも昭和期の兵士体験者の回想記に見られるように[177]、陸海軍の服務上の重点の置き方の相違と、閉ざされた艦内という空間で生活する海軍に対して、割合に広い兵営内で海軍よりは多くの兵士が比較的分散して生活する陸軍の生活環境の相違から生じた違いだと捉えるべきであろう。

このように陸海軍でいくらかの差があるにしても陸海軍とも、日露戦争後の一人当り行刑数は、明治初年に比べて大幅に減少しているとみられるのであり、軍紀風紀取締りと精神教育などの施策の効果があったと認めてよいのではないか。

ただその中で海軍は、大正期に精神教育などの対策に力を入れるようになるまでは、第二節一項の寺田大尉の論文にあるように、多分陸軍よりもいくらか犯罪率が大きかったのではないかと思われる。これまで述べてきたように陸海軍で統計の根拠が異なるので、陸海軍の比較を正確にすることはできない。しかし、明治三十九年の同行刑数は表のうえではほとんど陸海軍の差がないが、前に分析したとおり海軍では犯罪が統計上、数字に現れにくい特性があることを考慮に入れるべきであろう。そのような特性は年月の経過とともに薄れたにしても、明治末期には、そのような特性が失われ海軍が陸軍と同じように報告され、統計の内容が同じレベルに達していたとするには早すぎる感がする。それが寺田栄之丞海軍大尉の軍紀風紀に関する論文[178]になって現れ、陸軍と比較して問題点が多すぎると、彼をして嘆かせることになったのではあるまいか。もちろん本章第二節二項で述べたとおり、海軍でも日露戦争後に精神教育が重視されるようになり「艦団隊教育規則」(明治四十二年十一月十六日海軍省達第一二四号)で、軍紀風紀についての講話訓示をし、あらゆる場を精神教育のために活かしていくべきことが示されている。しかしやはり第二節一項で述べたとおり、海軍では精神教育だけではなく、軍紀風紀の維持向上対策の面でも陸軍に比べて後れがあったのであり、一人当たり行刑数の状況にそれが表れているといえよう。

前項までに述べたとおり、大正期になりいわゆる精神教育は、陸軍でも海軍でも努力して行なわれるようになった。明治四十一年十二月一日改定の陸軍の「軍隊内務書」(軍令陸第一七号)は「改正理由書」を伴っているが、その中に、「本書改正に於て最注意したるは精神教育なり戦捷の名誉は軍人精神充溢したる軍隊に帰すること最近戦争の証明したる所なり」とあって、日露戦争での精神力の作用について表現しているのであり、日露戦争の教訓から陸軍の精神教育が強化されるにいたったことがはっきりと述べられている。

しかし大正七年作成の前記寺田栄之丞海軍大尉の軍紀風紀に関する論文は、軍紀風紀の改善手段として、衛兵の権能を強化し、下士卒の上陸外出の方法改善をし、下士卒の慰安娯楽機関を整備することの三点を述べているものの、陸軍がいうような軍人精神充溢の必要性を強調し、陸軍の大正期の「軍隊教育令」や「軍隊内務書」に表れている士気の高揚や団結のための施策をするなど、やや違う意味で下士卒の精神面での改善をすることについては触れることをしていない。軍紀風紀の観点からの論文なのでやむをえないという見方もできるが、陸軍ではこれまで累述したとおり、これらの手段の表側に、積極的な精神改善策である精神教育（あらゆる意味の積極策を含む）をすえているのから分かるように、このような問題を取りあげるときは必ず精神教育が出てくる。それがないところに、精神教育に対する海軍の関心が、出てきたとはいっても陸軍よりも小さいことが表れているのではないか。

海軍士官の研鑽・親睦・共済団体といえる水交社が編纂した雑誌『水交社記事』の大正期の記事を見ると、海軍の運用技術や情報関係の記事がほとんどである。たとえば大正八年六月刊行の第一七巻第六号に、「米国海軍標準曳艦装置並曳艦法」、「簡易天気予知法」という記事があるが、他の掲載記事も同様のものが多い。同年九月刊行の第一七巻第九号に、珍しいことにやや精神的なものを扱った「日本刀に就て」という記事があり、武士道精神の鑑としての日本刀について述べているが、これは異例である。陸軍の同じような性格の『偕行社記事』が同じ頃、前述したとおり「精神修養と精神教育の方法」（大正六年五月第五一四号）、「精神力と物質力の現今の戦争に及ぼす関係」（大正六年六月第五一五号）のような記事をしきりに掲載しているのと比べて、『水交社記事』は、軍艦運用や情報関係の記事に偏っている。これからみても、海軍の精神分野への関心は陸軍に比べて薄かったのであり、それが犯罪の統計数字の傾向にも表れていて、海軍の犯罪対策や精神教育など施策の後れが一人当り行刑数の低下の後れとして表れているのではあるまいか。つまり軍紀風紀の施策が陸軍の後追いをしているようにみえる事実が、そのような結果をもたらしているのではあるまいか。

それでも海軍は、本章第二節二・三項や第三節五項で述べたとおり、日露戦争後から大正期、昭和初年にかけて「軍人勅諭」による伝統的な精神教育だけでなく、時代の変化に応ずる精神面の対策を強化し、軍紀風紀の取締り制度の強化も図った。それが実を結んで行刑数の面でも少しずつ改善があったといえそうである。「艦団隊教育規則」は大正九年十二月一日（海軍省達第二二八号）に「軍隊教育規則」として大幅に改正され、新設された綱領の中で軍人精神と軍紀の重要性を説いたが、その後は、部分改正はあったもののそのまま大東亜戦争期にいたった。海軍兵学校の教育に心理学など精神科学の科目が、昭和二年の入校生徒から取り入れられたことについても第三節五項で述べたが、このような改善施策は昭和初年までに処置を終り、大東亜戦争期の海軍は、そのような軍紀風紀や精神教育の体制の中で戦争に突入したといってよかろう。

そのように海軍がやや陸軍に後れたにしても、一人当たり行刑数は昭和十五年の出師準備開始期まで低下傾向をみせていたのであり、平時の施策として、ここに掲げたような軍紀風紀の維持施策や精神教育を実施した意義を否定することはできないであろう。

このような施策の面で海軍に先行していたと考えられる陸軍も、関係制度の整備の面で、昭和初年に「徴兵令」に代わる「兵役法」制定（昭和二年三月三十一日法律第四七号）関連の改正を行なって以後は、支那事変開始後の昭和十二年末の大量動員期まで大きな改正はしていない。たとえば昭和二年十二月二十日軍令陸第五号で改正された「軍隊教育令」は、基本は大正二年二月五日軍令陸第一号で制定されていて、昭和二年の改定は、幹部候補生制度のような「兵役法」の制定関連の修正が主であった。時勢に応じて、精神教育の重視文言はあるものの、実体は、軍人勅諭を中心にすえた従来のものと変わりがなかった。やや大きな改定が行なわれたのは昭和十五年八月十七日軍令陸第二二号によるもので、戦時下の教育が加えられている。「軍隊内務書」も大正十年三月十日軍令陸第二号で第三節三項に述べたように大改定を行なった後は、昭和九年九月二十七日軍令陸第九号の改定で綱領に天皇親率や団結重視の項目を付加し自主性を軽くするなどしたものの、基本的な部分の修正は行なわずに大東亜戦争期にいたった。昭和十八年八月十一日に軍令陸第一六号により、名称も「軍隊内務令」と改められて戦時下のものになっている。そのようななかで、陸軍の一人当り行刑数は昭和十二年末の大量動員の時期まで低下を続けたのである。

これまでに述べてきたとおり、大正末から昭和初年にかけてほぼ確立されていたといえる陸海軍の軍紀風紀や精神教育の関係施策は、このように一人当り行刑数という統計上の枠内でみる限り、一定の効果をあげていたというべきではあるまいか。

二　平時と異質の国家総動員の下での戦場での不軍紀

ただ右のような一人当たり行刑数の減少という現象は、大量動員が始まってからの戦地での、軍人軍属の不軍紀状態とそれに対応する行刑とは切り離して考えるべきであろう。平時に軍紀風紀の取締りや精神教育を厳しくするのは、戦場という混乱した状態の中で勝利という目的達成に向けて、命令に従って組織が狂いなく動くようにするためという兵士たちへの習慣づけの一面をもっている。そのため戦場では戦闘に直結しない平時的な規則遵守、たとえば上級者への敬礼のようなものがなおざりにされることが起こるのは[179]、戦場での任務達成を第一とする軍隊という組織の特性上やむをえないであろう。兵士の手記の中にも、それを示すものが多く残されている[180]。もっともこれが行きすぎて、住民に対する暴行・略奪・強姦のような明らかに犯罪とされる行為が平然と行なわれるようになると、国際法上も問題になり、戦争犯罪として追及されることになる。中国戦線でそのような行為を体験し、そうではなくても見聞した日本兵の戦後の手記は珍しくなく、その中で、戦場では次第に道徳感覚が麻痺していくことを語っている者も多い[181]。一方で中国戦線は共産軍のゲリラ戦に対する討伐戦でもあり、民間人の服装をしている敵兵が多いため、日本兵も疑心暗鬼[182]で民間人と相い対さなければならず、その結果戦争犯罪とされる民間人の虐殺の結果をもたらすことがあったようである。

西南の役で行なわれた右のような状態に似た行為について第三章第三節一項、第四章第一節二項他で述べたが、山縣有朋がとった戦中・戦後の施策には戦場でのそのような行為を減少させるためのものも取り入れられていたことは、第三章や第四章でも述べた。また戦場で道徳感覚が麻痺して不法行為を行なう者が平時より増えていたにしても、山縣が強調したような平時から軍紀風紀の取締りを厳しくし精神教育を行なうことが、無駄ということにはならないであろう。そのような平時の施策を怠っていたとしたら、戦場での不法行為はもっと増えていたといえるのではあるまいか。

また国家総動員の体制の下での戦時には、大動員のために、不良分子が兵士として徴集される機会が増え、精神的な純粋さを失った年配者も動員される。陸軍では支那事変発生半年後の昭和十三年初頭にはそのような状態になり[183]、海軍は大東亜戦争に向けての出師準備が行なわれ戦時編制への移行が始まった昭和十五年八月がそのような状態への転換点[184]になったと考えてよかろう。動員による軍人軍属の急激な服務人員の増加は、第4表・第5表の服務軍人軍属数に見ることができる。そのような総動員状態が軍全体としての犯罪率を高くする可能性があるといえるのである。

ここではそのような国家総動員の中で、動員が戦前の予想を超えた特別の事態になったことと資料の制約の関係もあって、支那事変以後の軍犯罪統計の分析はしていない。ただし中国戦線での『軍医官の戦場報告意見集』[185]という当時の史料があるので、その中にある情況資料から、戦場での軍人軍属の行動の特性を見出し、そのため平時に行なわれていた不軍紀対策、精神教育が戦場ではそのまま効果を発揮するわけではないことを以下で瞥見して、統計的分析を平時体制までにとどめた理由とすることにしたい。

『軍医官の戦場報告意見集』（以下『報告』と略記）の中に、上海第一兵站病院の予備陸軍軍医中尉早尾乕雄「第三章戦場に於ける犯罪に就いて」という当時の報告資料がある。上海付近での本人の調査に陸軍の現地法務関係機関から得たと思われる犯罪統計が添付されている。昭和十三年四月に報告しているので、上海・南京方面で支那事変初期に行動した第三、第十一、第九、第十三、第百一師団の兵員の一〇万人強から被調査者が選ばれたのであろう。精神科医としての立場からの調査であり、対象部隊の全員ではなく精神的な異常を示した者が主たる調査対象になったと思われるが、調査の細部についての状況報告は含まれていないので、細部は不明である。

『報告』四一頁に、「官憲の取締行き届かさりしころは放火、掠奪、殺人、窃盗、強奪、強姦等凡ゆる重犯行為思ふま丶に行はれつつありしか取締厳となると共に放火は漸次数を減したるを見たり」とあって、現地への派遣軍の状態は、第三章第三節一項で述べた西南の役での熊本城籠城時の官軍の状態に似たところがある。早尾はそのような不軍紀の理由として、「軍人精神教育は在郷者には徹底し居らさること」「未教育兵及古兵の多かりしこと」と、動員召集された兵に問題を起こす兵が多かったことを匂わせ、別にそうではない現役兵にも共通する「悪戦苦闘の中に万死に一生を得たる優越感と功績陶酔感は超人間的意識と変し他を侮蔑するに至りしこと」「徴発の意義を誤解し掠奪と混同するに至りしこと」が、犯罪頻発の理由となったことを示している。後の二つは戦場での特異な事情であり教育と指揮官の配慮によって、いくらかは犯罪の発生を防止できるものではあるまいか。その意味では、平時からの不軍紀対策に不十分な点があったといえよう。

『報告』末尾（四九頁）に、「軍人軍属に於ける説諭統計」があるが、総件数は九三三件である。これは軽い非違事件を発見した憲兵が、説諭して釈放した件数である。別に「司法処分を受けし犯罪統計」として、逃亡・敵前逃亡が八件、傷害が一八件、窃盗四件、上官抗命と上官への脅迫が五件という数値があり、前掲第4表の陸軍の犯罪数の数値に比べて少ない数ではない。説諭だけで済まされたと思われる掠奪が一〇件、送検されたが司法処分にいたらなかったと思われる掠奪が二一件という数値があることは、平時だと窃盗や強盗として軍法会議の対象になる可能性がある掠奪が、司法上の犯罪とされずに説諭で済まされたことを意味し、前述兵士の回想(186)にあるとおり、戦地でのことであり住民からの掠奪や空家からの無断徴発などは見逃されて、司法処分の対象にされないのが普通であったのではないかという疑いを生じさせる。右統計では暗数に入る事件が統計に現れた事件よりも多かったと思われるにもかかわらず、犯罪統計値そのものも決して少ないとはいえない数値であり、戦場では、平時の不軍紀防止施策が無用とはいえないまでも、そのまま、効果を発揮するものではないことを暗示している。

註

(1) 塚本哲三編『詔勅集』(昭和五年、有朋堂書店) 五九八頁。
(2) 防衛研究所蔵「明治三十二年七月弐大日記　陸軍省」「聖勅に依り訓令の件」。
(3) 喜多義人「日露戦争の捕虜問題と国際法」(軍事史学会編『日露戦争二』平成十六年、錦正社) 二一一頁以下に詳しい。
(4) 工兵中尉眞流平藏「兵卒の精神教育」(明治三十八年四月、『偕行社記事』臨時第九号) 二五頁。
(5) 防衛研究所蔵『大正三年公文備考　拾遺』「統率軍紀」。
(6) 防衛研究所蔵『明治四十三年公文備考　学事三』「甲種作業問題の件」。明治四十三年七月十五日に高野から艦長の鈴木貫太郎海軍大佐に報告されたものが、練習艦隊司令官を経て海軍大臣に提出されている。
(7) 防衛研究所蔵『明治三十八年公文備考　文書学事巻八』「元防普第六四号」。
(8) 同右「教本第五〇九号」。戦争中の明治三十八年二月に、艦船で実験したり考究したりした事項と教育上の事項を教訓として求める通達(教本第五七号・第九一号)を海軍教育本部が出していたが、それによってすでに提出されたものに加えて、さらに脱漏しているものを、明治三十八年十一月末迄に所属長を経由して海軍教育本部に提出することを求めている。
(9) 同右に、右のものも含む一連のものとして編綴されている。
(10) 防衛研究所蔵『明治三十九年公文備考　学事一　巻九乾』「教本第九五―五」。

(11)海軍省編『海軍制度沿革　巻十二』(原本昭和十六年。昭和四十七年、原書房復刻)一一二頁。
(12)同右『海軍制度沿革　巻九』(原本昭和十六年。昭和四十七年、原書房復刻)七一三頁。
(13)防衛研究所蔵『明治三十九年公文備考　文書学事巻八』「海軍大臣官房第三六三三号」。
この文書の基になる「在監下士卒の精神教育実施の件」(明治三十四年七月九日海総二七七八号)は、前掲『明治三十九年公文備考　学事一　巻九乾』に編綴されており、「所属海兵団と海軍監獄と互に気脈を通せしめ海兵団長若くは其部下将校をして海軍監獄に就き在囚中の下士卒に対し海軍艦団隊下士卒教育規則に準して精神教育を施す」ことになっていた。
(14)前掲『海軍制度沿革　巻十二』一七五頁。
(15)防衛研究所蔵『大正五年公文備考　学事』「舞鎮第一一四号の三」。
(16)前掲『海軍制度沿革　巻十二』一八三頁。
(17)同右一五九頁、一七一頁。
(18)海軍兵学校編『海軍兵学校沿革』(原本大正八年。昭和四十三年、原書房復刻)。明治三十一年五月十日の項に、教育要旨として、「精神的涵養は軍人の教育中殊に重視すへきもの」とあり、「精神教育は寧ろ之を学術教育よりも重視」すべきとまでされている。大正二年三月四日には、山川健次郎の「忠君愛国に就きて」の講話があり、この種のものとして最初に記録されている。大正二年八月五日には天皇・皇后両陛下ほかの皇族の御写真奉掲・拝礼要領が示され、大正五年四月十二日に定められた生徒の試験法の第五章検定試験の表中に、「試問は訓育提要軍人精神及各兵学科の緊要事項」について行なう旨が示されている。
(19)東京日日新聞社他『参戦二十提督日露大海戦を語る』(昭和十年、東京日日新聞発行所)三六二頁。
(20)前掲『明治三十九年公文備考　文書学事巻八』「海軍大臣官房第三六三三号」。在監者の精神教育についての指示は、加藤友三郎次官の名で行なわれている。
(21)防衛研究所蔵『大正十一年公文備考　学事二』教本第一〇〇九号「生徒教程延長の件」で、生徒教育科目の増加と教育期間の延長をしたいとする海軍省軍務局宛大正十一年七月の海軍教育本部文書の、別紙四「海軍士官に対する精神及常識的教育に関する件」としてまとめられた意見文書に、「確固たる信念を以て軍隊教育規則に示された精神教育を実施するに十分なる素養を有すると自信するもの尠なし」「必要に応じ思想問題に対する適当の判断を下し部下に対して深切なる指導を行ふ上に遺憾を感すること多し」と、海軍士官の現状を述べたものがある。
(22)防衛研究所蔵『大正九年密大日記五』中の「憲兵司令官として在職中の所感の件」。

(23) 防衛研究所蔵『大島良之助氏寄贈資料』「欧米視察談」。『加藤寛治大将伝』(昭和十六年、加藤寛治大将伝記編纂会) 七〇九頁によると、大正八年七月二十三日神戸発で、独・伊・仏・英・米と巡視し大正九年六月十七日に横浜に帰着している。山本英輔海軍大佐、原敢二郎海軍中佐他機関・主計・造兵・造船・軍医の少将・大佐が同行。海軍の欧州戦争の資料調査は大正四年十月二日に設けられた臨時海軍軍事調査会により行なわれたというが、平間洋一『第一次世界大戦と日本海軍』(一九九八年、慶應義塾大学出版会株式会社) 二八五頁によると、戦争指導に関するものはないといい、加藤寛治たちの調査は、いくらかでもその穴を埋めるものであったといえよう。

(24) 前掲『大正十一年公文備考　学事一』の教本第一〇〇九号別紙四は、海軍教育本部が「海軍士官に対する精神及常識的教育に関する件」で士官の其の方面の能力不足であることを問題として取りあげ、教育学、社会学、法制経済学のようなそれまで教育していなかった科目を含む普通学全般の教育の強化と教育期間の延長を図りたいとする記述をしている。

この問題の発端は大正九年十一月九日に海軍教育本部が起案し海軍次官の印が押されている「仰裁」となっている文書(前掲『大正十年公文備考　学事一』)であった。

(25) 防衛研究所蔵『公文備考　儀制十止　巻二十三』中の「労働問題に関する研究報告の件」の海軍労働組合の記事。

(26) 防衛研究所蔵『明治三十八年満密大日記　三月、四月』「社会主義者に関する注意の件」に一括編綴されている文書中、「社会主義に関する内訓」。「近来各地方に於て往々社会主義を唱導し其の言文を発表するものあり」「軍備を非難し殊に目下非戦論を鼓吹する等甚た過激」で、新聞・雑誌の寄贈や慰問を通じて軍内にも勢力を広げようとしているので注意せよという趣旨である。

(27) 防衛研究所蔵『明治三十八年満密大日記　一月、二月』「露国に於て同盟罷工其他騒動に関する件」。

(28) 金原左門「近代世界の転換と大正デモクラシー」(『近代日本の軌跡4　大正デモクラシー』一九九四年、吉川弘文館) 四八頁。

纐纈厚「大戦間期における陸軍の国民動員政策」(『軍事史学』第一七巻第四号、昭和五十七年三月) 一六頁以下は、民主主義、個人主義が軍人精神と相容れないとした山梨半造陸軍中将の見方を、非難的な調子で記述している。

(29) 浅野和生「大正期における陸軍将校の社会認識と陸軍の精神教育」(中村勝範編『近代日本政治の諸相』平成元年、慶應通信株式会社) 四四一頁は、『偕行社記事』の関係記事を史料として取り扱っている。

(30) 熊谷光久「日本陸海軍の精神教育」(『軍事史学』第一六巻第三号、昭和五十五年九月)。

(31) 本間雅晴歩兵大尉の「軍隊が国民のスポートを指導するの提唱」(『偕行社記事』五七八号、大正十一年十月) に対して、榎本小右衛門砲兵大尉が「剣道柔道の奨励を提唱す」（『偕行社記事』五八〇号、大正十一年十二月）と反駁するなど、紙上論争を通じて将校の合意を得ようとしているようにみえる記事がある。大佐の論説に少佐が反論しているものもある。

(32) たとえば大正七年三月『偕行社記事』臨時増刊、第八九号付録として、陸軍省の名前で「軍隊内務書中改正理由書」が示されている。

(33) 田崎末松『評伝・田中義一』（一九八四年、平和戦略綜合研究所）二六四頁。

(34) 陸軍省編『明治天皇御伝記史料　明治軍事史　下』（昭和四十一年、原書房）一七一六頁。

(35) 田中義一「地方と軍隊との関係」（『偕行社記事』第四二七号付録、明治四十四年五月）三一八頁。

(36) 前掲註(28)「大戦間期における陸軍の国民動員政策」一六頁。

(37) 同右のほか前掲註(29)「大正期における陸軍将校の社会認識と陸軍の精神教育」四四三頁。

(38) 黒田俊雄編『村と戦争――兵事係の証言――』（一九八八年、桂書房）三一頁他に活動実態が詳しい。
陸軍省編『自明治三十七年至大正十五年陸軍省沿革史　下』（昭和四年、巌南堂書店）五二九頁に、大正六年五月二十四日に帝国在郷軍人会規約改正をしたとき、「本会の意思の徹底団結及事業実施の便を図る為分会内に班を置」くことにしたことが示されている。連絡を容易にするためであり、当然、陸軍省からの連絡も容易になっている。その例を挙げると、防衛研究所蔵『大正十三年大日記　甲輯第二類』大正十三年六月二十五日陸軍省普第二三五七号に、「対米問題に付在郷軍人会指導に関する件」として師団長等に対して、在郷軍人会に対米関係を刺激しないように注意する連絡をすることを促した文書がある。

(39) 前掲『評伝・田中義一』二六二頁。

(40) 防衛研究所蔵『大正六年大日記甲輯』「在郷軍人へ訓示の件」。大正六年二月二十二日付で歩兵課が担当して、在郷軍人が衆議院選挙に際して帝国在郷軍人会の組織を利用して世間から誤解を招く行動をしないよう、陸・海軍大臣の訓示を官報に掲載することについて、海軍側に同意を求める文書が出されている。さらにこのことの通牒を受けた帝国在郷軍人会長寺内正毅は、同趣旨の訓示を会員に対して行なったことを陸軍大臣に報告している。これで、陸軍省歩兵課が在郷軍人業務を担当し、帝国在郷軍人会にも連絡をしていたことが分かる。

(41) 防衛研究所蔵『大正三年大日記甲輯』中の「演習召集教育召集該当年計算に関する件」によると、大正三年当時の陸軍省歩兵課の計画で、歩兵兵卒は予備役期間中に二年に一回である。大正三年六月五日陸軍省告示第五号によると、参加日数は兵科の兵卒で三週間。

防衛研究所蔵『大正三年軍事機密大日記二』中の「動員下令に先ち臨時召集演習施行に関する件」によると、動員予定の第十三師団の予備役・後備役二〇二三名に対し二週間の臨時演習を行なっている。

(42) 防衛研究所蔵『明治四十四年密大日記』中の「下士兵卒の教育指導上注意すべき件」。

(43) 防衛研究所蔵『大正九年大日記甲輯』中の「勤務演習召集時期に関する件」は、大正九年一月七日付の陸軍省歩兵課起案の陸普通牒で各師団等に、勤務演習に参加する者について、「地方の状況に応じ勉めて応召者の生業に及ぼす影響を軽減することに猶いっそう配慮」することを求めている。ただし、「予算等の関係之を許せは」という限定付である。

(44) 陸軍省編『自明治三十七年至大正十五年陸軍省沿革史　上』(昭和四年、巌南堂書店) 一一七二頁。「現役第三年兵は左の期日(近衛・第一師団・特別大演習参与師団は十一月二十六日、その他は十一月二十日)に依り帰休を命し退営せしむ」。

(45) 防衛研究所蔵『陸軍省統計年報』の数字によると、現役下士卒は明治三十二年で一一万四二八四名、明治四十年分は兵卒数が明らかではないが推定約二二万名である。同『明治四十年大日記　壱』第二一三二号「四十年徴集現役兵員数の件」によると、明治四十年の現役徴集数は一〇万二九三二名であり、その二年分が概略兵卒数になる。

(46) 手元史料陸軍省歩兵課編『在郷軍人須知』(大正八年六月、帝国在郷軍人会本部) 八九頁掲載のもの。

(47) 教育総監部校閲『未召集兵教育教官参考書』(昭和十八年、軍人会館図書部) 冒頭序および一頁に、「帝国在郷軍人会に於て行ふ未召集補充兵及同第二国民兵教育の参考」として本書を編纂したことが述べられている。

軍人会館編『昭和十二年陸海軍軍事年鑑』(昭和十一年十二月、軍人会館出版部) 五四九頁に、帝国在郷軍人会の活動が記されているが、昭和八年九月十八日に満州事変の慰霊祭を行ない日比谷公会堂の記念大会で松岡洋右が講演をした記録がある。この種の記事は他の頁にもある。

(48) 黒田俊雄編『村と戦争』(一九八八年、桂書房) 七五頁に、在郷軍人分会が駅に到着した戦没者の遺骨の先頭に立って警護し自宅に帰還することが体験として記されている。

(49) 前掲『昭和十二年陸海軍軍事年鑑』五四九頁に、昭和七年六月五日帝国在郷軍人会代表約一〇〇〇名他が奉天で招魂祭に参加した記事がある。

同書四九九頁以下にある昭和十一年十一月三日施行の「帝国在郷軍人会規程」では、事業として示されている中に、会員の指導連絡や講演のことはもちろん、「国防思想普及の為適当なる手段を講ずること」、「未だ入営せざる者の軍事教育を行ひ且入隊営(団)者を送迎すること」、「宮中の式典当日は遥拝式を行ふこと」も規定されている。

(50) 防衛研究所蔵『明治四十四年密大日記』密受第二三三号「不穏の投書に付内偵の件」という、憲兵の調査報告がある。これによると恩給法の改正が予定されていたところ、岡山市在住の後備役某陸軍少佐が、すでに予備役・後備役に編入されているものに対しては恩給額の増額が適用されないと聞き、不服を唱えて不穏な内容の陸軍次官宛て匿名投書をしたが、憲兵の調査で投書者が某少佐であることが、ほぼ確実になったというものである。某少佐は岡山で在郷軍人会の上級者に相談したが、相手にされなかったので、匿名投書に及んだものらしい。このように在郷軍人の恩給関係に在郷軍人会がかかわることもあったのである。

(51) 渡久雄陸軍歩兵中佐「簡閲点呼執行の感想」(『偕行社記事』第六三九号、昭和二年十二月)に、「簡閲点呼には国民の練成上実に軍隊教育の及ぶ可からざる特徴を有して居ることを看過することは出来ない」とあり、在郷軍人の簡閲点呼を厳正に実施すべきことを述べているが、これへの協力も事業のうちであった。

(52) 前掲註(46)『在郷軍人須知』九四頁以下「帝国在郷軍人会規約」(大正六年五月二十五日)第一五条に会の事業が羅列されている。

(53) 前掲註(38)『自明治三十七年至大正十五年陸軍省沿革史　下』五二七頁。

(54) 前掲註(34)『明治天皇御伝記史料　明治軍事史　下』一七一一頁。

(55) 前掲註(33)『評伝・田中義一』二六四頁。

(56) 前掲『在郷軍人須知』一頁。
防衛研究所蔵『大正四年大日記甲輯』「在郷軍人に勅語下賜の件」。

(57) 同右「在郷軍人に勅語下賜の件」に、海軍次官から陸軍次官に「関係の向へ夫々訓令」した通知がある。

(58) 同右中の、大正三年十一月七日内務省訓第九八〇号。

(59) 前掲『自明治三十七年至大正十五年陸軍省沿革史　下』五二六頁によると、第二国民兵役に該当する六週間現役兵や入営前の補充兵なども希望すれば在郷軍人会に入会できる。

(60) 防衛研究所蔵『大正三年軍事機密大日記　二』「動員下令に先ち臨時演習召集施行に関する件」によると、大正三年四月十五日に第一三師団長から、万一の動員準備のため、師団が満州に派遣されている間、動員前に留守部隊で、二週間の臨時召集演習を予備・後備役兵に二週間実施したい旨、陸軍大臣に対して上申を実施した例がある。留守部隊であるので兵員の収容余力があるためであろうが、演習参加人員は比較的多く、中・少尉以下兵卒まで二〇二三名に上る。

(61) 前掲「簡閲点呼執行の感想」は、簡閲点呼が軍事訓練の機会にはならず、精神面の指導にとどまらざるをえない状況について述べている。

海軍の簡閲点呼は、鎮守府の人事部担当で郡市区別に原則として各個人に対して一年に一回行なわれたが、大正七年十一月十三日海軍省令第一六号「海軍簡閲点呼執行規則」によると、その会場で召集に応じて出席した者に「軍人勅諭」および「在郷軍人に賜りたる勅語」を奉読させ、精神修養についても教示することになっていた。精神修養についての教示は、この規則以前には規定になかった。教練は、場合により適宜実施するとしか示されていない。

(62) 防衛研究所蔵『大正四年大日記甲輯』中の「在郷軍人の心得に関する教育方の件」(大正四年七月二十八日陸普第二〇七七号)。

(63) 前掲註(38)『自明治三十七年至大正十五年陸軍省沿革史　下』五三二頁。大正十三年六月二日陸軍省普第二〇六五号。陸軍の制服着用のうえ、政治演説をする行為は、「陸軍刑法」第一〇三条違反である。

(64) 防衛研究所蔵『大正十三年大日記甲輯』中の「対米問題に付在郷軍人会指導に関する件」によると、示威運動を実施したり分会役員主催の対米国民大会を開き、決議文を米国大使館に送ったりしている。

(65) 同右。師団長を通じて在郷軍人を指導するよう、陸軍省歩兵課の起案にかかる文書により各師団参謀長に通牒(大正十三年六月二十五日陸軍省普第二三五七号)している。

(66) 防衛研究所蔵『大正十三年大日記甲輯』「簡閲点呼の参考資料配布の件」(大正十三年六月十七日陸普第二三〇四号)別冊某将校著『国家と力』。

(67) 豊生著『(教官助教のため)初年兵教育細部の着眼』(大正十五年、成武堂)。四回の初年兵教育から得たコツのようなものを参考までに書いたと、著者が序言で述べている。出版元は軍事関係の出版社であり、実際にこのようなことが兵営で行なわれていたと考えてよかろう。

(68) 防衛研究所蔵註(29)「大正期における陸軍将校の社会認識と陸軍の精神教育」四五〇頁。

(69) 防衛研究所蔵『明治三十八年陸満密大日記　一月、二月』「露国に於て同盟罷工其他騒動に関する件」。

(70) 防衛研究所蔵『明治四十四年密大日記』「社会主義者に関する件」明治四十四年十二月二十八日陸軍省密第三〇四号。

(71) 防衛研究所蔵・参謀本部編『列国陸軍の現況』(明治四十五年七月、東京偕行社)一一三頁。

(72) 明治四十三年三月二十六日勅令第一五一号「陸軍給与令」による額。軍曹の俸給額は一等から四等まであり、二一円は二等の額。

(73) 前掲『列国陸軍の現況』一〇七―一一四頁、一二四頁。

(74) デビッド・シンメルペンニンク(横山久幸訳)「ロシア陸軍の満州作戦」(軍事史学会編『日露戦争二』平成十七年、錦正社）一三二頁は、日露戦争のロシア軍の士気の低さを指摘している。

(75) 黒沢文貴『大戦間期の日本陸軍』（二〇〇二年、みすず書房）一〇四頁。ノビコフ・プリボイ（上脇進訳）『ツシマ　上』（二〇〇四年、原書房）は、日本海海戦に参加したロシア海軍兵の手記的な小説であるが、上下の意識の相違から生じた士官と下士以下との確執を多く描写（三〇四頁以下）しており、病死した牛肉が食卓に給されたことがきっかけになって、水兵たちが暴動を起こした状況を記し（三二〇頁以下）ている。

(76) 防衛研究所蔵・参謀本部編『海外諸国の近況』（大正十四年三月三十一日）一一九頁。

(77) 防衛研究所蔵『各国軍制要綱』（大正十五年二月五日、偕行社）一一九頁以下。

(78) 同右二五五頁。

(79) 防衛研究所蔵『大正十二年大日記甲輯』中の「戦役教訓蒐集の件」に、大正九年一月二十二日参本臨第三二一号で参謀本部から陸軍省に「戦役教訓蒐集の件依頼」が出されたことを示すものがある。内容は、「将校以下の人格及其言行等の一軍一隊に与えし感化及勝敗に関する特殊の原因」のような普通の戦史に現れないものを過去の戦役の教訓として収集しようというもので、心理面に踏み込んだ新しい調査だといえるが、伝統的な統率についての調査の範囲を出るものではないといえる。

(80) 前掲註（33）『評伝・田中義一』二五三―二五六頁。「良兵即良民」という田中義一の思想は、兵営内で立派な人格養成教育を行なうためのそれまでの精神教育の延長線上のものではあったかもしれないが、時期から考えて、大正デモクラシー対策であったとすることには無理がある。

(81) 高倉徹一編『田中義一伝記　下』（原本一九五八年。一九八一年、原書房復刻）一〇七九頁。同『田中義一伝記　上』二一七頁に、主席委員として「軍隊の家庭化」「良兵良民」主義の方針の下に、将官の反対を押し切って起案したとある。

(82) 防衛研究所蔵『明治四十四年密大日記』「下士兵卒の教育指導上注意すへき件」明治四十四年八月二十六日陸軍省訓第一五号。

(83) 同右『明治四十四年密大日記』にその例が多数みられ、明治四十四年七月五日付の清国駐屯軍司令官阿部貞次郎の「軍紀風紀に関する状況報告」に、「将校下士卒の素行従卒の使用取締等に関しては各部隊長より其都度注意を与へしめ猶今回新派遣将校の着任を機として夫々今後の心得を訓辞致置候」と、将校の問題点についての対策に触れているものがある。

(84) 前掲註（71）『列国陸軍の現況』一二四頁。

(85) 防衛研究所蔵『大正十年密大日記　六』大正十年五月十二日朝警第三七号、朝鮮軍司令官大庭二郎から陸軍大臣田中義一宛の朝鮮憲兵隊司令官の報告書の取次文書、「軍隊内務書改正に伴ふ軍人の感想に関する件」。

(86) 朝香進一『初年兵日記』（昭和五十七年、鵬和出版）九五―九六頁。昭和十四年入営の新兵が副班長の伍長の銃剣の手入れを忘れ、一等兵からビンタを食った例がある。
酒井得元『沢木興道聞き書き』（昭和五十九年、講談社、講談社学術文庫）九三頁。兵器にちょっとした傷をつけると始末書を取られビンタを食ったことや、敬礼をしなかったために営倉入りした兵があったことを、日露戦争前に新兵生活をした禅僧の澤木興道が語っているが、家族主義的な悪弊があったとみられる記述はない。

(87) 防衛研究所蔵『大正十年大日記甲輯』大正十年三月十日軍令陸第二号「軍隊内務書」の「軍隊内務書改定の件」陸軍省普第四四四〇号。

(88) 防衛研究所蔵『大正二年密大日記』第一二号「兵卒不当取扱に関する件」。

(89) 防衛研究所蔵『大正十年大日記甲輯』『軍隊内務書改正審査委員編成に関する件』大正八年四月十九日。

(90) 防衛研究所蔵『明治四十年乾貳大日記九月』「軍隊内務書改正審査委員長に与ふる訓令の件」大正八年五月十日陸軍省訓第一五号。

(91) 明治四十一年十二月一日軍令陸第一七号で示された「軍隊内務書」では、綱領第一条は「兵営は艱苦を共にし生死を同うする軍人の家庭にして其起居の間に於て軍紀に慣熟せしめ軍人精神を鍛錬せしむるを以て主要なる目的とす」と、苦楽が家庭の場合と違って艱苦と苦しみだけになっており、軍紀慣熟が軍人精神鍛錬に先立っていて重視されている。

(92) 防衛研究所蔵『欧受大日記　大正五年一月』「臨時軍事調査委員会事務所開設の件」大正四年十二月二十七日。

(93) 防衛研究所蔵『参戦諸国の陸軍に就て　第五版』（大正八年）。

(94) 防衛研究所蔵『軍隊内務書改正草案（第二案）改正理由書』（大正九年八月、陸軍省）。

(95) 手元資料『日露戦争実記』第四四編（明治三十七年十二月十三日、博文館）五八―六〇頁。

(96) 軍事討究会編『戦陣叢話』（昭和三年、横尾成武堂）一四九―一五〇頁。

(97) 原剛「歩兵中心の白兵主義の形成」（軍事史学会編『日露戦争　二』平成十七年、錦正社）二八四頁。

(98) 前掲註（38）『自明治三十七年至大正十五年陸軍省沿革史　下』一一四三頁。

(99) 防衛研究所蔵『参戦諸国の陸軍に就て　第五版』（大正八年）。
防衛研究所蔵『大正十二年密大日記　六』付録「欧州戦役に関する大製造経験録」。

(100) 防衛研究所蔵『陸軍の新施設に就て』（大正十三年十二月、陸軍省）。

(101) 防衛研究所蔵『海外諸国の近況』（大正十四年三月三十一日、参謀本部）一八頁以下。

(102)　防衛大学校蔵『欧米諸国青少年訓練の状況』(大正十四年十二月印刷代謄写、陸軍省)。
(103)　前掲『自明治三十七年至大正十五年陸軍省沿革史　下』一〇七〇頁。
(104)　大正十二年十一月十日「国民精神作興に関する詔書」は、「忠実勤倹を勧め信義の訓を申ねて」と明治天皇が説かれたとおり、国民精神をその方向で涵養振作すべきことを説いている。
(105)　文部省官房企画・石田加都雄他『資料臨時教育会議　第二集』(昭和五十四年、文部省)五七〇―五七一頁。
(106)　前掲『陸軍の新施設に就て』(大正十三年十二月)二三頁。二六―二七頁にも予備将校養成のための学校教練の実施についての説明がある。
(107)　『帝国議会貴族院委員会議事速記録　23』第五〇回議会　大正十三・十四年(昭和六十二年、臨川書房復刻版)四四五頁。
(108)　防衛研究所蔵『大正十五年密大日記　二』「一般青少年訓練実施に関する件」大正十五年十二月二十一日密第四二七号。
(109)　防衛研究所蔵『大正二年密大日記』第一二号。
(110)　前掲註(81)『田中義一伝記　上』五九三頁。
(111)　前掲註(89)『軍隊内務書改正審査委員編成に関する件』中の「軍隊内務書改正審査終了報告」に、改正要綱が軍事参議官に開示修正され、各部隊を代表する特別審査委員も意見を述べたことが記されている。
(112)　山崎正男編『陸軍士官学校』(昭和四十四年、秋元書房)四〇頁。
(113)　『偕行社記事』大正十五年十二月第六二七号の陸軍歩兵少佐坂西隆策「軍隊教育の目的に関し有田輜重兵大佐並に沼田歩兵少佐の所説を読みて」は、「幸徳一派の行動」・「難波大助や朴烈」を取りあげて、社会主義者の運動や思想の危険性を論じ、現代人の皇室に対する英国的な態度を非難している。しかし最後は国防の観点に帰結しているのであり、個人の自由や人間性の尊重も国家的な観点からの正当性と結びつけて論じている。
　『同誌』大正十五年九月、第六二四号の某配属将校「某中学校生徒の現役将校配属に対する所感」は、配属先の生徒に書かせた所感文を材料にしたものであるが、所感文から「自由尊重、階級打破と云ふ様な思想が彼らの脳裡に沁み込み、規律、節制、服従と云ふような観念が漸次薄らぎつつある」と感じている。教練はしぶしぶ受け、厳格さを嫌う生徒が相当数いることも感じているが、問題にしているのは、社会主義的な思想だと思われる。
(114)　昭和館蔵・五九史編纂委員会『望台』(非売品)一六頁、三八頁、三九頁。昭和十八年四月に陸軍予科士官学校に入校した第五九期生たちの回想記である。剣術、体操、馬術が運動科目であるが、体操の内容は鉄棒、平均台、投擲、長・短距離走になっている。

(115) 熊谷光久『日本軍の人的制度と問題点の研究』(平成六年、国書刊行会) 二二八頁。
(116) 防衛研究所蔵『明治三十八年満密大日記三月、四月』「社会主義者に関する件」中の「社会主義に関する内訓」。
(117) 同右中の警秘閣第一四号。
(118) 防衛研究所蔵『明治三十八十月　弐大日記』教育総監部送達甲第五八九号。
(119) たとえば防衛研究所蔵『明治四十四年密大日記』陸軍省密受弟六〇九号「社会主義者に関する件」は、軍外の社会主義者藤原某が、歩兵第五十三連隊H軍曹と会っていたことを報告している。
(120) 防衛研究所蔵『明治四十四年密大日記』密受第五五一号「清国革命擾乱に関し注意の件」。
(121) 同右中の密受第一〇九号「鉄道の乗車に付失態の件」。
(122) 同右中の密受第三九二号「下士兵卒の教育指導上注意すへき件」(明治四十四年八月二十六日陸訓第一五号)。
(123) 『日本帝国第二六統計年鑑』(原本明治四十年。昭和四十二年、東京リプリント出版社復刻版) 二六九頁。
(124) 防衛研究所蔵『大正十年密大日記　二』乙発弟二四五号「無政府主義者に関する件通牒」他。
(125) 同右「無政府主義者に関する件通牒」のうち、第一八師団参謀長から陸軍省副官宛ての「無政府主義者除隊に関する件通牒」に、「除隊前入院中上官屡々彼を慰問し傍ら訓誨」と上官の行動を述べ、「兵営家庭の温情主義に就ては少しく諒解端緒を示したが、「思想を翻しむるの効果を認むる能はす」としている。
(126) 同右「無政府主義者に関する件通牒」(大正九年十二月二十九日) 第一〇号、第十八師団参謀長から陸軍省副官宛。
(127) 防衛研究所蔵『教育総監部第二課歴史綴』(大正十年、十一年)。
(128) 経済企画庁『経済要覧』(昭和六十一年度) の数字から計算。
(129) 文部省『明治以降　教育制度発達史』(一九六五年)「学事諸統計」の数字から計算。
(130) 『偕行社記事』大正十一年、第五七六号に、「思想問題に関する一部の研究」という記事があるが、教育総監部本部長宇垣一成の名で「軍隊教育上青年将校の参考」に資するため掲載すると、断り書きがある。後述のとおり前掲『大正十年密大日記　二』に思想問題調査の実例がある。
(131) 前掲『日本軍の人的制度と問題点の研究』一八一頁。
防衛研究所蔵『陸軍士官学校沿革史』によると大正十一年三月二十五日に教科書を改訂し法制学、心理学、論理学の教科書を新定している。
(132) 黒沢文貴『大戦間期の日本陸軍』(二〇〇二年、みすず書房)〔第三章　日本陸軍の「大正デモクラシー」認識〕一三〇頁は、当時の将校がそのように認識していたと説いている。確かに『偕行社記事』には若手将校のそのような傾向が出ている。本間雅晴歩兵大尉の「軍隊が国民のスポートを指導するの提唱」（大正十一年十月、五七八号）に代表される外国帰りの将校の論は特にそうである。だがこれに反論して、榎本小右衛門砲兵大尉が「剣道柔道の奨励を提唱す」（大正十一年十二月、五八〇号）としているのを見逃すことはできない。また、軍紀が弛緩している状況であったので、大正デモクラシーへの順応が新しい軍隊秩序形成の観点から必要になっていたとしている（一三二頁）のは、そのまま受け入れるわけにはいかない。第五節一項で分析するように陸軍の一人当たり犯罪発生数は低下してきているからである。

(133) 防衛研究所蔵『大正九年大日記甲輯』中の「憲兵練習所学生教育科目増加の件」。大正九年二月二日に憲兵司令官から陸軍大臣に申請され、同年九月一日に認可されている。なお社会学、教育学、心理学も学ぶこととされている。

(134) 防衛研究所蔵『教育総監部第二課歴史』・『陸軍士官学校沿革史』所収の数字。

(135) 防衛研究所蔵複写版『陸軍士官学校歴史』・成城高等学校『昭和六十年度校友会員名簿』などから算定。

(136) 攻玉社学園『攻玉社百二十年史』（昭和五十八年、攻玉社学園）八頁以下。攻玉社学園資料室の調査によると、同校の海軍兵学校合格者は最盛期には海軍兵学校部外からの採用者の約九割を占めており、明治十八年が四五名であったが、その後二十年が二八名、二十一年が一七名、二十四年には一一名に減り、中学校になっていた大正時代には皆無になっている。

(137) 有終会編『続・海軍兵学校沿革』（昭和五十三年、原書房）一一一頁。

(138) 防衛研究所蔵『大正十年公文備考　学事二』「仰裁」（大正九年十一月九日起案）・『大正十一年公文備考　学事一』教本一〇〇九号「生徒教程延長の件」（大正十一年七月二十九日）。以下の既述はこの一連の書類による。

　海軍省『海軍制度沿革　巻一二』（原本昭和十六年。昭和四十七年、原書房復刻）一六三頁。昭和三年六月二十五日官房機密八〇一号「海軍兵学校教育綱領」改正。

(139) 防衛研究所蔵『大正十一年公文備考　学事一』教本一〇〇九号「生徒教程延長の件」。

(140) 前掲『大正十年公文備考　学事二』「仰裁」。

(141) 大江志乃夫『徴兵制』（一九八一年、岩波書店、岩波新書）一三六頁は、軍縮剰員の現役将校の温存と予備役初級士官の大量確保が学校教練の目的であるとしている。そのような一般書ではなく学術書の、加藤陽子『徴兵制と近代日本』（平成八年、吉川弘文館）一八六―一八七頁も、学校教練制度創出に「文部省も熱心だった」としてはいるものの、「適齢になる前の青年に軍事教育を注入すること、現役満期後の在郷軍人に軍人会を通じて技量の維持を図らせること」という施策を田中義一陸相の後継者宇垣一成陸相がとった、とする前提で、その施策の一環として学校教練を行なったと読める記述をしている。

(142) 犬塚孝明『人物叢書188　森有礼』（昭和六十一年、吉川弘文館）二七四―二七六頁。
(143) 大久保利謙『森有礼全集　第一巻』（昭和四十七年、宣文堂書店）四八二―四八五頁。
(144) 遠藤芳信『近代日本軍隊教育史研究』（一九九四年、青木書店）五八九頁。
(145) 木下秀明『兵式体操からみた軍と教育』（昭和五十七年、杏林書院）八三頁ほかに、前後の事情が詳しい。
(146) 明治十九年六月二十九日「文部省訓令」第六号「府県立尋常中学校体操中兵式体操細目」。配当時間数は明示されていないが、「山口県達類纂」（山口県文書館資料）にある「山口外四学校諸則中兵式体操の件」に、「第三学年第四学年体操科の欄内隊列運動を兵式体操と改め」とあり、それまでの体操の時間の一部を配当したことが分かる。
(147) 唐沢富太郎『教師の歴史』（昭和三十年、創文社）四六―六七頁。
(148) ＭＮ生「六週間現役兵の教育」（『偕行社記事』第四九七号、大正四年十二月）。
(149) 文部省官房企画・石田加都雄他『資料臨時教育会議　第一集』（昭和五十四年、文部省）大正六年十二月五日の項。
(150) 日本近代教育史料研究会編『資料文政審議会　第二集』（一九八九年、明星大学出版部）二二〇頁。
(151) 同右二二三頁。
(152) 同右二二〇頁。
(153) 木山幸彦『明治国家の教育思想』（一九九八年、思文閣出版）二一八―二二一頁。
(154) 東京都公文書館蔵『明治三十一年第一種第三課文書類別学務』に、明治三十一年六月十三日の東京府通牒案があり、師範学校や尋常中学校で体操の一科として撃剣、柔術を加えているところは、「学校学科課程の規程に抵触する」ので、課外であっても不都合としている。
(155) 前掲『資料臨時教育会議　第一集』大正六年十二月五日の項。
(156) 前掲『資料臨時教育会議　第二集』六一三―六一四頁。
(157) 同右五七三頁。
(158) 『都新聞』大正十三年十月五日「軍事教育には私立大学は反対」の記事に、早稲田大学安部磯雄が、「軍事教育案は学校内を軍国化する」と、述べたことが記されている。
(159) 前掲『資料臨時教育会議　第二集』二二一―二二三頁。
(160) 同右二二一―二二二頁。
(161) 同右二二六―二二九頁。

(162)『東京日日新聞』大正十四年一月二十五日記事に、「三百の学生警官隊と九段坂の途中で揉合う」とあるが、「軍教反対学生同盟の示威運動」を報じたものである。
(163) 防衛研究所蔵『大正十五年密大日記　二』大正十五年十二月「兵器局長の師団司令部付少将会同時の口演」。
(164) 防衛研究所蔵『明治三十年十月　壱大日記』「銃器払下げの儀に付上申」の一連の文書。
(165) 陸軍省編『自明治三十七年至大正十五年陸軍省沿革史　下』（昭和四年、巌南堂書店）一〇七〇頁。
(166) 防衛研究所蔵・陸軍省『陸軍の新施設に就て』（大正十三年十二月）二六―二七頁。
(167) 前掲『資料文政審議会　第二集』二六一頁。
(168) 防衛研究所蔵『昭和三年陸軍省統計年報』「教練実施学校及配属将校数」に配属将校数がある。なお昭和初年はまだ、学校教練を終えて幹部候補生に採用された者がいないが、防衛研究所蔵『昭和三年四月一日予備役将校同相当官停年名簿』によると、昭和三年に幹部候補生前身の一年志願兵として採用された者は、兵科将校三八一八名、各部将校相当官五八八名であり、幹部候補生も当分は、このような採用数で推移したと思われる。
(169) 防衛研究所蔵『昭和十三年密大日記』「兵役の部」、同右『昭和十三年陸支機密大日記　八』の記事による数字。
(170)『帝国議会貴族院委員会議速記録　23』第五〇回議会一大正十三年・十四年（昭和六十二年、臨川書店復刻版）。大正十四年三月七日貴族院予算委員会第四分科会での坂本俊篤委員（退役海軍中将、男爵）の質問に対する宇垣陸相の答弁。
(171) 前掲註（108）『大正十五年密大日記　二』「一般青少年訓練実施に関する件」（大正十五年十二月二十一日）。政府が来年度から一般青少年訓練を実施する予定であることが、陸軍次官から各師団長他に通知されている。大正十五年四月二十日制定の「青年訓練所令」（勅令第七〇号）による青年訓練所は、入所は強制ではなく、一般の課目、職業課目および教練を四年間約八〇〇時間（『新編埼玉県史　資料編二五』（昭和五十九年、埼玉県）二五五頁）行ない、その半分が教練である。
(172)『帝国議会衆議院委員会議録四五』第五〇回議会一「武道普及に関する建議案」。大正十四年三月四日の田中萬逸委員の発言中に、「民心の作興振粛と相俟って一面に於ては産業発展の目的の為に在営年限の短縮を渇望」とある。
(173) 前掲註（141）『徴兵制』一三六頁。
(174) 陸軍歩兵大尉竹田福蔵「現時我国に於て実施し得へき壮丁教育実施方案」（『偕行社記事』第四九三号、大正四年八月）六三―六四頁。明治四十年の改正で歩兵などの在営期間が短縮されて、「二年間で教育を実施することになったが、社会風潮がそれに逆行する難しいものになっているので、軍隊教育令の要求を満たすことは不可能である」という意味のことを述べ、入営前に予備教育をする必要性を述べている。そのように二年間では教育不十分になるにもかかわらず、さらに予備教育としての青少年訓練を受けたものは一年半に短縮しようというのであるから、当然問題がある。

『帝国議会衆議院委員会議録　二二』第五二議会（平成二年、東京大学出版会）。昭和二年二月一日の高木委員の質問の中に、「今の青少年訓練は悪いのではないのでありますが、……入営して来て却って教官などが教育に困られると云ふ」と、開始後の状況に触れたものがある。

昭和二年十一月の『偕行社記事』（第六三八号）に、山口十一陸軍少将が、「歩兵隊第一期初年兵教育及検閲法に就て」論じたものが載せられているが、入営後の補習教育を必要とする劣等兵が存在することを述べており、在営期間の一律短縮の問題点を提示している。

(175)　宇垣一成『宇垣一成日記　I』（昭和四十三年、みすず書房）四六七頁。

(176)　朝香進一『初年兵日記』（昭和五十七年、鵬和出版）五二頁に、昭和十四年に陸軍初年兵として入営した著者が洗濯物の干し場で、「油断すると盗まれる」ので、交代で見張りをする記述がある。六四頁には、背嚢の釣革をなくし、担当者が初年兵全員の背嚢を調べたことも記されている。

富沢繁『新兵サンよもやま物語』（昭和五十六年、光人社）八七頁にも、昭和十七年入営兵が、シーツを盗まれ盗み返した記事がある。そのほかの陸軍兵の手記にも、そのような行為が日常のこととして記されている。

丹羽徳蔵『海軍生活』（一九八〇年、光和堂）の著者は昭和六年の海軍志願兵であるが、木刀による臀部の打撃という下級水兵いじめについては記している（二九五頁）ものの、洗濯物については艦上で風に飛ばされることがないように特別の干し方をしたり、公的に番兵がついていて取り込むときに氏名を確認することが記されている（三三一頁）だけで、「員数をつける」ような行為が、昭和初期の海軍では陸軍と同じように日常化していたとは受けとられない記述になっている。

前田勲『海軍航空隊よもやま物語』（一九九一年、光人社）六一頁に、昭和十二年に志願兵として海軍に入団した著者が、新兵としての臀部殴打の洗礼なども受け一応の海軍兵になって練習生として航空隊に入隊したときに、身体検査場で靴を盗まれた話が記してある。このとき彼は新兵勤務の艦上でささやかれていたとおり、「やられたら、やり返せ」と、他人の靴をはいて出たが、それが発覚して叱られはしたものの内々で処置され、自責の念にとらわれたというものである。

海軍でも「員数をつける行為」が行なわれなかったわけではなかったようであるが、陸軍ほど日常化してはいなかったようである。これは海軍では新兵教育が海兵団という特別の教育部隊で行なわれ、陸軍のようにいきなり古兵から悪い伝統を教わることがなかったことも、影響していると思われる。

(177)　小林孝裕『海軍野郎よもやま物語』（昭和五十五年、光人社）九三頁に、昭和十三年に志願兵として海軍に入った著者は、特にまじめな兵というわけではなかったが「海軍刑法」の軍用物損壊の罪（第八三条）だけは犯さなかったという回想がある。海軍罫紙を鼻紙代用にしたため処罰された者が多いというが、「海軍刑法」が無言の威圧になっており、米内大将が部内統制のため公私混同を戒め自ら手本を示したという伝聞も記している。

(178) 防衛研究所蔵『大正三年公文備考　拾遺』「統率軍紀」。大正七年五月八日「朝日」艦長大角岑生が、「艦団隊教育規則」（明治四十二年十一月十六日海軍省達第一二四号）の規定により部下将校機関官に行なわせた研究の報告。このような研究には、課題を与えるものと本人の自発的な研究科目によるものの二種類があるが、寺田大尉の論文は後者である。寺田がたまたま、新兵の教育を担当する海兵団分隊長に配置され、衛兵司令の職務にもあたったときの一年余の体験を基にして「下士卒軍紀風紀の改善」を論じたのであり、艦船乗組の体験しかない士官には書けない内容になっている。

(179) 中村八朗『ある陸軍予備士官の手記　上巻』（一九七八年、徳間書店）一六八頁に、著者が新任の予備役少尉として昭和十五年に中国の第一線に到着したとき、先輩の少尉から、いつ敵が攻めてくるかという状況のなかで、兵隊たちは気が立っており敬礼もしないからそのつもりでと、釘をさされたことを記している。

(180) 前掲『海軍野郎よもやま物語』九三頁は、「海軍刑法」の適用について「戦争が激しくなってくると、多少のことは大目にみた」としている。

(181) 前掲『初年兵日記』一七三―一七四頁。一八九頁に「物とり強盗や放火、ハレンチ行為の討伐を日常的におこなう分隊からの脱出」をはかるために、「通信兵募集」に応じたとしているが、他にもこの種の記事をみることがあり、全くの虚構ではなさそうである。

(182) 前掲『ある陸軍予備士官の手記　上巻』一八一頁。

(183) 防衛研修所『戦史叢書99　陸軍軍戦備』（昭和五十四年、朝雲新聞社）一九五頁に、昭和十二年末までに一四個師団を動員し、もう一個師団を新設したほか、動員が進行したことが述べられている。戦時動員師団は、常設師団であっても一倍半程度に員数が増加する。

(184) 同『戦史叢書31　海軍軍戦備　1』（昭和四十四年、朝雲新聞社）八二七頁に、昭和十五年八月以来極秘のうちに戦時編制整備が行なわれたとある。

(185) 高崎隆治編『軍医官の戦場報告意見集』（一九九〇年、不二出版）中の上海第一兵站病院の予備陸軍軍医中尉早尾乕雄「第三章　戦場に於ける犯罪に就いて」。

(186) 前掲『海軍野郎よもやま物語』九三頁。

森金千秋『華中戦記』（昭和五十一年、図書出版社）六一頁に、第三十九師団の初年兵として昭和十六年五月に江北作戦に参加したとき、住民が避難してほとんど無人になった現地集落で思い思いに食料や燃料を徴発名目で捜索入手したときの情景描写がある。

おわりに

第六章第五節で述べたとおり、まとめについては各章節で行ない、精神面改善の積極施策とその裏面の刑罰懲戒施策の効果を第五節で試論的に検証したので、あえて全体のまとめをすることなく、以下で結びの論述を試みる。

西南の役で問題になった陸軍の不軍紀状態にもっとも危機感をもったのは、陸軍卿山縣有朋であった。彼は明治十一年八月の竹橋事件の前から、「軍人訓誡」の起草を準備していたのであり、八月中に山縣陸軍卿名で陸軍内に配布できる状態になっていた。彼は憲兵制度の制定に熱心であったのであり、憲兵制度制定前の明治十一年五月に、陸軍軍人の服装違反や礼式違反を衛戍巡察などに取締りをさせる通達を出したことにも、不軍紀取締りについての彼の態度が現れている。さらに「軍人訓誡」の延長線上にある「軍人勅諭」を、明治十五年の初めに天皇から下賜されるように準備させたのも、当時、参議兼参謀本部長の山縣であった。一方ではこの年から適用になった「陸軍刑法」関連の軍事司法諸制度が憲兵制度も含めて整備され、海軍も受動的ではあったがこれに追随した。しかし海軍は陸軍に比べてこれらについての関心が低く、施策も後れがちであった。

山縣主導のこのような施策のおかげで、陸軍の一人当たり行刑数は、明治二十一年頃には施策前と比べて半減した。

しかし海軍は施策が陸軍に比べて後れがちであった。それでも行刑数減少が陸軍の後を追ったが、軍紀風紀全体の改善では問題を抱えていた。

海軍は、西南の役では陸軍の補助的な役割を果たしただけであり、そのため不軍紀状態が切迫した問題として取りあげられるにはいたらず、その後も累述したように技術重視の海軍の特質のほうが前面に出がちであったので、軍人の精神面の施策が陸軍に比べて後れがちになったのであろう。

海軍にも不軍紀状態は存在したが、軍紀維持の消極面の手段である取締り体制の整備そのものが陸軍に比べて後れがちであり、軍港地周辺の軍紀風紀の取締りは、明治二十六年に井上良馨佐世保鎮守府司令長官が、海軍の定員上、陸軍の憲兵に任せるほうが得策と主張したためにそうなって、その状態がその後も続いていた。このことに、海軍のこの問題への関心の低さが示されている。大正七年に、海軍の軍紀風紀の改善対策について論じた寺田海軍大尉が、軍紀風紀についての海軍のそのような問題を抉り出した頃から、海軍でも軍紀風紀の維持対策にいくらか目が向けられ、大正九年改正の海軍の「軍隊教育規則」では、精神教育という取締りの表側に位置する軍人精神の改善手段がやや強調されるようになった。

しかし陸軍はこれに先行して、明治三十七年・三十八年の日露戦争の教訓から精神教育の重要性に目を向け、肉弾戦の状況からみて軍人の精神面の強化が必要であることを認識し、いわゆる「精神教育」の強化方策を陸軍内でとるようになった。陸軍は軍隊でこれを強調しただけでなく、大正十一年から、新兵教育の任にあたる初級将校の養成課程である陸軍士官学校で、心理学や教育学を教え始め、世間の自由主義や社会主義の風潮に対応するための経済法制面の教育も開始し、教育面の改善を図っていた。だが海軍は、ともするとこれに後れがちであった。そうはいっても海軍も、陸軍ほどではなかったが少しずつ陸軍の方策に追随して、精神面の教育を重視し始めた。

そのような状態に加えて、大正デモクラシーとも呼ばれる大正期の社会風潮が、軍隊内にもその影響を及ぼしてきたので、軍では将校を対象とする思想的な知識教育を実施し、また彼らが下士卒教育を行なうときの教育法などの指導を行ない、裏腹に憲兵を含む軍全体としての思想面・精神面での取締り策を強化する方向にも向かった。また在郷軍人会による、軍人的な思想をもってする社会風潮への対応、さらには文部省と連携した国民精神作興とみられる活動まで実施した。

だがここでも施策面で先行したのは陸軍であった。陸軍は徴兵主体であり、そのため社会主義者が営内に入ってくる機会が多い。陸軍は、彼らが軍内で宣伝活動をすることを防止するだけでなく、教育により入営社会主義者の思想を変えさせることにも努力していた。海軍はこの面でも陸軍の後を追ったのであり、海軍兵学校が教育科目に心理学、教育学や法制経済などを追加したのは陸軍士官学校の大正十一年よりも後れ、昭和二年の入校生徒からであった。こうして陸海軍とも昭和期に入ったときは、軍人の精神面についての教育や刑罰による軍紀風紀の維持制度がほぼ完成していて平時の施策としては相当の程度に達していたといえそうである。

それ以後の動乱期の精神面の教育や軍紀風紀の取締り施策は、その確立された制度を基本にして、それを状況に合うように修正して施行した。それでも戦場という、勝利のためにはある程度の不法行為も許されるという雰囲気の中で、また大量動員のために人格的には問題がある兵も戦闘部隊に加えられていたため、戦地での犯罪統計は平時よりも悪化したといえる面があるのではあるまいか。ここでは平時とは異なる条件の中にある大量動員下の、そのような戦争中の犯罪に関する取締り施策や予防のための精神教育施策は研究の対象外にした。

最後になりましたが、本書ができあがるまで、波多野澄雄教授にはいろいろ御指導を頂き、また過分の序文を頂いたことは感謝にたえません。錦正社の皆様にもお世話になりました。ありがとうございます。

主要参考文献目録

【未刊行公文書・日記等】

一　防衛研究所保管の陸海軍文書類（註　アジア歴史資料センターの電子資料として閲覧できるものもあるが全部ではない。）

［陸軍関係］

『大日記』：明治四年旧参謀局、同五年府県の部、同十一年鎮台の部、大正四年甲輯、同十年甲輯、同十三年甲輯

『軍事機密大日記』：大正三年

『密事日記』：明治十一年、同十四年、同十七年

『従明治十四年至十五年密書編冊』

『密大日記』：明治四十年、同四十四年、大正四年、同十年、同十二年、同十五年
『満密大日記』：明治三十八年
『弐大日記』：明治二十年、同三十二年
『参大日記』：明治十一年編冊補遺
『欧受大日記』：大正五年
『密事日記』：明治十七年卿官房
『陸軍省雑』：明治十九年
『明治十年五月より凱旋まで征討中口書断案』：鹿児島軍団裁判出張所
『教育総監部第二課歴史綴』：大正十・十一年
『従明治十一年乃至十二年年報』
『明治二十年省内各局年報』
『自明治元年一月一日至二十二年十二月三十一日　陸軍沿革要覧』（陸軍省大臣官房副官部）
『近衛沿革略史』：部隊歴史・近衛師団八六
『自明治元年八月至大正十二年十月　陸軍士官学校の沿革』：原本偕行社
『陸軍教育史』：明治四十五年教育総監部編、「陸軍教導団の部」「陸軍中央幼年学校沿革史」「陸軍中央幼年学校沿革史附録」「原本偕行社蔵の複製　陸軍士官学校歴史」
『兵学教程読本巻之三』（明治十年頃、荒井宗道訳）
『列国陸軍の現況』（明治四十五年、参謀本部）
『参戦諸国の陸軍に就て　第五版』（大正八年、臨時軍事調査委員会）
『海外諸国の近況』（大正十四年、参謀本部）
『陸軍の新施設に就て』（大正十三年、陸軍省）
『欧米諸国青少年訓練の状況』（大正十四年十二月印刷代謄写、陸軍省）
『各国軍制要綱』（大正十五年、偕行社）

［海軍関係］

『公文類纂』：明治三年一、同四年兵務一
『公文備考』：明治九年往入二五、同十年秘出一、同十年海軍沿革志料、大正三年拾遺、同七年学事、同十一年学事、明治三十八年
文書学事巻八、同三十九年公文備考学事巻一、同四十三年学事、大正三年拾遺
『公文原書』：明治十五年三一
『海軍沿革志料　明治十年戦争之部西南之役』
『川村伯爵より還納書類』：「黒岡少佐書翰報告意見」
「黎明期の帝国海軍」：木村浩吉（昭和八年、海軍兵学校資料）
「西欧視察談」：大島良之助氏寄贈史料加藤寛治談

二　国立公文書館保管の公文書

『太政類典』：一篇、三篇、四篇
『公文録』：明治十一年、同十四年、同十五年、同十六年

三　国会図書館憲政資料室保管文書

『樺山資紀文書』：「樺山日記」、「海軍職制」
『三條家文書　五五』

四　東京都公文書館保管文書

『明治三十一年第一種第三課文書　学務』

【刊行重要文書】

一　法令類

『法令全書』明治二十二年以降内閣官報局：防衛研究所保管分および昭和四十九年以降の分は原書房復刻版
『陸軍成規類典』陸軍省：明治四十一年頃の私蔵のもの多用
『陸軍成規類聚』陸軍省：昭和十九年頃の防衛研究所保管のもの
『法規分類大全　兵制門』明治二十三、二十四年内閣記録局編：昭和五十二年、石井良助編、原書房版主用
『海軍制度沿革』昭和十四年以降海軍省編：防衛研究所蔵分及び昭和四十六年以降の分は原書房復刻版

二　史料

『太政官日誌』石井良助編（昭和五十五年、東京堂出版）
『陸軍省日誌』陸軍省（朝倉治彦編、昭和六十三年、東京堂出版）
『海軍省日誌』海軍省（一九八九年、龍渓社）
『明治天皇御伝記史料　明治軍事史』陸軍省編（昭和四十一年、原書房）
『歩兵砲兵ほか各兵内務書』『軍隊内務書』陸軍省（防衛研究所・国会図書館蔵）
『児玉少将・欧州巡回報告書』児玉源太郎報告（国会図書館蔵）

『清国事変戦史』参謀本部編（明治三十七年、博文館）
『明治廿七八年日清戦史』参謀本部編（明治三十七年、東京印刷株式会社）（明治三十八年、春陽堂）
『廿七八年海戦史』海軍軍令部編
『機密日清戦争』伊藤博文編（昭和四十二年、原書房）
『明治三十七八年戦役陸軍政史』陸軍省編（大正十年）（防衛研究所蔵）
『明治天皇紀』宮内庁編（昭和四十三年以降）
『復古記』東京大学史料編纂所編（昭和四年、東京大学出版会）
『保古飛呂比　佐々木高行日記』東京大学史料編纂所編（昭和五十三年、東京大学出版会）
『帝国議会衆議院委員会議録　明治篇』（昭和六十一年、東京大学出版会）
『帝国議会衆議院議事速記録』（昭和五十四年、東京大学出版会）
『帝国議会貴族院委員会議事速記録』（昭和六十二年、臨川書房復刻）
『陸軍省沿革史』山縣有朋監修：明治文化研究会編『明治文化全集　第二十六巻　軍事篇・交通篇』（昭和五年、日本評論社）所収
　のもの多用。
『自明治三十七年至大正十五年陸軍省沿革史』（昭和四年、巌南堂書店）
『海軍軍備沿革』海軍大臣官房編（昭和九年、巌南堂書店）
『海軍系統一覧・庁衙沿革』海軍省（原本昭和四年。昭和五十年、原書房復刻）
『帝国海軍教育史』海軍教育本部編（原本明治四十四年。一九八三年以降、原書房復刻）
『海軍兵学校沿革』海軍兵学校編（原本大正八年。昭和四十三年、原書房復刻）
『続　海軍兵学校沿革』有終会編（昭和五十三年、原書房）
『勅諭の栞』海軍兵学校（明治三十九年）
『資料文政審議会　第二集』（一九八九年、明星大学出版部）
『資料臨時教育会議　第一集・第二集』石田加都雄他編（昭和五十四年、文部省）
『日本帝国統計年鑑』統計院
『陸軍省統計年報』：毎年度陸軍省印刷（防衛研究所蔵）
『海軍省年報』：毎年度海軍省印刷（防衛研究所蔵）

『陸軍将校同相等官実役停年名簿』陸軍省調製（主として防衛研究所蔵）
『海軍士官名簿』海軍省調製（主として防衛研究所蔵）
『歴代内閣総理大臣演説集』内閣官房編（昭和六十年）
『現代史資料37　大本営』稲葉正夫解説（昭和四十二年、みすず書房）
『続現代史資料6　軍事警察』高橋正衛解説（一九八二年、みすず書房）
『偕行社記事』：陸軍将校の団体偕行社発行雑誌（防衛研究所・靖国神社偕行文庫蔵）
『海軍雑誌』（防衛研究所蔵）第五五号・五六号
『水交社記事』：海軍士官の団体水交社発行雑誌（防衛研究所・昭和館蔵）

【一般図書】

一　史料・伝記類・論説

『毛利史料集』三坂圭治校訂（昭和四十一年、人物往来社）
『稀覯往来物集成　第二巻』石川松太郎監（平成八年、大空社）
『御触書寛保集成』高柳真三・石井良助編（昭和九年、岩波書店）
『詔勅集　全』塚本哲三編（昭和五年、有朋堂）
『内閣制度百年史』内閣制度百年史編纂委員会（昭和六十年、大蔵省印刷局）
『日本内閣史録1』林茂・辻清明編（昭和五十六年、第一法規出版）
『大日本帝国憲法講義』織田一（明治二十六年、東京専門学校。国会図書館マイクロ版）

『明治憲法制定史』清水伸（昭和四十六年、原書房）
『開国五十年史』副島八十六編（明治四十年、早稲田大学出版部）
『新聞集成明治編年史』中山泰昌編（昭和九年、明治編年史頒布会）
『明治軍制史論』松下芳男（昭和三十一年、有斐閣）
『徴兵令制定史』松下芳男（昭和五十六年、五月書房）
『日本陸海軍騒動史』松下芳男（昭和四十九年、土屋書房）
『日本政治裁判史録　明治前』我妻栄編（昭和四十三年、第一法規出版）
『明治軍制』藤田嗣雄（一九二二年、信山社）
『欧米の軍制に関する研究』藤田嗣雄（平成三年、信山社出版）
『維新政権の直属軍隊』千田稔（昭和五十三年、開明書院）
『徴兵制と近代日本』加藤陽子（平成八年、吉川弘文館）
『勝海舟全集　陸軍歴史』勝部真長編（一九七七年、勁草書房）
『勝海舟全集　海軍歴史』勝部真長編（一九七四年、勁草書房）
『勝海舟全集　開国起源』江藤淳編（昭和五十年、講談社）
『薩藩海軍史』公爵島津家編纂所編（昭和四十三年、原書房）
『川村純義・中牟田倉之助伝』田村栄太郎（昭和十九年、日本軍事図書株式会社）
『防長回天史』末松謙澄編（一九六七年、柏書房）
『前原一誠伝』妻木忠太（昭和六十年、マツノ書店）
『廣澤真臣日記』日本史籍協会（平成十三年、マツノ書店復刻）
『山縣有朋関係文書一』（二〇〇五年、山川出版社）
『山縣有朋意見書』大山梓編（昭和四十一年、原書房）
『越の山風』山県有朋（平成七年、東行庵）
『奇兵隊日記』日本史籍協会編（大正七年刊。昭和六十一年、東京大学出版会復刻）
『公爵山縣有朋伝』徳富猪一郎（昭和八年、山縣有朋公記念事業会）
『伊藤博文伝』春畝公追頌会編（昭和四十五年、原書房）

『伊藤博文関係文書』伊藤博文関係文書研究会（一九七七年、塙書房）
『秘書類纂　兵制関係資料』伊藤博文（原本昭和十年。昭和五十三年、原書房復刻）
『続　伊藤博文秘録』平塚篤（昭和五年、春秋社）
『憲法義解』伊藤博文（昭和三十八年、岩波書店）
『山田伯爵家文書』日本大学（平成三年、日本大学）
『谷干城遺稿　一』日本史籍協会編（原本明治四十四年。昭和五十年、東京大学出版会復刻）
『熾仁親王日記』高松宮蔵（昭和十年、開明堂）
『人物叢書188　森有礼』犬塚孝明（昭和六十一年、吉川弘文館）
『森有礼全集』大久保利謙（昭和四十七年、宣文堂書店）
『公爵桂太郎伝』徳富猪一郎（大正六年、故桂公爵記念事業会）
『世外井上公伝』井上馨侯伝記編纂委員会編（昭和四十三年、原書房）
『曽我祐準翁自叙伝』曽我祐準（昭和五年、曽我祐準翁自叙伝刊行会）
『観樹将軍回顧録』三浦梧楼（昭和六十三年、中央公論社）
『田中義一伝記』高倉徹一（原本昭和六十三年。一九八一年、原書房復刻）
『評伝・田中義一』田崎末松（一九八四年、平和戦略綜合研究所）
『未召集兵教育教官参考書』教育総監部校閲（昭和十八年、軍人会館図書部）
『宇垣一成日記Ⅰ』角田順校訂（昭和四十三年、みすず書房）
『山本権兵衛と海軍』海軍大臣官房（昭和四十一年、原書房）
『伯爵山本権兵衛伝』故伯爵山本海軍大将伝記編纂会編（昭和四十三年、原書房）
『西郷従道伝』西郷従宏（一九九七年、芙蓉書房出版）
『征西従軍日誌』喜多平四郎（二〇〇一年、講談社）
『征西戦記稿』参謀本部編纂課（原本明治二十年。昭和六十二年、青潮社復刻）
『西南戦袍誌』亀岡泰辰（後に陸軍少将）の日誌。
『西南記伝』黒龍会本部（明治四十二年、黒龍会本部）
『岡田啓介回顧録』岡田啓介述（昭和二十五年、毎日新聞社）

『加藤寛治大将伝』加藤寛治大将伝記編纂会（昭和十六年、加藤寛治大将伝記編纂会）
『長崎海軍伝習所の日々』カッテンディーケ（水田信利訳）（一九六四年、平凡社、東洋文庫）
『海軍創設史』篠原宏（一九八六年、リブロポート）
『お雇い外国人　軍事』高橋邦太郎（昭和四十三年、鹿島研究所出版会）
『お雇い外国人　政治・法制』梅溪昇（昭和四十六年、鹿島研究所出版会）
『兵式体操からみた軍と教育』木下秀明（昭和五十七年、杏林書院）
『教師の歴史』唐沢富太郎（昭和三十年、創文社）
『攻玉社百二十年史』攻玉社学園（昭和五十八年、攻玉社学園）
『明治国家の教育思想』木山幸彦（一九九八年、思文閣出版）
『政治史』蝋山政道（昭和十五年、東洋経済新報社）
『内閣制度の研究』山崎丹照（昭和十七年、高山書院）
『近代日本軍隊教育史研究』遠藤芳信（一九九四年、青木書店）
『軍歌歳時記』八巻明彦（一九八六年、星雲社）
『竹橋事件の兵士たち』竹橋事件百周年記念出版編集委員会編（一九七九年、徳間書店）
『在郷軍人須知』陸軍省歩兵課編（大正八年、帝国在郷軍人会）
『村と戦争――兵事係の証言――』黒田俊雄編（一九八八年、桂書房）
『徴兵制』大江志乃夫（一九八一年、岩波書店、岩波新書）
『明治宝鑑』松本徳太郎編（明治二十五年）
『靖国神社忠魂史　西南の役』高野和人編（原著靖国神社。平成二年、青潮社）
『山口県県治提要』山口県編（明治十八年、山口県）「兵事」
『近世帝国海軍史要』海軍有終会編（原本昭和十三年。昭和四十九年、原書房復刻）
『日本軍事法制要綱』佐々木重蔵（昭和十八年、巌松堂書店）
『日本行政法』美濃部達吉（明治四十四年、有斐閣）
『明治刑法史の研究』手塚豊（昭和五十九年、慶応通信株式会社）
『大系日本史叢書４　法制史』石井良介編（昭和三十九年、山川出版社）

『近代日本史の新研究』手塚豊編（昭和五十九年、北樹出版）
『昭和十二年陸海軍軍事年鑑』軍人会館編（昭和十一年十二月、軍人会館出版部）
『陸海軍将官人事総覧』外山操編（一九八一年、芙蓉書房）
『機密日露戦史』谷壽夫（昭和四十一年、原書房）
『大戦間期の日本陸軍』黒澤文貴（二〇〇二年、みすず書房）
『日本の近代9　逆説の軍隊』戸部良一（一九九八年、中央公論社）
『近代日本の東アジア政策と軍事』大澤博明（二〇〇〇年、成文堂）
『軍医官の戦場報告意見集』高崎隆治編（一九九〇年、不二出版）
『陸軍士官学校』山崎正男編（昭和四十四年、秋元書房）
『日露戦争が変えた世界史』平間洋一（二〇〇四年、芙蓉書房出版）
『戦史叢書99　陸軍軍戦備』防衛研修所（昭和五十四年、朝雲新聞社）
『戦史叢書31　海軍軍戦備』防衛研修所（昭和四十四年、朝雲新聞社）
『日本軍の人的制度と問題点の研究』熊谷光久（平成六年、国書刊行会）

二　回想記等

『軍服四十年の想出』土橋勇逸（昭和六十年、勁草書房）
『征露戦史』野口勝一（明治三十八年、水戸広英社）
『戦陣叢話』（昭和三年、横尾成武堂）
『参戦二十提督日露大海戦を語る』（昭和十年、東京日日新聞社発行所）
『海軍生活』丹羽徳蔵（一九八〇年、光和堂）
『海軍江田島教育』池田清他（一九九六年、海軍江田島教育）
『信武』第十六号、坂本俊篤「黄海海戦の回顧」（昭和十六年、信武会）
『望台』五九史編纂委員会
『初年兵日記』朝香進一（昭和五十七年、鵬和出版）

『新兵サンよもやま物語』富沢繁（昭和五十六年、光人社）
『海軍航空隊よもやま物語』前田勲（一九九一年、光人社）
『海軍野郎よもやま物語』小林孝裕（昭和五十五年、光人社）
『ある陸軍予備士官の手記』中村八朗（一九七八年、徳間書店）
『華中戦記』森金千秋（昭和五十一年、図書出版社）

【論　文】

「維新政権下の陸軍編制過程にみる軍紀形成の一考察」淺川道夫（『政治経済史学』第三七五号、一九九七年、政治経済史学研究所）
「赤報隊の結成と年貢半減令」佐々木克（松尾正人編『維新政権の成立』二〇〇一年、吉川弘文館）
「陸軍律刑法草案」霞信彦（『法学研究』第五十四巻第七号、昭和五十六年、慶應義塾大学法学研究会）
「最初の徴兵と臨時徴兵」宮川秀一（『明治前期の学事と兵事』平成四年、河北印刷）
「戦後の犯罪現象」団藤重光（『法学協会雑誌』第六十五巻第三号・四号、昭和二十二年、法学協会）
「メッケル少佐新考」中村赳（『軍事史学』第一〇巻第四号、昭和五十年、軍事史学会）
「メッケル将軍の思出（続）」大井成元（『軍事史研究』第四巻第二号、昭和十四年、軍事史学会）
「メッケル少佐のわが兵学に及ぼした影響」安井久善（『軍事史学』第四巻第四号、昭和四十四年、軍事史学会）
「一八九一年歩兵操典の研究」遠藤芳信（『軍事史学』第一七巻第二号、昭和五十六年、軍事史学会）
「近代世界の転換と大正デモクラシー」金原左門（『近代日本の軌跡4　大正デモクラシー』一九九四年、吉川弘文館）
「大正期における陸軍将校の社会認識と陸軍の精神教育」浅野和生（中村勝範編『近代日本政治の諸相』一九八九年、慶應義塾大学出版会）
「大戦間期における陸軍の国民動員政策」纐纈厚（『軍事史学』第一七巻第四号、昭和五十七年、軍事史学会）
「歩兵中心の白兵主義の形成」原剛（軍事史学会編『日露戦争二』平成十七年、錦正社）

章別の関係法令達・事件一覧

（註　各章を読むための便宜上のものであり章の内容に関係があるものを列挙）

	第一章関係	重要関係記事の頁・註番号
明治元年　二月　十二日	「陸軍諸法度」東征大総督示達	13
元年　五月　三日	「陸軍局法度」示達	31
元年十一月　二日	東征大総督任務終了、「陸軍諸法度」消滅	20
元年十一月　十三日	「仮刑律」示達	21、註(32)
二年　四月	軍務官が「軍律」受領	20
三年　三月	「軍律」決定まで藩知事または隊長による死刑処置可能と朝命	22
三年十二月　二十日	「新律綱領」頒布	14、15
三年十二月二十五日	兵部省から「軍令」下達	21
三年十二月現在	海軍の「軍艦刑律」（「律例」「軍艦定律」）制定済	23
四年　一月二十二日	死刑は朝廷裁決、流以下は兵部省裁決と朝命	22
四年　七月末	海陸軍糾問使設置	15
四年十二月末	「読法」制定（海軍は二十八日、陸軍不明）	26

明治五年　一月二十三日	兵部省二〇「海陸軍刑律」制定増補により軍人犯罪の海陸軍糾問使扱い指示	15、22
五年　二月　十二日	太政官布四三　軍人軍属犯罪は本営・本隊扱い	15
五年　二月　十八日	兵部省達「海陸軍刑律」頒布	14、15
五年　二月二十七日	陸海軍裁判所による軍司法制度制定	22
五年　二月二十八日	兵部省の陸軍省、海軍省への分離	22
五年　三月二十四日	「海軍懲罰仮規則案」提出あり	23
五年　四月　九日	陸軍裁判所開設	22、註(36)
五年　九月二十八日	「陸軍読法律条附」頒布	28
五年　十月　十三日	海軍裁判所開設	22、註(36)
五年十一月　十四日	「陸軍懲罰令」制定（六年一月一日施行）	16、註(38)
六年　四月　十三日	太政官布一三二　現役軍人の犯罪は軍内で処置	15、17
六年　六月　十三日	太政官布二〇六「改定律例」頒布（軍人軍属犯罪は二七条により軍内処置）	16
七年　七月二十二日	海達記三套三二「海軍懲罰仮規則」	23
九年　四月　四日	海達記三套三一「海軍読法附律条」（明治十四年「海軍刑法」制定で消滅）	26、註(58)
九年　四月　十四日	太政官布四八「常律」から「職制律」削除	17
九年　七月　三日	「官吏公罪」・「職制律」の削除に陸軍内対応し三ヶ月分一括報告許可	18

第二章関係

明治六年　三月二十七日	陸軍給与同備考による近衛兵俸給制定	48
八年　四月　十日	太政官布五四　勲等勲章の制	52
九年　一月　一日	陸軍給与概則施行	48
九年十二月　一日	陸達二〇六「陸軍武官勲章従軍記章条例」	52
十年　七月二十五日	太政官達無「勲等年金令」	52
十年　十月　十日	西南の役征討総督有栖川宮熾仁親王凱旋	51

明治 十年十一月 八日	陸軍勲功調査委員任命（山縣有朋中将、大山巌少将、小沢武雄大佐）	51、註（9）
十年十一月 十三日	招魂社で西南の役招魂祭（後の靖国神社）	48
十年十二月 十七日	海達丙一三九 海軍の「勲章及記章条例」通達（七日決裁）	52
十年十二月 十五日	九年・十年徴兵から近衛兵欠員補充の陸軍省達あり	67、註（36）・（46）
十一年 三月二十七日	西南の役初回勲功調査会議に熾仁親王出席	51
十一年 五月 十八日	山縣有朋、西郷従道、大山巌の日本陸軍を精強にする方策討議	71
十一年 五月二十一日	陸達乙七一「陸軍給与概則」七月一日から近衛砲兵給与大幅減額	48
十一年 六月二十二日	佐賀の乱以後の尉官級初回勲功評定御沙汰あり	53
十一年 七月 一日	改定陸軍給与概則施行	48
十一年 八月	「軍人訓誡」制定（配布は十月十二日）	71
十一年 八月二十三日	近衛砲兵の竹橋暴動事件	47、49
十一年 九月 二日	竹橋事件についての山縣有朋の説明と将校の教育についての文書	69、70
十一年十一月 十五日	竹橋事件関係兵卒五三名死刑	65、註（50）・（51）
十二年十一月 八日	下士以下初回勲功評定御沙汰あり	53
十二年十二月二十六日	陸達甲二五 西南の役の賞与は「軍律」違反者等を除くことの通達	54
十二年十二月	山縣有朋から伊藤博文宛書簡にある近衛兵不満の投書がこの時期にあった	56
十二年十二月二十八日	徴兵令改正	63
十三年二月十三日	近衛兵選挙概則	63

第三章関係

明治 三年十一月 十三日	太政官布 万石五人の賦兵召募	76
三年十二月	海軍の「軍艦刑律」（「律例」「軍艦定律」）制定	87
四年 二月 十四日	兵部省達 漁師などから海軍卒募集	78
四年 二月二十二日	兵部省布達 三藩による御親兵編制	76

明治　五年　二月　十八日	兵部省達「海陸軍刑律」頒布	84
五年　四月　九日	陸軍裁判所開設	85、註(26)
五年　八月　二十日	兵部省布　四鎮台常備兵差出	77
五年　十月　十三日	海軍裁判所開設	85、註(26)
五年十一月　十四日	「陸軍懲罰令」制定	93
七年　三月　十八日	陸軍省布一四〇「壮兵召募規則」　旧藩の兵事経験者募集	77
七年　七月二十二日	海達記三套三二「海軍懲罰仮規則」　一両以下窃盗と賭博は海軍省扱い	87、88、94
八年　八月　三日	海軍裁判所から本省宛「将校仮懲罰典」　独立艦の艦長に懲罰権付与	86、94
八年十一月二十五日	陸軍省へ達「陸軍職制及事務章程」で軽罪は各隊処置	85、註(27)・(29)
八年	第一回『陸軍省年報』発行	80表、105、註(49)
九年　八月三十一日	海軍省へ達「海軍省職制及事務章程」で重罪を除き艦長が処理	85、86、註(29)
九年　九月　一日	海軍鎮守府設置	86
十年　二月　九日	西南の役に備えての「陸軍卿諭告」（鎮台兵士気の鼓舞処置）	96
十年　三月　十八日	九州出征山県有朋参軍の諭告（「軍律」の厳格適用）	96
十年	西南の役中に陸軍裁判所の出張裁判あり。裁判例少なし	98
十四年十二月二十九日	海達丙七九「海軍下士以下懲罰則」で艦長の懲罰権明示	87
十五年　四月　一日	海達丙二三「海軍下士以下懲罰取扱手続」で懲罰は軍艦内で手牒等に記録	87
十八年　一月　十日	海達丙一「海軍懲罰令」　士官、下士以下共通の最初のもの	90
十八年十二月？	初めての海軍徴兵浦賀屯営で教育	79、82、註(11)
十九年十二月　十七日	勅令八一「海軍懲罰令」一部改正で准士官以上の懲罰を海軍省に報告	90
三十二年　三月二十四日	内令二二「軍令」承行に関する件の初定で将校を特別の存在とする	93

第四章関係

明治　四年十二月末	「読法」制定（海軍は二十八日、陸軍不明）	121、122

明治 五年 二月 十八日	兵部省達「海陸軍刑律」頒布	122、124
五年 九月二十八日	「陸軍読法律条附」配布	123
五年十一月 九日	陸軍省二三四「歩兵内務書 第一版」頒布	122、124、註(14)
七年 七月 十四日	陸軍省達「生兵概則」制定 「誓文定則」「読法」の教育あり	126
九年十一月 十六日	山縣有朋陸軍卿の「憲兵設置の儀伺」提出	119
十一年 十月 十二日	西郷従道陸軍卿名による「軍人訓誡」の配布（山縣有朋陸軍卿の署名は八月）	120、126
十三年 三月 一日	「陸軍刑法草案」陸軍省から進達	157
十三年 七月 十七日	太政官布三六 常人のための「刑法」布告	128、157
十四年十二月二十一日	川村純義海軍卿の湯治御暇願（二月九日帰京）	142
十四年十二月二十七日	「軍人勅諭」の親授を山縣有朋参議兼参謀本部長が要請	141
十五年 一月 一日	「刑法」「陸軍刑法」「海軍刑法」施行 「読法」の「軍刑法」との関係絶縁	162
十五年 一月 四日	「軍人勅諭」下賜 大山巌が陸軍卿および海軍卿代理で受領。陸軍の奉読指示	142、143
十五年 二月 十五日	陸達乙一一 軍隊手帖に「軍人勅諭」掲載の件	145、註(72)
十五年 三月 九日	陸達乙一六「軍人軍属読法」制定 「海軍読法」は「海軍刑法」施行により消滅	156、158、159
十六年 八月 四日	太政官布二四「陸軍治罪法」制定	157
十六年 十月	山縣有朋内務卿の「刑法」改正理由意見書あり	164、註(116)
十七年 一月 四日	太政官布一 賭博犯の行政警察による「懲罰処分規定」制定	165、註(116)
十七年 三月二十一日	太政官布八「海軍治罪法」制定	157
十七年 四月 一日	海達丙六八「賭博犯処置細則」通達	165
十七年 四月 二日	「陸軍賭博犯処置内則」通達	165
十七年十二月 十六日	海達丙一七六「若水兵教育概則」「軍人勅諭」の課外教育開始	149
十七年 十月 一日	海達丙一四二「軍艦職員条例」 艦長が常に軍紀風紀の取締り責任者	150、151
十九年 一月 二十日	海軍兵学校教育に精神面の教育追加上申	149
十八年 三月 十八日	ドイツ陸軍参謀少佐メッケル来日	129

明治　十九年　三月十五～三十日	児玉源太郎大佐以下臨時陸軍制度審査委員発令	129
二十年　六月　十四日	勅令二五「陸軍士官学校官制」　ドイツ式士官候補生制度	130、註(30)
二十年　六月　十四日	勅令二六「陸軍幼年学校官制」　士官学校から分離	130
二十年十一月　十五日	陸達一二六「新兵入隊定則」「読法」儀式要領あり	159、註(110)・(111)
二十年十一月二十四日	陸達一三八「軍隊教育順次教令」　全国統一系列化	134
二十二年　二月　四日	監軍訓令一　軍隊教練の要旨　精神要素の教育	134
二十二年　五月　十七日	陸達八六「将校団教育令」　将校は軍人精神が重要	134
二十二年　五月二十八日	勅令七二「鎮守府条例」　鎮守府衛兵による軍紀風紀の取締り追加	151
二十二年　六月　十日	勅令八二「陸軍幼年学校条例」	133
二十四年十月～二十五年八月	『児玉少将欧州巡回報告書』	135、138
二十九年　五月　十五日	勅令二一二「陸軍中央幼年学校条例」・勅令二一三「陸軍地方幼年学校条例」	136
三十年　九月二十四日	海達九八「海軍艦団部将校教育令」　航海、機関等の軍務研究重視	148、154
三十年　九月二十四日	海達九九「海軍艦団部下士卒教育令」　綱領に精神教育重視入る。「軍人勅諭」奉読	148、153
三十一年　八月　十六日	「陸軍幼年学校教育綱領」　幼年学校を陸軍精神の淵源とする	139、註(52)
三十四年　九月　十九日	海達一一九「海軍艦団隊将校及機関官教育規則」	147
三十六年　三月　十二日	海達三三「海軍艦団隊下士卒教育規則」	147
三十八年　十月　一日	海軍教育本部が日露戦争教訓を海軍部内に求む	147、註(83)
三十八年　二月二十六日	「海軍兵学校教育綱領」(初定)　軍人精神涵養重視あり	147、註(82)
四十一年　四月　十日	法律四六・四八「陸軍刑法」「海軍刑法」改正　入営者を現役軍人と定義	159、160、161、162
四十二年十一月　十六日	海達一二四「艦団隊教育規則」　精神教育の要領提示	147
大正　二年　二月　五日	軍令陸一「軍隊教育令」「軍人勅諭」の棒暗記禁止	146
昭和　二年　二月二十日	軍令陸五「軍隊教育令」「軍人勅諭」棒暗記禁止条を削除	146
七年　五月　二日	海軍兵学校で「軍人勅諭」の項目黙唱開始	146、148

第五章関係（除第四節）

明治五年二月十八日	兵部省達「海陸軍刑律」頒布	179、185
九年五月	陸軍軍律取調委員の任命（原田一道大佐外四名、主務は津田真道少将）	180、註（7）
十年十月以前	海軍軍律改定取調掛任命	185、187、註（23）
十一年八月二十三日	竹橋事件生起	197
十一年十二月五日	右大臣達「参謀本部条例」制定	183、192
十三年二月十二日	陸達乙八 下士兵卒諸生徒の政談演説会参加禁止	200
十三年二月二十八日	「陸軍刑法草案」陸軍省から太政官へ報告書作成（送達は三月一日）	182、197
十三年四月五日	太政官布一二「集会条例」制定 軍人の政治集会参加禁止	200、202
十三年七月十七日	太政官布三六・三七「普通刑法」および「同治罪法」布告	181
十三年九月十四日	「海軍刑法草案」海軍省から太政官への報告書作成	186、187
十三年十月十四日	海軍律刑法審査委員発令「陸軍刑法」の審査委員（陸軍軍人主体）に同じ	187
十三年十一月六日	「海軍参謀本部設立の儀」太政官へ上申（伊藤雋吉・松村淳藏海軍大佐）	193
十三年十二月十七日	「海軍刑法草案」審査の審査結果につき海軍の意見を上申（十四年二月一日付拒否）	187、188
十三年十二月二十一日	「海軍参謀本部不用論」太政官へ上申（山縣有朋・西郷従道参議）	189、193、註（40）
十四年四月七日	榎本海軍卿辞職川村純義が再任	189、195
十四年四月十一日	「海軍刑法草案」元老院で議定	189
十四年九月五日	「陸軍刑法」頒布決定	184
十四年九月	四将軍上奏事件（鳥尾小弥太、谷干城、三浦悟樓、曽我祐準）開拓使官有物払下事件関連	197、203
十四年十月十二日	国会開設の御沙汰	200、202
十四年十二月十五日	「陸軍刑法」に軍人政治関与の禁止条元老院の追加審議開始	184

明治十四年十二月　二十日	「陸軍刑法」に軍人政治関与の禁止条追加議決	184、199
十四年十二月二十八日	陸達乙七三「陸軍懲罰令」改正　「陸軍刑法」制定の関連	198
十五年　一月　一日	「陸軍刑法」「海軍刑法」施行（十四年十二月二十八日太政官布六九・七〇）	179以下第一節
十五年　二月　二十日	「海軍刑法」に軍人政治関与の禁止条追加布告	190、200

第五章第四節　憲兵制度・軍紀取締制度関連

明治　五年　四月　九日	陸軍裁判所設置	207
五年　五月二十三日	陸軍省一一〇「鎮台本分営罪犯処置条例」	207
五年　十月　十三日	海軍裁判所設置	209
五年十一月　九日	陸軍省二三四「歩兵内務書　第一版」頒布　聯隊長の「軍律」違反者報告義務あり	208
八年十二月　十日	陸達一四〇「鎮台営所犯罪処置条例」　陸軍指揮官は軍法会議等に容疑者送致	207
九年十一月　十六日	山縣有朋陸軍卿の「憲兵設置儀伺」提出	204
十一年　五月二十七日	陸達乙七三　服装礼式違反者の巡察及邏哨による取締り実施	204、208
十四年　一月　十四日	太政官達四　憲兵発足指令	205
十四年　二月　十八日	陸達乙五「陸軍省条例」　総務局軍法課に憲兵職務事務取扱の職務あり	210
十四年　三月　十一日	太政官達一一「憲兵条例」制定	205
十四年　四月　七日	三間正弘中佐以下七名憲兵任命	206
十四年　四月　九日	憲兵本部を東京に置く	206
十四年十一月二十六日	海軍省丙六五「海軍警察概則」　憲兵は海軍艦船・海軍敷地外で行動	210
十四年十二月二十八日	海軍省丙七五「裁判事務取扱手続」	217
十五年　一月　一日	「陸軍刑法」「海軍刑法」施行（十四年十二月二十八日制定）	215
十五年　八月　五日	太政官布三六「戒厳令」	217

明治　十六年　八月　四日	太政官布二四「陸軍治罪法」	216、217
十七年　三月二十一日	太政官布八「海軍治罪法」	217
十七年　十月　一日	海軍省丙一四二「軍艦職員条例」　艦長の軍紀風紀維持責任を明示	218
十七年　十月　一日	海軍省乙一一「艦隊職員条例」　司令長官・司令官は司令部のみに責任	218
十八年　一月　十日	海軍省丙一「海軍懲罰令」	218
十九年　四月二十二日	勅令二五「鎮守府官制」　軍港司令官による軍紀風紀取締り	219、220
二十一年　五月　十二日	勅令三〇「衛戍条例」　衛兵による軍紀風紀取締規定あり	212、213
二十一年　十月　十九日	法律二「陸軍治罪法改定」　軍法会議での憲兵の役割明示　衛兵による勾引も	216
二十二年　五月二十八日	勅令七二「鎮守府条例」　鎮守府司令長官の軍港内警察権	220
二十六年　五月　十九日	勅令三九「鎮守府条例」改正　鎮守府司令長官の軍紀風紀取締りは麾下のみ	220
二十六年　八月　十五日	横須賀軍港に憲兵配置実現	220
二十七年十一月　十日	海達一六八「艦隊職員勤務令」　司令長官が艦隊の日課・上陸関係規則制定	219
大正　十年　四月二十六日	法律九一「海軍軍法会議法」　各鎮守府軍法会議が犯罪の裁判管轄	210

第六章関係

明治三十二年　六月　三十日	戒飭の詔勅　裁判管轄権等国際交渉関連	233
三十二年　七月　一日	桂太郎陸相の「聖勅に依り訓令の件」外国人との問題発生を戒飭	234
三十二年　七月二十八日	海達一四九「五等卒教育規則」改正「軍人勅諭」の教育要領を示す	242
三十四年　二月　十八日	海達九「海軍艦団隊下士卒教育規則」改正　精神教育項目の初独立	242
三十八年　二月　十四日	大本営副臨四二三―二　陸軍は露国における同盟罷工其他資料配布	252、263
三十八年　二月二十四日	内訓満密発三一七　寺内正毅陸相の社会主義に関する内訓	252、279
三十八年　四月	『偕行社記事』に精神教育に問題意識を示す論文あり	253
三十八年　四月二十一日	機関関係兵曹以下の教育意見報告あり　精神面幼稚	243
三十八年　九月二十九日	教総送達甲五八九「典範令」等教育関係戦訓資料収集の教育総監部通達	280

明治三十八年　十月　一日	海教本五七　海軍教育本部による日露戦争の戦訓収集通達	147参照、243
三十九年　三月十二〜十五日	海軍教育諮問会　坂本俊篤教育本部長から斎藤實海相へ内容報告	244
三十九年　六月　三十日	海達五「海軍五等卒教育規則」　入団時「軍人勅諭」の訓示実施を示す	242
三十九年　九月　十五日	海軍大臣官房三六三三　在監者の精神教育の徹底	246
四十年　十月　十五日	陸普一五二　歩兵の在営期間を二年とする	256、註(174)
四十一年　四月　十日	法律四六「陸軍刑法改定」（法律四八「海軍刑法」改定）	303
四十一年十二月　一日	軍令陸一七「軍隊内務書」改定　初定綱領に精神教育・兵営の家族主義の初見	260、266、註(80)
四十二年十一月　八日	軍令七「歩兵操典」　歩兵中心の白兵主義	273
四十二年十一月　十六日	海達一二四「艦団隊教育規則」　全員に精神教育の要領提示　精神と技術の両面重視	240、241、245、249
四十三年　一月二十八日	海達五　海兵団新入兵の教育を一ヶ月短縮し五ヶ月とする	247
四十三年　三月	海令軍機一四一「海戦要務令」　軍紀の重要性強調	242
四十三年十一月　三日	在郷軍人会創設　陸軍のみ	254
四十四年　七月三十一日	文部省令二六　剣術柔術を学校正課として認可	293、註(132)
四十四年　八月二十六日	寺内正毅陸相訓示　部下への暴行自制	267
大正二年　一月二十八日	文部省訓令一　学校体操教授要目示達　兵式体操は教練と名称変更さる	293
二年　二月五日	軍令陸一「軍隊教育令」　日常の精神教育の必要性指示	236、238、261
三年　十月二十七日	帝国在郷軍人会発足　陸海軍共通組織、十一月三日に勅諭	258、註(47)
三年　十月二十八日	「海軍機関学校練習科教育綱領」　精神教育重視　具体的内容提示	246
四年十二月二十七日	陸軍臨時軍事調査委員会設置　第一次世界大戦中の資料収集	271
五年　一月二十七日	軍艦「三笠」の新兵教育意見の報告　精神教育に一定の効果を認め人格修養要求	245、248
五年　九月二十五日	大島健一陸相、加藤友三郎海相連名の在郷軍人への社会風潮に対応すべき訓示	259

大正 六年十二月 五日	臨時教育会議で兵式体操振興に関する建議案の決議あり	291、294、295
七年 八月 十五日	官房機一二五一―三「海軍機関学校練習科教育綱領」精神教育の義務化	247
八年七月～九年六月	加藤寛治海軍少将一行の欧米視察 思想問題にも関心	250
九年 一月二十二日	参本臨三二一 将校の人格等心理面の戦訓を参謀本部が収集	271、280、註(79)
九年 三月 四日	関参軍六五 危険思想予防に関する軍司令官の訓示	283
九年 九月 十七日	陸普三八三八「歩兵操典」改正要旨 精神上の訓練重視	273
九年 十月二十八日	軍令陸一四「軍隊教育令」 初めて綱領を置き軍人精神と軍紀を強調	237
九年十二月 一日	海達二二八「軍隊教育規則」 綱領初出。精神教育を他の教育と同程度に重視	240、247、249
十年 三月 十日	軍令陸二「軍隊内務書」改定 軍人精神および軍紀重視・家庭的雰囲気下に団結	269、271
十一年 三月二十五日	陸軍士官学校科目に法制経済、心理学、教育学等採用（教科書改訂）	284
十二年十一月 十日	国民精神作興の大詔発令 十二日に陸軍が中堅となるべき田中陸相訓示発出	274、295
十三年 六月二十三日	陸普二三五七 在郷軍人会の対米反対運動に自制を要望	260
十四年 三月 十六日	配属将校への宇垣一成陸相演説 民心の弛廃を緊張	274、296、註(113)
十四年 四月 十一日	勅令一三五「陸軍現役将校学校配属令」	288、註(141)
十五年十二月二十一日	陸密四五七「一般青少年訓練実施に関する件」師団長宛	275、註(171)
昭和 二年 三月 十七日	財部彪海相訓示 海軍にも過激思想への感染者あり	251
二年 三月三十一日	法律四七「兵役法」 幹部候補生制度制定	306
三年 一月二十五日	軍令陸一「歩兵操典」改正 軍紀・忠君愛国の至誠から生ずる攻撃精神強調	273
三年 六月二十五日	海軍兵学校等教育科目に心理学、倫理学、軍隊教育学等採用（「学校綱領」改定）	305、註(24)
九年 九月二十七日	軍令陸九「軍隊内務書」改定 兵営内自主性退嬰	306
十五年 八月 十七日	軍令陸二二「軍隊教育令」改定 戦時体制	306
十八年 八月 十一日	軍令陸一六「軍隊内務令」制定 戦時体制	306

関係法令等参考資料集

註　主要な箇所のみ抜粋

①　海陸軍刑律

第四十四　二月十八日　　寮司局部掛

海陸軍刑律別冊之通被相定候間一部ツ、請取早々順達可有之候事

（別冊）

（朕以下百十五字朱書）

朕惟フニ兵民途ヲ分チ寛猛治ヲ異ニス其律ヲ定メ法ヲ設クルニ於テ豈ニ斟酌商量以テ其宜ヲ制サル可ンヤ頃海陸軍律撰輯竣ヲ告ク朕之ヲ閲スルニ損益要ヲ得軽重度ニ合セリ依テ頒布シ有司ヲシテ遵守シ軍人ヲシテ懲誡スル所アラシム

明治四年辛未八月廿八日

将校	閏刑	下士	閏刑	卒夫	閏刑
自裁		死刑		死刑	
	流刑		流刑		流刑
	閉門半年後奪官	徒三年		徒三年	
奪官		徒二年		徒二年	
	閉門半年後回籍	徒一年		徒一年	
回籍			放逐錮三十五日後	放逐杖五十	
	閉門半年後退職	放逐杖五十		杖五十錮四十二日	
	閉門四十二日後退職	黜等		杖四十錮三十五日	
退職			降等錮三十五日一年半	杖三十錮二十八日	
降官		降等一年半		笞三十錮二十八日	
		降等一年		笞二十錮二十一日	
		降等半年		笞十五錮十四日	
閉門九十八日		錮四十五日		錮四十五日	
閉門四十九日		錮三十五日		錮三十五日	
閉門三十五日		錮二十八日		錮二十八日	

海陸軍刑律

第一篇　法例

第一条　凡ソ此刑律ニ当ル者ハ、海軍陸軍ノ軍人軍属、其姓名ヲ、各衙門ノ簿籍《ショヤクショ》ニ貫シ、出身就役ノ年月ヲ、載タル者タルヘシ、

第二条　凡ソ軍人ト称スルハ、海陸軍ノ将校、下士、兵卒、水夫、並ニ海陸軍武学生、海陸軍医官、会計書記ノ吏、百工役夫常員アル者ニシテ、其大小官員ハ、拝命ノ日ヨリ、新兵水夫ハ、隊伍ニ編入シ、読法畢ルノ時ヨリ、法ヲ犯ス者ハ、此律ニ依テ断スヘシ、

第二十三条　凡ソ此律内、将校ト称スルハ、少尉以上、海陸軍武学生モ同シ、下士ト称スルハ、伍長水夫長以上、卒夫ト称スルハ、兵卒水夫、

第五編　奔敵律

第百七条　凡ソ海陸軍軍属、逃亡《カケオチ》シ敵ニ奔ル者、或ハ其長官ノ命書ヲ帯スルコトナク、敵ノ方ヘ行ク者、或ハ逃亡ヲ謀リ、事未タ成ラスト雖モ、証迹明白ナル者ハ、首従ヲ論セス、皆死ニ処ス、

第百七十六条　偸盗賊一両ニ満サル者ハ、懲罰ノ典ニ於テ論ス、但犯ス三次ニ至ル者ハ、禁錮犯ス毎ニ、一等ヲ加フ、

②　陸軍懲罰令・海軍懲罰仮規則

陸　軍

第二百四十三　十一月十四日

懲罰令別冊之通リ被定候間明治六年第一月一日ヨリ施行可致就テハ是迄施行致候条件之此令ニ矛盾スル者ハ悉属廃止候条此旨相違候事

（別冊）

懲罰令

第一条　凡ソ懲罰ハ軽犯ニシテ軍律ノ以テ論セサル者ヲ懲治シ之ヲシテ悔省スル所アリテ以テ過ヲ改メシムルヲ主トスルノ罰典ニシテ一軍一隊若シクハ其場所ノ司令官ニ委任セラレ此典中ニ就テ軍人軍属ノ犯罪ヲ治セシムル者ナリ
第二条　凡ソ軍人軍属平時ニ在リ瓦留仁曾運及ヒ屯営内ニ於テ怠慢諸法則ヲ犯シ又ハ些ニ職務ヲ誤ル者ヲ懲治スル罰典ナレハ戦時守城中ニ於テハ概子取行スル者ニ非ス
第三条　凡ソ将校部下並隊内士卒ノ違犯ヲ懲治スル権限ハ概子其職務条令ニ於テ詳ニ之ヲ記載スルヲ以テ此典中別ニ掲示セスト雖トモ苟モ司令長官ノ権ヲ有スル者即チ聯隊ハ司令大佐特立大隊ハ司令少佐特立小隊ハ司令大尉其他分遣隊ハ其隊ノ司令長鎮台諸管ノ将校ハ其管ノ司令官此典ヲ照シテ懲治スルヲ許ス而シテ其報告ハ定例ノ期限ニ於テス可シ
第四条　凡ソ犯罪発覚シ若シクハ未タ発覚セサルモ疑ノ容ル可キアレハ上下士官各〻等級ノ上ナル者停住ヲ命スルハ固ヨリ其権内ニ有ル可シ
第五条　凡ソ此典中ニ於テ武学生徒ハ将校ノ律ヲ以テ論スルコト無ク下士及ヒ兵卒ノ律ニ於テ懲治スル者ナリ

海　軍

◉懲罰仮規則案

明治五年三月二十四日（水兵本部ヨリ軍務局宛）

先般軍刑律御渡相成候処多少重罪ニ関シ候ケ条ト推考仕候就而ハ微々タル犯罪致シ候者往々有之候ニ付右等之者ハ別紙一綴之五刑ヲ以テ処置仕度此段相伺候何分御沙汰可被下候也

（別紙）

刑　典

例

下等士官以下規律ヲ犯ス者重罪ハ軍刑律ニ備ル所ナレトモ軽罪ニ処スル其刑五ツ

第一　禁錮
第二　雑役
第三　立番
第四　謹慎
第五　営外禁足

禁錮ハ四週間以上ハ刑律ニ備ルト雖トモ其軽罪ニ処スル亦罪ノ軽重ニ従テ三週間以下二週間或ハ一週間ノ別アリ親友ノ通問ヲ許サス

雑役ハ罪ノ軽重ニ従テ三日ヨリ三週間ノ別アリ此刑ハ食事ノ運送ヲナシ食器ヲ洒洗シ水汲ミ場部屋々内外雪隠掃除等致サスヘシ

第十条

窃盗賊一両以下ノ者

刑律第百七十四条凡ソ軍人陣営内ニ在ル上官若クハ同課ノ貨財ヲ盗ム者贓一両ニ満サル以下ハ懲罰ニ属ストアレハ一両ニ満サルノ罪ハ雑役三週間ニ処ス

第十一条

賭博ヲ致ス者

下士ハ黜等卒夫ハ雑役二週間ニ処ス

◉懲罰仮規則

明治七年七月二十二日（記三套二八）

改正　明治七年四九号、八年六月八七号、十三年六月丙五四号
十四年四月一八号、十月五七号、十二月七九号消滅

第一条　允許ヲ受ケ外出致シ規則ニ背キ帰営帰艦遅刻ニ及フ者

二十分間　　下士謹慎三日

同　　卒夫謹慎一日

四十分間　　下士謹慎五日

同　　卒夫謹慎三日

第十一条　窃盗贓一両以下並賭博ノ軽キ者等懲罪ニ属スト雖モ之ヲ犯ス者ハ本省ノ裁断ニ附ス

③　陸・海軍読法

陸　軍

第三十二　正月

先般差廻シ候読法取消之儀相達置候処今般更ニ別冊之通リ改正候条此旨及布告候也

（別冊）

読法

第一条

一兵隊は第一皇威を発揮し国憲を堅固にし国家万民保護の為に被設置候儀に付此兵員に加はる者は忠誠を本とし兵備の大趣意に背かす兵隊の名誉を落さゝる様精々可相心得事

第二条

一兵員たる者長上に向て敬礼を尽し同輩に対して混和を旨とすへし苟且にも無作法の所業有之間敷事

第三条

一兵員たる者首長の命令に服従すへきは兵事の至要に候間事大小となく首長の命令に違背する者は屹度罪科申付候事

第四条

一徒党は古来の厳禁なり之を犯す者は重科申付候事

第五条

一脱走盗奪賭博等の悪事は其科に応し罪科申付候事
但し武器軍服を携へ脱走する者は一層厳科に処し候脱走後三日を出すして帰営する者は軽科に処し候事

第六条

一押買押借並に局外にて金談に及ふ者は些少といへとも罪科申付候事

第七条

一喧嘩闘争並に放蕩酒狂及ひ欺詐怠惰等の所業有之候者は其科に応し罪科申付候事

第八条

一戦場にて怯懦恐怖の所業有之者は即時厳科に処し候其他一切対敵中の処置は厳重のものと可相心得事

以上八条は其概略を示す其他委細の規則は其隊長より申示し候事

明治四年辛未十二月　　兵部省

海　軍

海軍読法別紙之通相定候条此旨相違候事　（十二月二十八日）

（別紙）

読法

第一章

一海陸軍ヲ設ケ置ル、ハ国家禦侮ノ為メ万民保護ノ本タレハ此兵員ニ加ハル者ハ忠節ヲ尽シ兵備ノ主意ヲ不可失事

第二章

一兵員タル者長上ニ対シテ敬礼ヲ尽シ其命令ニ服従スルハ兵事ノ至要ナレハ事大小トナク長上ノ命ニ違背ス可ラス且朋輩ト交ルニ信ヲ失ナワス温和ヲ旨トスルハ勿論同隊同級ニテモ一般ノ勤務ニ於ケル年月我ヨリ旧キ者ノ言ニ従フ可キ事

第三章

一三人以上悪事ヲナスヲ徒党ト云ヒ古来ノ厳禁ナリ犯ス間敷事

第四章

一脱走、盗奪、賭博及ヒ平民婦女老幼ヲ劫虐スル等ノ悪事不可致事

第五章

一喧嘩闘殴酒酔詐偽惰謾等ノ所業有之間敷事

第六章

一押買押借局外ノ金談致間敷事

第七章

一戦地ニ臨ンテハ身命ヲ抛チ怯懦畏縮ノ振舞有之間敷事

右之条々堅ク可相守若シ犯ス者之レ有ルニ於テハ兵部軍法ノ成典アリ其レ旃レヲ儆メヨ

④　帝国在郷軍人会規約

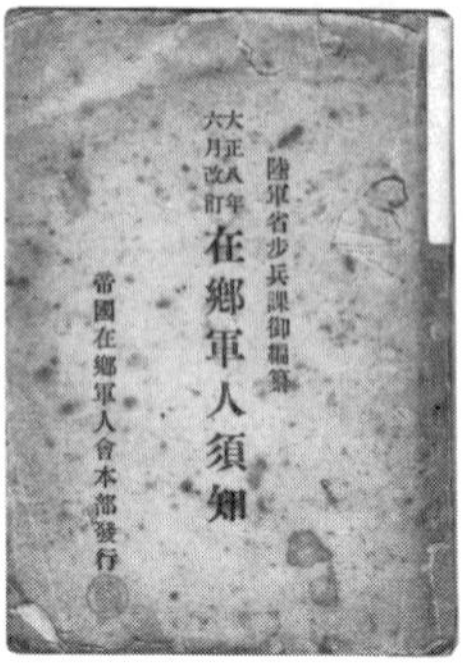

帝国在郷軍人会規約

（大正六年五月二十五日）

第一款　総則

第一条　本会ハ帝国在郷軍人会ト称ス

第十五条　前条ノ目的ヲ達スル為本会ハ左ノ事業ヲ行フ但シ本会ノ目的ニ適当スル他ノ事業ヲ実施スルコトヲ得

一　本部ニ於テ雑誌ヲ発行スルコト
二　毎年三大節ニ於テ遙拝式及　勅諭、勅語（大正三年十一月三日下賜）奉読式ヲ行フコト
三　陸軍記念日（三月十日）及海軍記念日（五月二十七日）ニハ祝典ヲ行フコト
四　毎年戦役死亡者及公務ニ起因スル死亡者ノ祭典ヲ行フコト

五　会員ヲシテ召集ニ際シ其ノ応召ニ遺憾ナキ如ク準備セシムルコト
六　軍人精神ノ修養軍事学術ノ研究演練及体育ニ関スル会合等ヲ催スコト
七　有勲者ノ名誉ヲ保持セシメ又年金、恩給等国家ノ恩典ニ浴シタル者ニハ永久ニ其ノ恩典ヲ保持セシムルコトニ努ルコト
八　会員ニシテ傷痍若ハ疾病ニ罹リ自活シ能ハサル者又ハ災厄ニ罹リタル者アルトキハ必要ニ応シ之ヲ援助スルコト
九　痍兵、戦役死亡者及公務ニ起因スル死亡軍人ノ遺族ヲ優遇スルコト
十　会員ニシテ死亡シタルトキハ会葬シ又ハ特ニ死者ノ名誉ヲ表彰スル為分会ニ於テ葬祭ヲ行ヒ若クハ必要ニ応シ死者ノ遺族ニ対シ弔慰ノ方法ヲ講スルコト
十一　現役軍人ニシテ死亡シタルトキハ前号ヲ準用スルコト
十二　在営中ノ会員ノ家族並会員ノ遺族ヲ必要ニ応シテ援助シ若クハ之ニ助力ヲ与フルコト
十三　在郷軍人出獄者、刑執行猶予者及起訴猶予者ノ保護ニ努力スルコト
十四　現役ニ服シ入営スル者（其ノ年徴集ノ補充兵ヲ含ム）ノ予習教育ヲ行ヒ且入退営者ノ出発及帰着ニ際シ之ヲ送迎シ必要ノ教訓ヲ為スコト
十五　機関雑誌ノ普及ヲ計リ以テ本会ノ主旨ヲ一般ニ徹底セシムルコト
十六　徴兵検査、簡閲点呼ノ際ハ参会者ノ指導ニ協力シ其ノ成績ヲ良好ナラシムルコトニ努ムルコト
十七　常ニ地方青年団ト緊密ナル関係ヲ保チ青年ノ誘掖指導ニ協力スルコト
十八　地方公益改良事業ヲ幇助シ風致ノ改善ニ尽力スルコト
十九　産業ノ発達ヲ図ル為研究会ヲ催ス等ノ方法ヲ以テ其ノ知識ノ向上ニ努ムルコト

⑤　軍隊内務書（明治四十一年・大正十年）

朕軍隊内務書ヲ改定シ之カ施行ヲ命ス

御名　御璽

明治四十一年十二月一日

陸軍大臣　子爵寺内正毅

軍隊内務書

綱領

一　兵営ハ艱苦ヲ共ニシ生死ヲ同フスル軍人ノ家庭ニシテ其起居ノ間ニ於テ軍紀ニ慣熟セシメ軍人精神ヲ鍛錬セシムルヲ以テ主要ナル目的トス

軍人克ク其精神ヲ鍛錬ス故ニ身心ヲ君国ニ献ケ職分ノ存スル所水火且辞セス義ヲ重ンシ節ヲ尚ヒ恥ヲ知リ名ヲ惜ミ死生ノ間ニ従容タリ此精神ヤ我国民ノ世世砥礪セシ所ノ精粋ニシテ国運ノ隆替戦争ノ勝敗一ニ其消長ニ繫ルモノトス是ヲ以テ上官ハ演習勤務等ノ際ハ勿論坐臥寝食ノ際ニ於テモ細心注意シ部下ヲシテ其鍛錬ニ余念ナカラシムヘシ蓋シ精神教育ハ唯精神ヲ以テ教育スルヲ得ヘシ（以下略）

朕軍隊内務書ヲ改定シ之カ施行ヲ命ス

御名　御璽

大正十年三月十日

陸軍大臣　男爵　田中義一

軍隊内務書

綱領

一　兵営ハ苦楽ヲ共ニシ死生同ウスル軍人ノ家庭ニシテ兵営生活ノ要ハ起居ノ間軍人精神ヲ涵養シ軍紀ニ慣熟セシメ強固ナル団結ヲ完成スルニ在リ

二　軍人精神ハ戦勝ノ最大要素ニシテ其ノ消長国運ノ隆替ニ関ス蓋シ名節ヲ尚ヒ廉恥ヲ重ンスルハ我武人ノ世ニ砥礪セシ所ニシテ職分ノ存スル所身命ヲ君国ニ献ケテ水火尚辞セサルモノ実ニ其ノ精華ナリ（以下略）

軍事警察状況の件報告（大正八年海軍分）

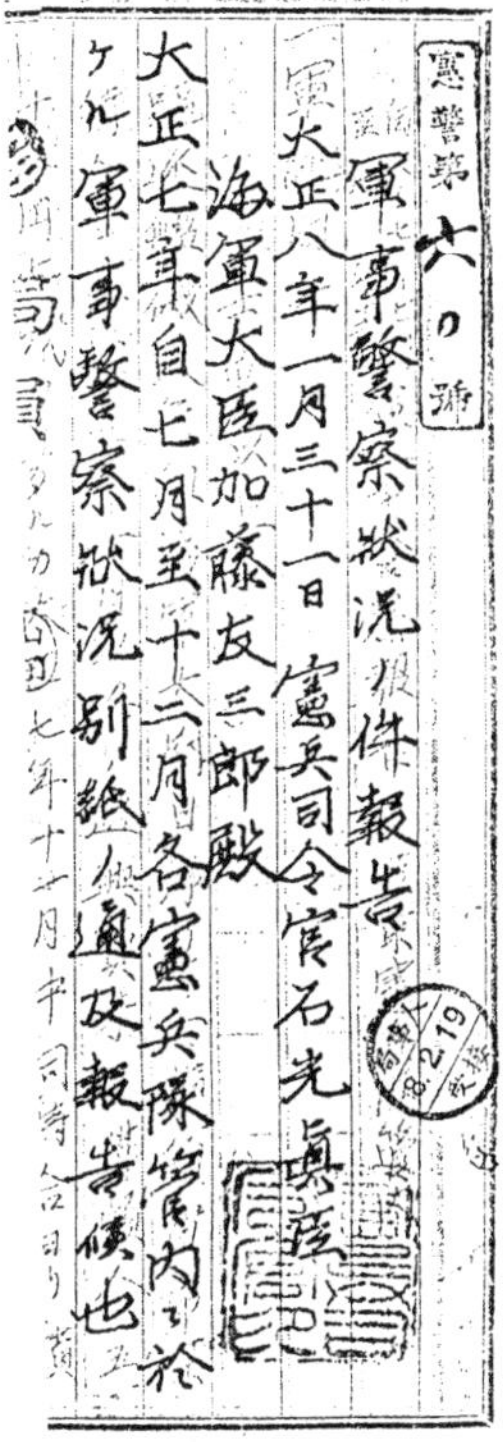

軍事警察状況ノ件報告

大正八年一月三十一日　憲兵司令官石光真臣

海軍大臣加藤友三郎殿

大正七年自七月至十二月各憲兵隊管内ニ於ケル軍事警察状況別紙ノ通及報告候也

⑥　軍人訓誡

〔陸軍省文書、本省諸達　編冊〕

軍人訓戒頒布

軍人訓戒

右今般印刷候条各中隊（中隊編刷無之分は小隊）一部宛之割を以可下渡此旨相違候事

明治十一年十月十二日

○十一年九月山縣有朋に代る　陸軍卿　西郷従道

近衛局
東京鎮台
士官学校
教導団

追て別冊引去順達周尾より返却可致事

軍人訓戒

（帝国陸軍の創設）　我か帝国日本陸軍は維新の盛時に際し旧来の制度を一変し海外の所長を採り新たに創立する所にして今日に至りては百度幾んと緒に就き比年各地征討の役に於ても皇軍威武揚張して醜類懾服し姦賊首を授け速かに戡定の功を奏したれは誠に国家の干城とも謂ふへし故を以て上下共に依頼し国威依て以て耀けりと雖も退て内顧すれは未た十全の地位に至れりとは謂ふ可らす然れは我か陸軍総体に於て猶逐年学術の精到を期し訓練の熟達を要するは固より言を待たさる所なれは軍人たる者は上下と無く深く此旨趣を体認して日に月に我か陸軍の進歩を冀い威名を損す可らさるのみならす猶更一層皇張を謀るを意とせさる可らさるなり然るに陸軍法制規則は漸く緒に就きたりと雖とも唯是外形に関はる事のみにして内部の精神に至りては発達猶未たしき事許多なり是畢竟維新以来僅かに一紀の星霜を経て百事猶創設に属するを以ての故なり就中三軍の精神に至りては未た其萌芽たも見るに到らす意ふに此事は国家士を養ふ百年の久しきを歴るに非れは遽かに之を一朝一夕に求むるも亦得可らさる所なれは今に及ひて之を忽かせにせは将た何れの時を待たんや蓋し百事の成立は猶人身の成立の如し幼稚の時に方りては唯乳養之務めて幹躯の健剛生長を求むるのみなれとも其稍長するに及ては精神を培養し方向を弁せしむること少く可らさる事に属す今我か陸軍は方に長する少年の如し外形の強壮既に緒に就くも内部の精神未た充実を見さるなり古へに云はく知恵あるも勢に乗するに如かす鎡器あるも時を待つに如かすと蓋し今日こそ所謂唯此時を然りとする機にして内部精神の事に注意せさる可らさるなり夫れ外部の成形と内部の精神とは必す相待て偏廃す可きものに非らす如し之を偏廃せは猶片翼の鳥飛ふ能はす片輪の車行る可らさるか如し又諸を白兵に譬ふるに銅鑰銘錫も其外形を摸す可らさるに非されとも鋼鉄の質あるに非れは其用を為さゝるか如し今規則操法は外躯骨肉なり精神は此外躯を活用する脳髄神経なり

（軍人精神維持の三大元行）　故に軍人の精神は何を以て之を維持すと言はゝ忠実、勇敢、服従の三約束に過きす是軍人の精神を維持する三大元行なり夫れ苟も忠実ならすんは何を以て我か大元帥たる皇上に対し奉り国家に報する所あらん苟も勇敢ならすんは何を以て戦闘に臨み危険を冒して功名を成さん苟も服従を主とせされは何を以て軍隊を維持し三軍をして一身の如くならしむるを得ん此三つの者は一を欠くも軍人の精神に具らさる所ありて譬へは人身にして耳目四支の偏廃するか如く其活動随て自由ならさるや知るへし此の如くならは百万の軍勢ありて之に授くるに堅甲利兵を以てするも亦何の用をか為さん蓋し此三大元行の軍人の精神を維持し徳義を成立するは我か陸軍に於て特に今日に始まるに非す

（忠勇）　我が国古来より武士の忠勇を主とするは言を待たさる事にて忠臣勇士の亀鑑たるへき者世に之無きは莫く歴代の青史に垂れ千載に灼々たる所なり就中旧幕府の時代まては武士は三民の上に位し忠勇を宗とし君上に奉仕し名誉廉恥を主とする事たりしは今の俚言俗諺にも称揚する所たるは衆の知る所なり維新以来幸に開明の治に逢ひ何種の人民に拘はらす軍籍に列するを得るに至りたるは三民に在ても慶幸の至りなり而して今の軍人たる者は縦ひ世襲ならすとも武士たるに相違無しされは武門の習ひにて忠勇を宗とすへきは言ふ迄も無き事なり況んや我か日本帝国の人民は忠勇と驍勇とを以て名を四隣に耀かしたること彼此の史乗にも著しき事あるをや故に忠勇は我々の祖先より受け伝へて我々の血脈中に固有する遺物なれは永世之を保有して子々孫々に至る（中略）

（警官援助）　一　警視の官は尋常の非違を監察する職分にして公務上に於ても往々陸軍より援助を仮すことあるは衛戍の諸例中にも見ゆる如く同しく兇暴を禁するの備へたれはなり唯事の軽重に因て職分の別ありと雖とも畢竟同勢相応すへき者にて公務外と雖とも警視官の及はさる所あれは軍官にて援助保護を仮すへき義あり是を以て平常より和諧すれは両力引合して国中の静謐を護し人民の安全を保つ為に大利益ありとす軍人たる者は能此意を体し縦ひ瑣々たる私憤あるも天下の公義を省みて之を忍ひ和諧を主とすへきなり況して自ら其非違の主と為るに於けるか如きは宜しく深く慎しむへき所なり

（官憲会社尊重）　一　官省諸廨署府県庁所等の衛門は皆公けの官憲たれは其規則指令の遵守すへきは勿論照会の事等も一層念入れ取扱ふへく又人民に属する某の会社商行総て一般公益の為の諸規等も敢て軽忽強触す可らす

（政治容喙禁制）　一　朝政を是非し憲法を私議し官省等の布告諸規を評論する等の挙動は軍人の本分と相背馳する事にて一人之あれは衆皆尤に倣ひ竟には在上を軽蔑する端を生し其流弊測られさる者あり軍人と雖とも自身本分の事の利害に於て真に見る所あらは穏当なる方法にて其意を達することも難きに非す然るを喋々論弁を逞うし動もすれは時事に慷慨し民権なと唱へ本分ならさる事を以て自ら任し武官にして処士の横議と書生の狂態とを擬し以て自ら誇張するは固より有る可らさるの事にして深く戒むへき事たるは勿論本分の事たるも軍秩の次序を歴すして建議をなすも許されさる所なるをや況や所管ならさる官憲に対し建言等を為すをや是固より重き禁制たり又新聞雑誌に匿名書を投し時事を論する等も亦本分に背く事なり畢竟軍人は軍籍に列する初めに当り皇上を奉戴し朝廷に忠ならんことを誓ひし者なれは一念の微も此初心に愧ることなかるへし（以下略）

⑦　軍人勅諭

〔陸軍省文書、大日記本省達書〕

勅諭宣示　達乙第二号

本日別紙之通り勅諭有之候条右写相添此旨相達候事

明治十五年一月四日　陸軍卿　大山巌

陸軍一般　但各鎮台士官学校戸山学校教導団へは左之通り但書を加ふ参謀本部監軍部近衛局へは通牒尤近衛局江は但書之趣意を加ふ

右同文

但勅諭本書は追而可相渡候事

○別紙

勅諭写

（天皇軍隊統率の由来）　我国の軍隊は世々天皇の統率し給ふ所にそある昔神武天皇躬つから大伴物部の兵ともを率ゐ中国のまつろはぬものともを討ち平け給ひ高御座に即かせられて天下しろしめし給ひしより二千五百有余年を経ぬ此間世の様の移り換るに随ひて兵制の沿革も亦屢なりき古は天皇躬つから軍隊を率ゐ給ふ御制にて時ありては皇后皇太子の代らせ給ふこともありつれと大凡兵権を臣下に委ね給ふことはなかりき中世に至りて文武の制度皆唐国風に傚はせ給ひ六衛府を置き左右馬寮を建て防人なと設けられしかは兵制は整ひたれとも打続ける昇平に狃れて朝廷の政務も漸文弱に流れけれは兵農おのつから二に分れ古乃徴兵はいつとなく壮兵の姿に変り遂に武士となり兵馬の権は一向に其武士ともの棟梁たる者に帰し世の乱と共に政治の大権も亦其手に落ち凡七百年の間武家の政治とはなりぬ世の様の移り換りて斯なれるは人力もて挽回すへきにあらすとはいひなから且は我国体に戻り且は我祖宗の御制に背き奉り浅間しき次第なりき降りて弘化嘉永の頃より徳川の幕府其政衰へ剰外国の事とも起りて其侮をも受けぬへき勢に迫りけれは朕か皇祖仁孝天皇皇考孝明天皇いたく宸襟を悩し給ひしこそ忝くも又惶けれ然るに朕幼くして天津日嗣を受けし初征夷大将軍其政権を返上し大名小名其版籍を奉還し年を経すして海内一統の世となり古の制度に復しぬ是文武の忠臣良弼ありて朕を輔翼せる功績なり歴世祖宗の専蒼生を憐み給ひし御遺沢なりといへとも併我臣民の其心に順逆の理を弁へ大義の重きを知れるか故にこそあれされは此時に於て兵制を更め我国の光を耀さんと思ひ此の十五年か程に陸海軍の制をは今の様

に建定めぬ夫兵馬の大権は朕か統ふる所なれは其司々をこそ臣下には任すなれ其大綱は朕親之を攬り肯て臣下に委ぬへきかものにあらす子々孫々に至るまて篤く斯旨を伝へ天子は文武の大権を掌握するの義を存して再中世以降の如き失体なからんことを望むなり

（大元帥と軍人との関係） 朕は汝等軍人の大元帥なるそされは朕は汝等を股肱と頼み汝等は朕を頭首と仰きてそ其親は特に深かるへき朕か国家を保護して上天の恵に応し祖宗の恩に報いまゐらせる事を得るも得さるも汝等軍人か其職を尽すと尽さゝるとに由るそかし我国の稜威振はさることあらは汝等能く朕と其憂を共にせよ我武維揚りて其栄を耀さは朕汝等と其誉を偕にすへし汝等皆其職を守り朕と一心になりて力を国家の保護に尽さは我国の蒼生は永く太平の福を受け我国の威烈は大に世界の光華ともなりぬへし朕斯も深く汝等軍人に望むなれは猶訓諭すへき事こそあれいてや之を左に述へむ

（忠節） 一 軍人は忠節を尽すを本分とすへし凡生を我国に稟くるもの誰かは国に報ゆるの心なかるへき況して軍人たらん者は此心の固からては物の用に立ち得へしとも思はれす軍人にして報国の心堅固ならさるは如何程技芸に熟し学術に長するも猶偶人にひとしかるへし其隊伍も整ひ節制も正しくとも忠節を存せさる軍隊は事に臨みて烏合の衆に同かるへし（中略）

（礼儀） 一 軍人は礼儀を正くすへし凡軍人には上元帥より下一卒に至るまて其間に官職の階級ありて統属するのみならす同列同級とても停年に新旧あれは新任の者は旧任のものに服従すへきものそ下級のものは上官の命を承ること実は直に朕か命を承る義なりと心得よ己か隷属する所にあらすとも上級の者は勿論停年の己より旧きものに対しては総へて敬礼を尽すへし（中略）

（武勇） 一 軍人は武勇を尚ふへし夫武勇は我国にては古よりいとも貴へる所なれは我国の臣民たらんもの武勇なくては叶ふまし況して軍人は戦に臨み敵に当たるの職なれは片時も武勇を忘れてよかるへきか（中略）

（信義） 一 軍人は信義を重んすへし凡信義を守ること常の道にはあれとわきて軍人は信義なくては一日も隊伍の中に交りてあらんこと難かるへし信とは己か言を践行ひ義とは己か分を尽すをいふなりされは信義を尽さむと思はは始より其事の成し得へきか得へからさるかを審に思考すへし朧気なる事を仮初に諾ひてよしなき関係を結ひ後に至りて信義を立てんとすれは進退谷りて身の措き所に苦しむ（中略）

（質素） 一 軍人は質素を旨とすへし凡質素を旨とせされは文弱に流れ軽薄に趨り驕奢華靡の風を好み遂には貪汚に陥りて志も無下に賤くなり節操も武勇も其甲斐なく世人に爪はしきせらるゝ迄に至りぬへし其身生涯の不幸なりといふも中々愚なり此風一たひ軍人の間に起りては彼の伝染病の如く蔓延し士風も兵気も頓に衰へぬへきこと明なり（中略）

（誠心は五箇条の精神） 右の五ヶ条は軍人たらんもの暫も忽にすへからすさて之を行はんには一の誠心こそ大切なれ抑此五ヶ条は我軍人の精神にして一の誠心は又五ヶ条の精神なり（以下略）

た

な

は

ま

や

主要人名索引

た

な

は

ま

や

さ

索　引

用語索引

あ

か

著者略歴

熊谷　光久（くまがい　てるひさ、筆名　熊谷 直）

山口県防府市出身、昭和 11 年福岡県久留米市生。
昭和 34 年防衛大学校卒（3 期航空）後、防空の第一線指揮官勤務。参謀養成の指揮幕僚課程・研究員、部内教育行政を経て防衛大学校助教授、防衛研究所・統合幕僚学校等で研究者・教官として勤務。
平成 3 年学校教育部長を定年退官後、軍事評論家熊谷直（タダス）として講演著作活動をしつつ軍事・軍制史を研究。

[研究書・論文]

『日本軍の人的制度と問題点の研究』（平成 6 年、国書刊行会）、学会誌『軍事史学』『政治経済史学』ほかに、軍事制度・軍事教育の論文多数。

[熊谷直としての一般書]

『軍学校・教育は死なず』『日本の軍隊ものしり物語 1・2』『気象が勝敗を決めた』『軍用鉄道発達物語』（以上光人社）、『日本海軍はなぜ敗れたのか』（徳間書店）、『詳解作戦要務令』（朝日ソノラマ社）、『民族紛争を読み解く』『米軍統合に何を学ぶか』（以上芙蓉書房出版）その他多数。

[連絡先]

〒192-0914　東京都八王子市片倉町 1405-23
Tel. 042-636-6361

日本軍《にほんぐん》の精神教育《せいしんきょういく》——軍紀風紀《ぐんきふうき》の維持対策《いじたいさく》の発展《はってん》——

平成二十四年三月　十日　印刷
平成二十四年三月二十日　発行

※定価はカバー等に表示してあります。

著　者　熊谷光久
出版者　中藤政文
発行所　錦正社
〒一六二―〇〇四一
東京都新宿区早稲田鶴巻町五四四―六
電　話　〇三（五二六一）二八九一
FAX　〇三（五二六一）二八九二
URL　http://www.kinseisha.jp/

印　刷　㈱平河工業社
製　本　㈱ブロケード

ISBN978-4-7646-0335-6